普通高校物联网工程专业规划教材

# 物联网识别技术及应用

## （第2版）

甘早斌 李开 肖江 鲁宏伟 编著

清华大学出版社
北京

## 内容简介

本书从物联网起源和物联网的基本概念出发，详细介绍了物联网的物品标识与定位技术及其应用。全书分四部分，共11章。第一部分是物联网识别技术概述，介绍了物联网的起源及其基本概念，给出了物联网识别技术的定义，讨论了传统自动识别技术；第二部分包含第2章和第3章，介绍了条码技术的起源和发展、条码的基本概念和编码理论、条码译码技术原理、译码技术及条码应用系统设计与应用，并重点讨论了EAN-13码和快速响应矩阵码；第三部分是本书的重点，包含第4～10章，在介绍RFID技术的起源和发展、RFID系统的组成及特点、RFID技术理论基础上，着重讨论了电子标签、读写器、RFID系统关键技术和RFID技术标准体系，并分析了RFID技术的典型应用以及RFID应用系统的构建方法；第四部分是位置识别技术，介绍了位置和位置识别技术的基本概念，分别讨论了卫星定位技术、蜂窝定位技术以及RFID定位技术，并给出了一些位置识别技术在物联网中的应用实例。

本书理论和实际紧密结合，既可作为高等院校物联网工程、计算机应用、物流、工业自动化等专业高年级本科生和研究生的教学参考书或物联网技术培训教材，也可以为物联网工程师在进行项目方案设计和项目实施时提供参考。



**图书在版编目(CIP)数据**

物联网识别技术及应用/甘早斌等编著．—2版．—北京：清华大学出版社，2020.4
普通高校物联网工程专业规划教材
ISBN 978-7-302-54695-5

Ⅰ．①物…　Ⅱ．①甘…　Ⅲ．①互联网络－应用－高等学校－教材 ②智能技术－应用－高等学校－教材　Ⅳ．①TP393.4 ②TP18

中国版本图书馆CIP数据核字(2019)第298352号

**责任编辑**：白立军
**封面设计**：傅瑞学
**责任校对**：李建庄
**责任印制**：丛怀宇

**出版发行**：清华大学出版社
**网　　址**：http://www.tup.com.cn，http://www.wqbook.com
**地　　址**：北京清华大学学研大厦A座　　**邮　　编**：100084
**社 总 机**：010-62770175　　**邮　　购**：010-62786544
**投稿与读者服务**：010-62776969，c-service@tup.tsinghua.edu.cn
**质量反馈**：010-62772015，zhiliang@tup.tsinghua.edu.cn
**课件下载**：http://www.tup.com.cn，010-83470236
**印 装 者**：三河市君旺印务有限公司
**经　　销**：全国新华书店
**开　　本**：185mm×260mm　　**印　　张**：18.75　　**字　　数**：430千字
**版　　次**：2014年5月第1版　2020年6月第2版　　**印　　次**：2020年6月第1次印刷
**定　　价**：49.80元

---

产品编号：079986-01

# FOREWORD

# 前言

物联网(Internet of Things)是指将各种信息传感设备,如射频识别(RFID)装置、红外感应器、全球定位系统、激光扫描器等各种装置与互联网结合起来而形成的一个巨大网络。其目的是让所有物品都与网络连接在一起,方便识别和管理。感知识别技术是物联网的基石,主要目的是解决物联网信息的来源和输入问题。这也是物联网工程专业人才必备的核心基础知识。

从现有物联网专业人才培养方案来看,由于物联网专业属于多学科融合,大部分都是将各交叉学科课程直接设置在其课程体系中,同时受培养计划的学分限制,从而使得课程体系的课程数量有限,知识覆盖面存在一定的局限性,能够真正体现物联网特色的课程非常少,无法体现本专业的独特性。

仅就感知层技术来说,大多数仅仅局限于RFID技术原理及应用、传感器技术原理及应用等,并没有系统地讨论物联网感知识别技术。因此,作者在多年的物联网教学实践和相关课题研究基础上,围绕物联网感知层的识别技术,于2013年组织编写了《物联网识别技术及应用》教材。该教材自第1版(2014年)出版以来,已重印两次。但是,随着物联网技术的快速发展和应用的不断深入,迫切要求对该核心课程内容进行调整和丰富,以适应发展的需要。

这次修订是在第1版基础上完成的。删除了原教材基于RFID的物流电子锁一章,重点增加了条码编码理论、快速响应矩阵码编码技术,突出了RFID的电子标签技术,使本书能够与时俱进。同时,对其他章节的部分内容进行了修订。

全书分为四部分。第一部分是物联网识别技术概述。从物联网起源以及物联网基本概念出发,给出物联网识别技术的定义,讨论了传统自动识别技术。

第二部分包含第2章和第3章,围绕条码识别技术展开讨论。主要介绍条码技术的基本概念、条码编码理论以及条码技术的识别原理,并重点讨论了EAN-13码和快速响应矩阵码的编码规则以及应用。

第三部分包含第4~10章。RFID技术是本教材的核心内容。在介绍

RFID技术的起源、RFID系统的组成工作原理及其相关理论基础上,着重讨论了电子标签、读写器、RFID系统关键技术以及RFID技术标准体系,并分析了RFID技术的典型应用以及RFID应用系统的构建方法。

第四部分是位置识别技术。介绍了位置识别技术的基本概念,分别讨论了卫星定位技术、蜂窝定位技术以及RFID定位技术,并给出了一些位置识别技术在物联网中的应用实例。

物联网识别技术所涵盖的内容涉及电子、半导体、光学、通信、计算机等多个学科领域,发展日新月异,本书的修订永远是进行时。另一方面,限于作者的学识和能力,难免有所疏漏,因此,在本书第2版即将出版之际,衷心地希望读者和专家不吝指正。

本书由华中科技大学计算机学院甘早斌主编,华中科技大学计算机学院李开、肖江和鲁宏伟参加了部分修订工作。本书的修订与再版得到了华中科技大学教材基金项目的资助,华中科技大学计算机学院秦磊华副院长对教材的修订大纲和书稿进行了审阅,并提出了很多建设性意见,在此表示诚挚地感谢!

在本书的编写过程中还参考了大量文献资料。这些资料有的引自国内外学术论文,有的引自其他著作,有的引自互联网。受篇幅所限,未能将所有参考资料逐一列出。在此谨向有关作者致谢。

最后感谢所有对本书的写作和出版提供帮助的人士。

作　者

2020年4月

CONTENTS

# 目录

## 第一部分 物联网识别技术概述



## 第二部分 条码技术

# 第一部分　物联网识别技术概述

# 第1章 物联网识别技术

## 1.1 物联网的起源与发展

### 1.1.1 物联网的起源

在物联网的概念正式提出来之前，最早的物联网应用实例要追溯到1991年，剑桥大学特洛伊计算机实验室的科学家们，经常下楼去煮咖啡，还要时刻关注咖啡煮好了没有，既麻烦又耽误工作。于是，他们在咖啡壶旁边安装了一个摄像头，编写了一套程序，利用计算机的图像捕捉技术，以3帧/秒的速率传递到实验室的计算机上。这样，工作人员就可以随时查看咖啡是否煮好。这就是物联网最早的雏形。

1995年，比尔·盖茨在《未来之路》一书中提到了"物联网"的构想，意指"互联网仅仅实现了计算机的联网而没有实现万事万物的互连"。虽然当时并未引起广泛关注，但已经将物联网的核心清晰地描绘出来，与物联网的英文名称Internet of Things(IoT)完全契合。

1998年，凯文·阿什顿(Kevin Ashton)在宝洁公司的一次演讲中首次提出了"物联网"的概念。1999年，在宝洁公司和吉列公司的赞助下，他与美国麻省理工学院的Sanjay Sarma、Sunny Siu和研究员David Brock共同创立了一个射频识别(Radio Frequency Identification，RFID)研究机构——自动识别中心(Auto-ID Center)，他本人出任中心的执行主任，并提出"万物皆可通过网络互连"，"在这个网络中，物品或者商品能够彼此进行'交流'，而无需人的干预。"其核心思想是为全球每个物品提供唯一的电子标识符，实现对所有实体对象的唯一有效标识。这种电子标识符就是电子产品编码(Electronic Product Code，EPC)。

### 1.1.2 物联网的发展

物联网最初的构想是建立在EPC之上，将物品与物品通过互联网连接起来，从而实现智能化识别和管理。但随着技术和应用的发展，物联网的概念和内涵已经发生了较大的变化，不仅局限于基于RFID技术的物与物互连，而是进入到一个基于各类信息技术的人与人、人与物、物与物全面互连的时代，昭示着人类将面临又一个重大发展机遇,世界各国都非常重视发展物联网,尤其是发达国家,纷纷出台相关政策,将物联网纳入国家经济发展的重要战略规划之中,力求在新一轮信息产业革命浪潮中抢占先机。

日本对信息技术的重视程度有目共睹,发展物联网也比其他国家起步较早。2000年公布的五年信息技术计划e-Japan(e指electronic,2001—2005年)就为后来物联网的发展做好了准备。

2004年,日本政府提出u-Japan(u指ubiquitous)战略。U-Japan战略力求实现人与人、物与物、人与物之间的连接,希望将日本建设成一个随时、随地、任何物体、任何人均可连接的泛在网络社会。战略公布初期,建立了主导日本RFID标准研究与应用的uID中心以及主导RFID技术开发研究的Auto-ID实验室。

2004年,韩国推出了国家信息化战略,称为u-Korea。在具体实施过程中,韩国信息通信部推出IT839战略以呼应u-Korea,839代表8项服务,3个基础项目和9种新产品,是未来5年内的韩国政府的重点发展项目。

在韩国信息通信部发布的《数字世界的人本主义:IT839战略》(*Humanism in the Digital World: IT839 Strategy*)报告中指出,"无所不在网络社会将是由智能网络、最先进的计算技术以及其他领先的数字技术基础设施武装而成的技术社会形态。在无所不在的网络社会中,所有人可以在任何地点、任何时刻享受现代信息技术带来的便利。u-Korea意味着信息技术与信息服务的发展不仅要满足于产业和经济的增长,而且在国民生活中将为生活文化带来革命性的进步"。

2005年11月17日,在突尼斯举行的信息社会世界峰会(World Summit of Information Society,WSIS)上,国际电信联盟(International Telecommunication Union,ITU)发布了《ITU互联网报告2005:物联网》,正式引用"物联网"的概念,并介绍了物联网的特性、技术、面临的机遇与挑战。

这时的物联网定义和范围已经发生了变化,覆盖范围有了较大的拓展,不再只是基于RFID技术的物联网。报告中提出:无所不在的物联网通信时代即将来临,世界上所有的物体都可以通过一些关键技术(包括通信技术、射频识别技术、传感器技术、机器人技术、嵌入式技术和纳米技术等),用互联网连接在一起,使世界万物都可以上网。在未来10年左右时间里,物联网将得到大规模应用,革命性地改变世界的面貌。

2009年1月,IBM与美国智库机构信息技术与创新基金会共同向美国政府提交了"复兴的数字之路:增加工作、提高生产率和复兴美国的刺激计划"建议报告,提出通过信息通信技术(Information Communication Technology, ICT)投资可在短期内创造就业机会,美国政府如果新增300亿美元的ICT投资(包括智能电网、智能医疗、宽带网络三个领域),就可以创造出94.9万个就业机会。

随后,美国政府把宽带网络等新兴技术定位为振兴经济、确立美国全球竞争优势的关键战略,并出台总额为7870亿美元的《复苏和再投资法》,希望从能源、科技、医疗、教育等方面着手,通过政府投资、减税等措施来改善经济、增加就业机会,并且同时带动美国长期发展,其中鼓励物联网技术发展政策主要体现在推动能源、宽带和医疗三大领域开展物联网技术的应用。

2009年3月，日本总务省通过了面向未来三年的"数字日本创新计划"，物联网广泛应用于"泛在城镇""泛在绿色ICT""不撞车的下一代智能交通系统"等项目中。2009年7月，日本IT战略本部发表了《i-Japan战略2015》[i代表两个意思，一个是指信息技术(Information)，另一个是指创新(Innovation)]，作为u-Japan战略的后续战略，其目标是构建一个以人为本、安心且充满活力的数字化社会，将数字信息技术如同空气和水一般融入每个角落，并由此改革整个经济社会，催生新的活力，积极实现自主创新。

2009年6月，欧盟委员会发表了题为Internet of Things——An action plan for Europe的物联网行动方案，描绘了物联网技术应用的前景，并提出要加强欧盟政府对物联网的管理，消除物联网发展的障碍。

2009年10月，韩国出台了《物联网基础设施构建基本规划》，将物联网确定为新增长动力，提出到2012年实现"通过构建世界最先进的物联网基础实施，打造未来广播通信融合领域超一流信息通信技术强国"的目标，并确定了构建物联网基础设施、发展物联网服务、研发物联网技术、营造物联网扩散环境等4大领域、12项详细课题。

与先进国家相比，我国在物联网领域技术的起步不算落后。2009年2月，IBM大中华区首席执行官钱大群在2009 IBM论坛上发布了"智慧地球"发展策略。中国移动原董事长王建宙多次表示物联网将会是中国移动未来的发展重点。

2009年8月，温家宝总理《感知中国》的讲话把我国物联网领域的研究和应用开发推向了高潮。无锡市率先建立了"感知中国"研究中心，中国科学院、运营商、多所大学在无锡市建立了物联网研究院，物联网被正式列为国家五大新兴战略性产业之一，写入《政府工作报告》。

目前，我国传感网标准体系已形成初步框架，向国际标准化组织提交的多项标准提案被采纳，传感网标准化工作已经取得积极进展。

经过近十年的发展，我国物联网技术及应用取得了长足的发展，各大互联网公司纷纷布局物联网领域。

2016年作为物联网元年，百度推出了基于消息队列遥测传输(Message Queueing Telemetry Transport，MQTT)协议的物联网平台，阿里巴巴推出了基于MQTT协议的物联网开发套件。

2017年6月10日，在IoT合作伙伴计划大会2017上，阿里巴巴联合近200家IoT产业链企业宣布成立IoT合作伙伴联盟，明确了联盟目标、工作机制和组织架构。2018年3月，阿里巴巴正式宣布全面进军物联网。它们认为物联网是将整个物理世界数字化，道路、汽车、森林、河流、厂房……甚至一个垃圾桶都会被抽象到数字世界，连到互联网上，实现物与物交流，人与物交互，这会是一场更加深刻的技术变革，一场全新的生产力革命。

目前，阿里巴巴在IoT方面提供了智能生活开放平台、城市物联网平台、嵌入式实时操作系统(AliOS Things)、物联网语音服务、物联网套件、身份认证平台、TEE(Trusted Execution Environment)安全套件、嵌入式系统安全套件等产品。

2017年9月，在华为全连接大会(Huawei Connect 2017)上，华为首次提出"平台+连接+生态"的企业物联网发展战略，完整阐述了企业物联网全套解决方案，包括华为企业物联网一站式服务平台 OceanConnect、企业无线宽窄一体、授权/免授权频谱全适配的综合接入方案、端云协同的智能边缘计算以及从芯片到平台的全面安全保障。

毫无疑问,“物联网”概念的问世打破了之前的传统思维,人们的日常生活将发生翻天覆地的变化。从目前发展情况来看,人们已进入物联网时代,大规模物联网的需求不断增加,其连接数量将远远超过人与人的连接数量。从个人穿戴设备,到智能家居市场,从智慧城市到物流管理等众多领域,全流程的信息监控与采集,将实现各领域的数字化升级,物联网将引发整个社会的革命性变化。

## 1.2 物联网的基本概念

物联网是新一代信息技术的重要组成部分。顾名思义,物联网就是“物物相连的互联网”,其目标是将所有物体联系起来形成一个庞大的物物相连的互联网。

起初 Auto-ID 研究中心提出的物联网,是指通过电子产品编码 EPC 对全球每一个物品进行唯一标识,并借助网络实现互通互连,在这个网络中,物品能够彼此进行“交流”,而无需人为干预。

随着物联网技术的不断应用和发展,关于物联网的定义和界限也发生了较大的变化。国家传感网标准工作组定义的物联网就是指在物理世界的实体中部署具有一定感知能力、计算能力的各种信息传感设备,通过网络设施实现信息获取、传输和处理,从而实现广域或大范围的人与人、人与物、物与物之间信息交换需求的互连。

国际电信联盟(ITU)认为,物联网是通过二维码识别设备、射频识别装置、红外感应器、全球定位系统和激光扫描器等信息传感设备,按约定的协议,把任何物品与互联网相连接,进行信息交换和通信,以实现智能化识别、定位、跟踪、监控和管理的一种网络。

被称为物联网之父的 Kevin Ashton 在 2016 年京东方全球创新伙伴大会上的演讲中指出,物联网是一种自动化获取全世界信息和数据的方式。在传感网络当中发现改变、提供数据、做出决策、改变世界,然后再次循环。这就是人们讲的物联网。

从以上定义来看,物联网由物品编码标识系统、自动信息获取和感知系统、网络信息处理系统三部分组成。物品编码标识系统是物联网的基础,自动信息获取和感知系统解决信息的来源问题,而网络信息处理系统则是解决数据分析、智能决策和行为交互的问题。

由此可见,物联网的概念有两层含义。

(1) 物联网的核心和基础仍然是互联网,是在互联网基础上的延伸和扩展的网络。

(2) 其用户端延伸和扩展到了任何物体与物体之间进行信息交换和通信。

理论上讲,世界上任何物品都能连入网络,物与物之间的信息交换不再需要人工干预,物与物之间可以实现无缝、自主、智能的交互。实质上讲,物联网是以互联网为基础,主要解决人与人、物与物和人与物之间的互联和通信。

从物联网工程的角度来看,物联网的实施需要三个步骤。

(1) 对物体属性进行标识,属性包括静态和动态的属性,静态属性可以直接存储在标签中，动态属性需要先由传感器实时探测。

(2) 需要识别设备完成对物体属性的读取，并将信息转换为适合网络传输的数据格式。

(3) 将物体的信息通过网络传输到信息处理中心，由信息处理中心完成分析、决策和物体(包括人、物)之间的行为交互。

从物联网的技术体系结构来看，可以分为感知层、网络层、应用层三个层次，如图1-1所示。

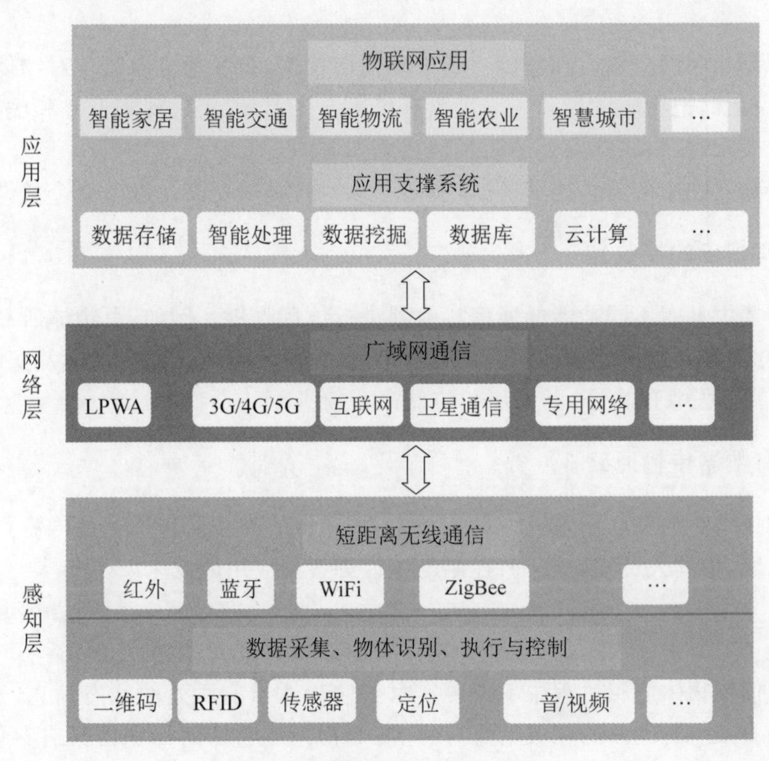


图1-1　物联网的技术体系结构

### 1. 感知层

感知层是物联网的皮肤和五官，与人体结构中皮肤和五官的作用相似，其主要任务是识别物体、采集信息。信息包括物理世界中发生的物理事件和数据，包括各类物理量、标识、音频/视频数据。物联网的数据采集涉及二维码标签和识读器、RFID标签和读写器、传感器、多媒体信息采集、实时定位、传感器网络等技术。

### 2. 网络层

网络层是物联网的神经中枢和大脑，负责将感知层获取的信息进行传递和处理，类似于人体结构中的神经中枢和大脑。它包括通信与互联网的融合网络、网络管理中心、信息中心和智能处理中心等。

### 3. 应用层

应用层是物联网的“社会分工”与行业需求结合,实现广泛智能化。应用层是物联网与行业专业技术的深度融合,与行业需求结合,实现行业智能化,这类似于人的社会分工,最终构成人类社会。

## 1.3 物联网识别技术组成

感知层是物联网的核心和基础。通过感知层技术,物联网可以实现对物体的感知,让物品“开口说话”,把物质世界和数字世界有机地连接起来,实现现实世界和虚拟世界的融合。从现阶段来看,物联网发展的瓶颈就在感知层。

为了让物联网中的“物”能够“开口说话”,该“物”必须要满足以下9个条件。

### 1. 具有相应的接收器

通常需要由具有不同功能的通信接收器进行信息收集。例如,由物体所载的GPS接收器可以实时、准确地识别物体所在的位置信息;由附在物体上的电子标签实时感应和接收RFID读写器发来的命令,并做出相应的命令响应。

### 2. 具有数据传输通路

可以利用已有的互联网或其他通信技术,将标识的物品信息快速地传输到网络上,以满足不同地域、不同人员实时查询、控制与统计等各种应用的需求。

### 3. 具备一定的存储能力

考虑人们在物体应用过程中不仅要实时获取物体当前所处的状态信息,还需要了解该物体在过去某一时间段的相关信息,因此需要物体或物体的标识器具有存储功能。这种分布式存储,不仅可以减少信息集中存储所需要的存储容量需求,而且可以极大地提高存储信息的安全性、容错能力,平衡对网络带宽与负载的需求。

### 4. 具有中央处理器

与互联网不同,物联网感知与控制的不是虚拟的物体和对象,而是真实的物体,需要具有数据信息接收、存储、通信的功能,这些工作需要有一个中央处理器(Central Processing Unit,CPU)来承担。因此,对于物联网中的物体,中央处理器是必不可少的。

### 5. 具有操作系统

随着物联网功能的不断发展和扩大,每一物体自身所要求的功能和能力也在不断提高。为了适应这一发展,物体的CPU本身一定要工作在一定的计算机软件环境下,即要有自己的操作系统。此外,自身所拥有的操作系统也会使得不同物体节点之间的组网和通信更为便利。

### 6. 具有专门的应用程序

有了CPU和操作系统之后，必须要编制和开发各种应用程序才能满足不同的应用需求。因此，物联网中的“物”需要有专门的应用程序来完成特定的工作。

### 7. 具有相应的数据发送器

数据发送器的目的就是要将物体实时感知的物体属性以及相关数据信息按照不同的用户需求发送到网络上，或者将物体存储器中所存储的有关物体信息按照要求发送到网络上共享。

### 8. 遵循物联网的各种协议

为了实现将物体连接到互联网上，从而构成物联网的一个有效节点，物体必须遵循物联网的各种协议，包括互联网中已建立的各项通信协议。

### 9. 在网络中有可被识别的唯一编号

为了正确地解析位于物联网中的每一物体，需要为连接在物联网上的每一个物体提供一个可被识别的唯一编号，即为物品编码。它是按一定规则赋予物品易于机器和人识别、处理的代码，是物品在信息网络中的身份标识，是一个物理编码。它实现了物品的数字化，是物品实现自动识别的基础，是物品与信息系统互连的前提。在物联网的各个环节，物品编码是贯穿始终的关键字，是物联网的基础。

由此可见，要建立物与物相连的物联网，必须对传统物体进行改造，扩大物体所具有的感知、计算和控制的能力。为了实现这一点，需要对物联网感知层技术进行研究。物联网感知层涉及的技术众多，其中，物联网识别技术就是其中最关键的技术之一。

物联网识别技术是对连接到物联网中的物体进行编码、定位、识别与跟踪的一门技术，它主要包括磁卡(条)识别技术、生物特征识别技术、图像识别技术、光学字符识别技术、条码识别技术、射频识别技术、位置识别技术等。它是在传统的自动识别技术基础上发展而来的。为了更好地理解和应用物联网识别技术，下面首先简要介绍传统的自动识别技术的概念和相关识别技术。

## 1.4　传统自动识别技术

### 1. 自动识别技术的基本概念

在现实生活中，各种各样的活动或者事件都会产生这样或者那样的数据。这些数据包括人、物质、财务，也包括采购、生产和销售，这些数据的采集与分析对于我们的生产或者生活决策来说是十分重要的。如果没有这些实际工况的数据支持，生产和决策就将成为一句空话，将缺乏现实基础。

在计算机信息处理系统中，数据的采集是信息系统的基础，这些数据通过数据系统的分析和过滤,最终成为影响我们决策的信息。

在信息系统早期,相当部分数据的处理都是通过人工录入。这样,不仅数据量十分庞大,劳动强度大,而且数据误码率较高,也失去了实时的意义。为了解决这些问题,人们就研究和发展了各种各样的自动识别技术,将人们从繁重的、重复的但又十分不精确的手工劳动中解放出来,为计算机提供了快速、准确地进行数据采集的有效手段,解决了通过键盘手工输入数据速度慢、错误率高所造成的瓶颈,从而为生产的实时调整,财务的及时总结和决策的正确制订提供科学的参考依据。

自动识别技术就是应用一定的识别装置,自动地获取被识别物品的相关信息,并提供给后台的计算机处理系统来完成相关后续处理的一种技术。例如,超市购物,使用的是条码识别技术;通过银行卡在POS(Point Of Sale)机上刷卡消费或在自动柜员机(Automatic Teller Machine,ATM)上取款,采用的是磁卡识别技术或接触式集成电路卡(Integrated Circuit Card,IC卡);传真、扫描和复印则采用的是光学字符识别技术;公交IC卡、小区门禁系统则往往采用非接触式IC卡技术,等等。

自动识别技术是集计算机、光、磁、物理、机电、通信技术为一体的综合性科学技术,它是信息数据自动识读、自动输入计算机的重要方法和手段。归根到底,自动识别技术是一种高度自动化的信息或者数据采集技术。

完整的自动识别计算机管理系统包括自动识别系统(Automation Identification System,AIDS)、应用程序接口(Application Programming Interface,API)或中间件(Middleware)、应用软件(Application Software)系统。自动识别系统完成数据的采集和存储工作,应用系统软件对自动识别系统所采集的数据进行应用处理,应用程序接口软件则提供自动识别系统和应用系统软件之间的通信接口,将自动识别系统采集的数据信息转换成应用软件系统可以识别和利用的信息,并进行数据传递。

自动识别技术具有以下特点。

(1) 准确性。自动采集数据,彻底消除人为错误。

(2) 高效性。信息交换实时进行。

(3) 兼容性。自动识别技术以计算机技术为基础,可与信息管理系统无缝衔接。

### 2. 自动识别技术的种类与特征比较

自动识别系统根据识别对象的特征可以分为数据采集技术和特征提取技术两大类。这两大类自动识别技术的基本功能都是完成物品的自动识别和数据的自动采集。

数据采集技术的基本特征是需要被识别物体具有特定的识别特征载体(如标签、条码等,仅光学字符识别例外),而特征提取技术则根据被识别物体本身的行为特征(包括静态、动态和属性特征)来完成数据的自动采集。

数据采集技术包括如下。

(1) 光存储器。条码(一维、二维)、矩阵码、光标阅读器、光学字符识别(OCR)。

(2) 磁存储器。磁条、非接触磁卡、磁光存储。

(3) 电存储器。触摸式存储、RFID射频识别(无芯片、有芯片)、存储卡(智能卡、非接触式智能卡)。

特征提取技术包括如下。

(1) 静态特征。视觉识别、能量扰动识别。

(2) 动态特征。声音(语音)、键盘敲击、其他感觉特征。

(3) 属性特征。化学感觉特征、物理感觉特征、生物抗体病毒特征、联合感觉系统。

下面简要介绍磁卡技术、IC卡识别技术、生物特征识别技术、图像识别技术和光学字符识别技术。

## 1.4.1　磁卡技术

磁卡是一种磁记录介质卡片。它由高强度、耐高温的塑料或纸质涂覆塑料制成,能防潮、耐磨且有一定的柔韧性,携带方便、使用较为稳定可靠。通常,磁卡的一面印刷有说明提示性信息,如插卡方向;另一面则有磁层或磁条,具有2~3个磁道以记录有关信息数据。

磁卡技术是以液体磁性材料或磁条为信息载体,将液体磁性材料涂覆在卡片上(如存折)或将宽6~14mm的磁条压贴在卡片上(如常见的银联卡)。磁条卡是一种磁记录介质卡片,磁条卡根据其矫顽磁力可分为低密磁条卡和高密磁条卡。

卡体材料有普通聚氯乙烯(Polyvinyl Chloride,PVC)、透明PVC或聚对苯二甲酸乙二酯(Polyethylene Terephthalate,PET)、丙烯腈/丁二烯/苯乙烯共聚物(Acrylonitrile Butadiene Styrene,ABS)、二醇类改性PET(Polyethylene Terephthalate Glycol,PETG)等材料。一般作为识别卡用,可以写入、存储、改写信息内容。其特点是可靠性强,记录数据密度大,误读率低,信息输入、读取速度快。

根据国际标准ISO/IEC 7811,一、二、三磁道可被编码的最多字符数分别为79、40、107个字符,其中包括起始标记和结束标记。磁条是一层薄薄的由定向排列的铁性氧化粒子组成的材料(也称为颜料)。用树脂黏合剂严密地黏合在一起,并黏合在如纸或塑料这样的非磁基片媒介上。

应用于银行系统磁卡的一些ISO标准分别为ISO/IEC 7810《识别卡-物理特性》、ISO/IEC 7811-1《识别卡-记录技术——第1部分:压花》~ISO/IEC 7811—6《识别卡-记录技术——第6部分:磁务-高矮顽力》、ISO 7812、ISO 7813以及ISO 15457等。每个磁道宽度相同,在2.80mm左右,用于存放用户的数据信息;相邻两个磁道约有0.5mm的间隙,用于区分相邻的两个磁道;整个磁带宽度为10.29mm左右(如果是应用3个磁道的磁卡),或是为6.35mm左右(如果是应用2个磁道的磁卡)。

实际上,人们所接触到的银行磁卡上的磁带宽度会加宽1~2mm,磁带总宽度在12~13mm。磁道的应用分配一般是根据特殊的使用要求而定制的,例如银行系统、证券系统、门禁控制系统、身份识别系统、驾驶员驾驶执照管理系统等,都会对磁卡上的3个磁道提出不同的应用格式要求。

由于磁卡的信息读写相对简单容易,使用方便,成本低,从而较早地获得了发展,广泛应用于金融、财务、邮电、通信、交通、旅游、医疗、教育、宾馆等领域。

## 1.4.2　IC卡识别技术

IC卡是1970年由法国人Roland Moreno发明的,他第一次将可编程设置的IC芯片放于卡片中,使卡片具有多种功能。IC卡的外观是一块塑料或PVC材料,通常还印有各种图案、文字和号码,称为卡基。在卡基的固定位置上嵌装一种特定的IC芯片就成为人们通常所说的IC卡。根据嵌装芯片的不同就生产了各种类型的IC卡。

法国BULL公司于1976年首先研制出IC卡产品,并将这项技术应用到金融、交通、医疗、身份证明等多个行业,它将微电子技术和计算机技术结合,提高了人们生活和工作的现代化程度。

**1. IC卡的分类**

IC卡有多种分类方法,根据IC卡中所镶嵌的集成电路芯片的不同可以分为四大类,分别是存储卡、逻辑加密卡、CPU卡和超级智能卡。

1) 存储卡

其内嵌芯片相当于普通串行EEPROM存储器,这类卡信息存储方便,使用简单,价格低,很多场合可替代磁卡,但由于其本身不具备信息保密功能,因此,只能用于保密性要求不高的应用场合。

2) 逻辑加密卡

逻辑加密卡的内嵌芯片在存储区外增加了控制逻辑,在访问存储区之前需要核对密码,只有密码正确,才能进行存取操作。这类信息保密性较高,使用方法与普通存储器卡类似。

3) CPU卡

CPU卡的内嵌芯片相当于一个特殊类型的单片机,内部除了带有控制器、存储器、时序控制逻辑等外,还带有算法单元和操作系统。CPU卡有存储容量大、处理能力强、信息存储安全等特性,广泛用于信息安全性要求特别高的场合。

4) 超级智能卡

卡上具有微处理器单元(Micro Processor Unit,MPU)和存储器,并装有键盘、液晶显示器和电源,有的卡上还具有指纹识别装置等。

根据卡上数据的读写方法来分类,有接触型IC卡、非接触型IC卡和双界面卡。

1) 接触型IC卡

接触型IC卡是当前使用最广泛的IC卡,其表面可以看到一个方形镀金接口,共有8个或6个镀金触点,用于与读写器接触,通过电流信号完成读写。国际标准ISO 7816对此类卡的机械特性、电器特性等进行了严格规定。

读写操作(称为刷卡)时须将IC卡插入读写器,读写完毕,卡片自动弹出,或人为抽出。由于接触型IC卡需要读写器,故其形状和大小一般是固定的。接触式IC卡刷卡相对慢,但可靠性高,多用于存储信息量大,读写操作复杂的场合。

2) 非接触型IC卡

非接触型IC卡识别即射频识别,它成功实现了射频识别技术和智能卡技术的结合。非接触型IC卡由IC芯片、感应天线组成,并完全封装在一个标准PVC塑料片中,无外露部分。非接触型IC卡通常是在非接触型IC卡与读写器之间通过无线电波来完成读写操作。

非接触型 IC 卡本身是无源体，当读写器对卡进行读写操作时，读写器发出的信号由两部分叠加组成：一部分是电源信号，该信号由卡接收后，与其本身的元件产生谐振，产生一个瞬间能量来供给芯片工作；另一部分则是结合数据信号，指挥芯片完成数据的读取、修改、存储等，并返回给读写器。

国际标准 ISO 10536 系列阐述了对非接触型 IC 卡的规定。该类卡一般用在使用频繁、信息量相对较少、可靠性要求较高的场合。

3）双界面卡

双界面 CPU 卡是一种同时支持接触式与非接触式两种通信方式的 CPU 卡，接触接口和非接触接口共用一个 CPU 进行控制，接触模式和非接触模式自动选择。

一方面具备接触式 CPU 卡的功能，具有安全性高、数据传输稳定、存储容量大等特点；另一方面具备非接触式 CPU 卡的功能，具有传输速度快，交易时间短（一般不超过 100ms）等特点，特别适用于使用环境恶劣，要求响应速度快、安全性高、功能需求复杂的场合。

#### 2. IC 卡的应用

中国的 IC 卡产业及应用始于 20 世纪 90 年代初，从无到有，从小到大，迅速走过了启动阶段，发展速度非常快。特别是近年来，中国的年发卡量均超亿张，已成为世界 IC 卡应用发展最快的国家。目前已广泛应用于电信、商业、医疗、保险、交通、能源、通信、安全管理、身份识别、银行等领域。典型的 IC 卡应用如公交卡、城市一卡通、各类银行卡等。

### 1.4.3　生物特征识别技术

生物特征识别技术是指利用可以测量的人体生物学或行为学特征来核实个人身份的技术。它是目前最为方便与安全的识别技术，不需要记住复杂的密码，也无须随身携带任何其他东西。

由于每个人的生物特征具有与其他人不同的唯一性和在一定时期内不变的稳定性，具有不可复制性、不易伪造和假冒。因此，与传统意义上的身份验证机制相比，采用生物特征识别技术进行身份验证的机制具有更高的安全性、可靠性和准确性。

目前，已经出现的生物特征识别技术包括指纹识别、视网膜识别、虹膜识别、掌形识别、手写签名识别、DNA 识别、人脸识别和语音识别。

#### 1. 指纹识别技术

每个人包括指纹在内的皮肤纹路在图案、断点和交叉点上各不相同，呈现唯一性且终生不变。据此，可以把一个人同他的指纹对应起来，通过将他的指纹和预先保存的指纹数据进行比较，就可以验证其身份的真实性，这就是指纹识别技术。就应用方法而言，指纹识别技术可分为验证和辨识。

验证就是通过把一个现场采集到的指纹与一个已经登记的指纹进行一对一的比对来确定身份的过程。指纹以一定的压缩格式存储，并与其姓名或其标识（ID，PIN）联系起来。随后在对比现场，先验证其标识，然后利用系统的指纹与现场采集的指纹比对来证明其标识是合法的。验证其实回答了这样一个问题:“他是他自称的这个人吗?”这是应用系统中使用得较多的一种方法。

辨识则是把现场采集到的指纹同指纹数据库中的指纹逐一对比,从中找出与现场指纹相匹配的指纹。这也称为“一对多匹配”。辨识其实是回答了这样一个问题:“他是谁?”

1) 指纹识别的原理

指纹识别技术主要涉及读取指纹图像、提取特征、保存数据和比对四个功能步骤。开始时,通过指纹读取设备读取指纹图像,并对原始图像进行初步处理,使之更清晰;然后,指纹辨识软件建立指纹的数字表示——特征数据。这是一种单向转换,即可以从指纹转换成特征数据但不能从特征数据转换成为指纹,两枚不同的指纹不会产生相同的特征数据。这些特征数据通常称为模板,保存为1KB大小的记录。

由于每次按印的方位不完全一样,着力点不同会带来不同程度的变形,又存在大量模糊指纹,如何正确提取特征和实现正确匹配,是指纹识别技术的关键。

2) 指纹识别技术的优缺点

指纹识别技术的主要优点:指纹是人体独一无二的特征,并且它们的复杂度足以提供用于鉴别的足够特征;如果要增加可靠性,只需要登记更多的指纹、鉴别更多的手指,最多可以多达10个,而每一个指纹都是独一无二的;读取指纹时,用户必须将手指与指纹采集设备相互接触,与指纹采集设备直接接触是读取人体生物特征最可靠的方法;指纹采集设备可以更加小型化,并且价格会更加低廉。

同时,指纹识别技术也有其缺点:某些人或某些群体的指纹特征少,难成像;过去因为在犯罪记录中使用指纹,使得某些人害怕“将指纹记录在案”;每一次使用指纹时都会在指纹采集设备上留下用户的指纹印痕,而这些指纹痕迹存在被用来复制指纹的可能性,存在指纹被冒用的风险。

3) 指纹识别技术的应用

指纹识别技术是目前最成熟且最容易实现的一种生物特征识别技术,最初被广泛应用于刑侦破案等司法系统中。随着技术的进步,指纹识别技术的应用场所越来越多,较常见的指纹识别应用有指纹锁、指纹考勤、指纹门禁、指纹保管箱、笔记本计算机指纹登录、手机指纹开机验证等。

近年来,指纹识别技术开始应用于银行系统,将个人的指纹与银行的账户进行绑定,实现指纹支付。

采用指纹支付方式时,首先由收银员在指纹支付终端上手动或通过收银机自动输入消费金额;然后用户确认消费金额,并在看到指纹支付终端显示屏的提示后,在相应的数字键盘上输入用户的指纹身份识别码(并非密码,可以完全公开,一般是手机或带区号的家庭电话号码);接着扫描用户的注册手指,用户手指(必须是注册手指)点触指纹支付终端的指纹读头,显示屏将很快确认读取了指纹信息;最后,支付获得批准和确认,显示屏会显示用户的交易获得批准,支付过程结束。消费金额会从用户指纹绑定的银行账户中自动划转到商家的账户。

指纹支付采用的是活体指纹识别技术,并具有多重防伪功能,即使指纹图像被伪造或复制，也无法经过过程验证。用户的指纹数字信息是唯一的，不会和任何人的指纹信息一样，只有用户本人才能访问和支配用户的付款账户。用户无须担忧钱包被窃、银行卡号或是密码被盗，可安心轻松消费，一切支出结算都可以交给用户的“手指”来完成。此外，使用指纹支付进行消费时，用户不再需要掏出钱包、取出现金或者银行卡、期待找零等一系列烦琐的结账过程；而只需在付款时轻摁手指，然后输入本人的身份识别码，期待系统反馈打印交易凭条后签字确认即可完成整个付款操作。

### 2. 视网膜识别技术

视网膜识别技术是最古老的生物识别技术，技术含量较高。在20世纪30年代，通过研究就得出了人类眼球后部血管分布唯一性的理论，进一步的研究表明，即使是孪生子，这种血管分布也是具有唯一性的，除了患有眼疾或者严重的脑外伤外，视网膜的结构形式在人的一生当中都相当稳定。

视网膜识别原理是通过分析视网膜上的血管图案来区分每个人。视网膜是人眼感受光线并将信息通过视神经传给大脑的重要器官，用于生物识别的血管分布在神经视网膜周围，即视网膜四层细胞的最远处。视网膜扫描设备要获得视网膜图像，用户的眼睛与录入设备的距离应在半英寸（1in＝0.0254m）之内，并且在录入设备读取图像时，眼睛必须处于静止状态，用户的眼睛在注视一个旋转的绿灯时，录入设备从视网膜上可以获得400个特征点（指纹只能提供30～40个特征点）用来录入，创建模板和完成确认。

视网膜识别技术具有以下优点：首先，视网膜是一种极其固定的生物特征，“隐藏”在眼球后部，不可能磨损、老化或受疾病影响；其次，用户不需要和设备进行直接接触；再次，视网膜识别系统是一个最难欺骗的系统，因为视网膜是不可见的，故而不会被伪造。

同时，视网膜识别技术也有不少缺点：首先，视网膜技术未经过任何测试，没有得到证实；其次，视网膜技术可能会损坏用户健康，这需要进一步研究；再次，视网膜识别仪器比较贵，很难进一步降低它的成本。

### 3. 虹膜识别技术

在包括指纹在内的所有生物识别技术中，虹膜识别技术是当前应用最为方便和精确的一种。人体的虹膜在两到三岁之后就不再发生变化，眼睛瞳孔周围的虹膜具有复杂的结构，能够成为独一无二的标识。

人体眼睛的外观图由巩膜、虹膜、瞳孔三部分构成。巩膜即眼球外围的白色部分，约占总面积的30％；眼睛中心为瞳孔部分，约占5％；虹膜位于巩膜和瞳孔之间，包含了最丰富的纹理信息，占据65％。从外观上看，由许多腺窝、皱褶、色素斑等构成，是人体中最独特的结构之一。人发育到八个月左右，虹膜就基本上发育到了足够尺寸，进入相对稳定的时期。除非极少见的反常状况、身体或精神上大的创伤才可能造成虹膜外观上的改变外，虹膜形貌可以保持数十年没有太大变化，虹膜的高度独特性、稳定性及不可更改的特点，是虹膜可用作身份鉴别的物质基础。

虹膜识别技术将虹膜的可视特征转换成一个512B的Iris Code（虹膜代码），将这个代码模板存储以便后期识别。

从直径11mm的虹膜上,可以使用算法,用三或四字节的数据来代表每平方毫米的虹膜信息,一个虹膜约有266个量化特征点,而一般的生物识别技术只有13~60个特征点。在生物识别技术中,这个特征点的数量是相当大的。

由于虹膜代码是通过复杂的运算获得的,并能提供数量较多的特征点,所以虹膜识别技术是精确度最高的生物识别技术,被广泛认为是21世纪最具有发展前途的生物认证技术,未来的安防、国防、电子商务等多个领域的应用,可能会以虹膜识别技术为重点。这种趋势已经在全球各地的各种应用中逐渐开始显现出来,市场应用前景非常广阔。

国际上主要的虹膜识别厂商有美国的Iridian、Iriteck公司,韩国的Jiris公司,日本松下(电器)有限公司等。根据国际生物特征识别集团(International Biometric Group)的统计分析,2007年,基于人的生物特征(如指纹、虹膜、脸相、声纹等)而实现身份识别的全球市场为30亿美元,而虹膜识别占其中的5.1%,约为1.53亿美元。2007年,美国联邦调查局(Federal Bureau of Investigation,FBI)宣布投资10亿美元建立名为"识别下一代"的公民生物特征数据库,并希望在此基础之上进一步构建美国的反恐和公民安全网络,而虹膜是其重点考虑的生物特征之一,足见虹膜识别技术的应用前景十分广阔。

2018年4月9日,上海聚虹光电科技有限公司的虹膜VR解决方案和虹膜人脸二合一门禁解决方案,在建行无人银行首次成功部署上线,这是聚虹"虹膜智慧金融方案"的首次亮相,也是国内银行业将虹膜特征用作身份认证的第一个成功案例。

#### 4. 掌形识别技术

掌形识别技术的基础就是手掌几何学识别。手掌几何学识别是通过测量使用者的手掌和手指的物理特征来进行识别,高级的产品还可以识别三维图像。作为一种已经确立的方法,手掌几何学识别不仅性能好,而且使用比较方便。如果需要,这种技术的准确度可以非常高,同时可以灵活地调整性能以适应相当广泛的使用要求。掌形读取器使用的范围很广,且很容易集成到其他系统中,应用较为广泛。

掌形识别也存在不足:首先,使用时识别仪必须和手掌接触,这样会传播手掌遗留物中的细菌,相比于面相识别、签字识别等技术来说不是很卫生;其次,掌形识别仪一般是针对人的左手或者右手设计的,习惯使用左手的人,不习惯右手掌形识别仪,同样,习惯右手的人,也不习惯使用左手掌形识别仪;再次,使用掌形识别仪的时候必须要经过一定的学习,并且在使用的过程中,需要大约15s来正确放置手掌;最后,大约有5%的人,由于他们的手掌太大或者太小而不能被掌形识别仪所接受。

#### 5. 手写签名识别技术

手写签名识别技术是通过计算机把手写签名的图像、笔顺、速度和压力等信息与真实签名样本进行比对,以鉴别手写签名真伪的技术。这种技术是国际上公认的更容易被大众接受的一种身份认证方式,也是目前计算机身份识别领域的前沿课题。

在实际中,这种手写签名识别技术可以用来解决计算机设备中的系统安全性、保密性的问题。通常,实现这种手写签名识别技术需要预先存储真实签名样本,使用者通过触摸屏、手写板或其他手写输入设备输入签名后,手写签名识别系统会采集签名的数据信息,如笔迹形状、书写速度、书写加速度及书写压力等；然后对所采集到的签名数据信息进行预处理，如起笔处理、合并、去除孤立点与冗余点、平滑和倾斜校正等，以尽可能去除误导识别结果的因素；接着进一步从预处理后的签名数据信息中提取签名的特征信息；最后将所获得的特征信息与真实签名样本进行匹配对比，以判断使用者的签名是否符合认证条件。

**6. DNA识别技术**

尽管生物特征识别对个体具有较好的唯一性和不变性，但对一个大范围的群体来说，还是存在一些问题。例如利用签名进行识别，签名易改变，很难做到精确识别，同时很难应用于网络上。虹膜和视网膜识别是一种精确度很高的识别技术，无须接触即可识别，但有可能会损害使用者的健康，且识别设备价格高。近年来，由于人类基因组计划的完成，人类对自身的了解也越来越深入，人类的基因组在个体上显示出极大的多样性，因此，对每个个体的DNA进行鉴定可以达到对个体的直接确认。

DNA防伪技术是一种高级的生物识别技术，但是由于各种原因限制了它的广泛应用。主要原因：DNA编码的信息识别和克隆技术不是很难，防伪标识的制造者可以大量复制所采用的DNA，造假者也可以使用高密度复制DNA合成仪器来复制各种基因；DNA密码信息必须通过专用的晶闸管控制电容器（Thyristor Control Reactor，TCR）检测仪才能够检测出来，检测仪价格很高，还要有专业知识才能够使用；另外，由于技术上的原因，还不能做到实时取样和迅速鉴定。

**7. 人脸识别技术**

人脸识别技术特指利用分析、比较人脸视觉特征信息进行身份鉴别的计算机技术。20世纪90年代后期，随着计算机处理速度的飞速提高和图像识别算法的革命性改进，人脸识别技术脱颖而出，以其独特的方便性和准确性受到世人瞩目。

人脸识别技术主要用于身份识别。由于视频监控正在快速普及，众多的视频监控应用迫切需要一种远距离、用户非配合状态下的快速身份识别技术，以求远距离快速确认人员身份，实现智能预警。人脸识别技术无疑是最佳的选择，采用快速人脸检测技术可以从监控视频图像中实时查找人脸，并与人脸数据库进行实时比对，从而实现快速身份识别。

人脸的识别过程一般分以下三步。

(1) 建立人脸的面相档案。即用摄像机采集单位人员的人脸的面相文件或取他们的照片形成面相文件，并将这些面相文件生成面纹（Faceprint）编码存储起来。

(2) 获取当前的人体面相。即用摄像机捕捉当前出入人员的面相，或取照片输入，并将当前的面相文件生成面纹编码。

(3) 用当前的面纹编码与档案库进行比对，即将当前面相的面纹编码与档案库中的面纹编码进行检索比对。

上述的“面纹编码”方式是根据人面部的本质特征来工作的。这种面纹编码可以抵抗光线、皮肤色调、面部毛发、发型、眼镜、表情和姿态的变化，具有强大的可靠性，从而使它可以从百万人中精确地辨认出某个人。利用普通的图像处理设备就能自动、连续、实时地完成人脸的识别过程。

人脸识别的优点：非接触性，非侵扰性，硬件基础完善和采集快捷便利，可拓展性好。未来人脸识别技术有望快速替代指纹识别技术成为市场大规模应用的主流识别技术。就现阶段而言最贴近民众的领域要属安防、商业、自助服务、金融，以及娱乐领域等。

**8. 语音识别技术**

与机器进行语音交流，让机器明白用户说了什么，这是人们长期以来梦寐以求的事情。有人形象地把语音识别称为机器的听觉系统。语音识别技术(在自动识别领域中通常称为声音识别)就是让机器通过识别和理解过程把语音信号转变为相应的文本或命令的高端技术。它所涉及的技术领域包括信号处理、模式识别、概率论和信息论、发声机理和听觉机理、人工智能等。

一般，语音识别的方法有：基于声道模型和语音知识的方法、模板匹配的方法以及利用人工神经网络的方法。

基于语音学和声学的方法起步较早，在语音识别技术提出的最初，就有了这方面的研究，但由于其模型和语音知识过于复杂，现在没有达到实用阶段。

模板匹配的方法发展比较成熟，目前已达到了实用阶段。在模板匹配方法中，要经过特征提取、模板训练、模板分类、判决四个步骤。

人工神经网络的方法是20世纪80年代末期提出的一种新的语音识别方法。人工神经网络(Artificial Neural Networks，ANN)本质上是一个自适应非线性动力学系统，模拟了人类神经活动的原理，具有自适应性、并行性、鲁棒性、容错性和学习特性，其超强的分类能力和输入输出映射能力在语音识别中都很有吸引力。但由于存在训练、识别时间太长的缺点，目前仍处于实验探索阶段。

语音识别的应用领域非常广泛，常见的应用系统有语音输入系统、语音控制系统、智能对话查询系统、语音身份识别系统。

语音识别技术也可以用于信用卡、银行自动取款机、门或车的钥匙卡、声音锁以及特殊通道口的身份卡。在卡上事先存储持卡者的声音特征码。在需要时，持卡者只要将卡插入专用机的插口上，通过一个传声器读出事先已存储的密码，仪器就可以接收持卡者发出的声音，然后进行分析比较，从而完成身份确认。

2014年12月23日，微信模式识别中心语音技术组推出了一款"声音锁"，用于微信苹果移动操作系统(iOS)的登录功能。用户需要在设置中打开该功能，然后按照系统要求读出随机数字若干次，之后微信会获取你的声音特征参数，最后用户退出微信。再次登录时用户就只需读出对应数字就能进入微信。

基于生物特征的身份鉴别技术研究伴随着应用的发展越来越深入。能够用来鉴别身份的生物特征应该具有以下特点。

(1) 广泛性。每个人都应该具有这种特性。

(2) 唯一性。每个人拥有的特征应该各不相同。

(3) 稳定性。所选择的特征不随时间变化而发生变化。

(4) 可采集性。所选择的特征应该便于测量。

常用的生物识别技术原理与特点见表1-1所示。由表1-1可见，还没有哪一单项生物特征能达到完美无缺的要求。每种生物特征都有其自己的适用范围。人们往往需要融合多种生物特征来实现高精度的识别系统。数据融合是一种通过集成多知识源的信息和不同专家的意见以产生一个决策的方法。将数据融合方法用于身份鉴别，结合多种生理和行为特征进行身份识别，提高鉴别系统的精度和可靠性，这无疑是身份识别领域发展的必然趋势。

表1-1　常用的生物识别技术的原理与特点

| 类　别 | 原　理 | 特　点 |
| --- | --- | --- |
| 指纹识别技术 | 利用指纹的唯一性和不变性进行识别 | 方便、精确度高、可靠性好 |
| DNA识别技术 | 利用DNA分子结构的唯一性进行识别 | 精确度高、可靠性好 |
| 虹膜识别技术 | 利用眼球的虹膜进行识别 | 被认为是精确度很高的识别技术，但还没有得到证实；不需接触即可识别；可能会损害使用者的健康；黑眼睛不易识别；识别设备价格高 |
| 视网膜识别技术 | 利用眼球的视网膜进行识别 | |
| 人脸识别技术 | 通过面部特征进行识别 | 不需接触即可识别，识别设备价格高，被认为是最不准确的识别技术 |
| 手写签名识别技术 | 签名识别是一种容易被大众接受的身份识别技术，尤其在西方很流行 | 签名会改变，不易做准确的识别，很难应用在网络中 |
| 掌形识别技术 | 通过测量试用者的手掌和手指的物理特征来进行识别 | 性能好，使用比较方便 |
| 语音识别技术 | 将现场采集到的声音同数据库中存储的声音模板进行匹配比对 | 声音变化范围大，精确匹配比较困难 |

生物识别技术适用于几乎所有需要进行安全性防范的场合，遍及诸多领域，在包括金融证券、信息技术、安全、公安、教育、海关等行业的许多应用系统中都具有广阔的应用前景。目前，生物识别技术在生活方面主要有三大应用方向。

(1) 作为刑侦鉴定的重要手段。

(2) 满足企业安全、管理上的需求(如物理门禁、逻辑门禁、考勤、巡更等系统，已经全面引入生物识别技术)。

(3) 自助式政府服务、出入境管理、金融服务、电子商务、信息安全(个人隐私保护)方面。

### 1.4.4　图像识别技术

图像识别，是指图形刺激作用于感觉器官，人们辨认出它是某一图形的过程，也称为图像再认。在图像识别中，既要有当时进入感官的信息，也要有记忆中存储的信息。只有通过存储的信息与当前的信息进行比较的加工过程，才能实现对图像的再认。

图像识别技术是人工智能的一个重要领域，是以图像的主要特征为基础的。为了编制模拟人类图像识别活动的计算机程序，人们提出了不同的图像识别模型，如模板匹配模型。这种模型认为,识别某个图像,必须在过去的经验中有这个图像的记忆模式,又称为模板。当前的刺激如果能与大脑中的模板相匹配,这个图像也就被识别了。例如有一个字母A,如果在脑中有个A模板,字母A的大小、方位、形状都与这个A模板完全一致,字母A就被识别了。

这个模型简单、明了,也容易得到实际应用。但这种模型强调图像必须与脑中的模板完全符合才能加以识别,而事实上人不仅能识别与脑中的模板完全一致的图像,也能识别与模板不完全一致的图像。例如,人们不仅能识别某一个具体的字母A,也能识别印刷体、手写体、方向不正、大小不同的各种字母A。同时,人能识别的图像是大量的,如果所识别的每一个图像在脑中都有一个相应的模板,也是不可能的。

为了解决模板匹配模型存在的问题,格式塔心理学家又提出了一个原型匹配模型。这种模型认为,在长时记忆中存储的并不是所要识别的无数个模板,而是图像的某些相似性。从图像中抽象出来的相似性就可作为原型,拿它来检验所要识别的图像。如果能找到一个相似的原型,这个图像也就被识别了。这种模型从神经上和记忆探寻的过程上来看,都比模板匹配模型更适宜,而且还能说明对一些不规则的,但某些方面与原型相似的图像的识别。但是,这种模型没有说明人是怎样对相似的刺激进行辨别和加工的,它也难以在计算机程序中得到实现。因此又有人提出一个更复杂的模型,即"泛魔"识别模型。

随着图像识别技术领域的基本理论逐步成熟,具有数据量大、运算速度快、算法严密、可靠性强、集成度高、智能性强等特点的各种图像识别系统在国民经济各部门得到广泛的应用,并逐步深入家庭生活。现在,通信、广播、计算机技术、工业自动化、国防工业,乃至印刷、医疗等部门的尖端课题无一不与图像识别领域密切相关。

从广义上来说,图像信息不必以视觉形象乃至非可见光谱(红外、微波)的准视觉形象为背景:只要是对同一复杂的对象或系统,从不同的空间点、不同的时间等诸方面收集到的全部信息的总和,就称为多维信号或广义的图像信号。多维信号的观点目前已渗透到如工业过程控制、交通网管理和复杂系统的分析等理论中。

目前的图像识别技术主要应用在以下五方面。

### 1. 遥感技术

图像识别技术在现阶段的典型应用主要是图像遥感技术的应用。

气象卫星云图的处理与应用遥感技术可以是飞机遥感技术和卫星遥感技术。目前,许多国家经常派出很多侦察机对地球上感兴趣的地区进行大量的空中摄影。按照传统分析方法,需要雇几千人对拍摄的照片进行判读分析,而现在改用配备有高级计算机的图像处理系统来判读分析,既省人力,又加快了速度,还可以从照片中提取人工所不能发现的大量的有用情报。

由于各种原因,从遥感卫星所获得的地球资源图像质量并不一定都很高,如果仍然采用简单的直观判读以如此昂贵代价所获得的图像是不合算的,因此必须采用图像处理技术对图像进行处理。

目前遥感技术,尤其是卫星遥感,已经在资源调查、灾害监测、农业规划、城市规划、环境保护等方面取得了很大的应用效果。我国也在以上诸方面的实际应用中取得了很多成果,对我国国民经济的发展起到相当大的作用。

**2. 医用图像处理**

在临床医学应用和医学基础科学领域,图像处理应用极为广泛。例如,对生物医学的显微图像处理分析方面,包括对红白细胞和细菌、染色体进行分析,胸部线照片的鉴别、眼底照片的分析以及超声波图像的分析等都是医疗辅助诊断的有力工具。目前,这类应用已经发展成为专用的软件和硬件设备,最广泛使用的是计算机层析成像,也称为计算机 X 射线断层扫描技术(Computed Tomography,CT)。它根据人体不同组织对 X 射线的吸收与透过率的不同,应用灵敏度极高的仪器对人体进行测量,然后将测量所获取的数据输入计算机,计算机对数据进行处理后,就可摄下人体被检查部位的断面或立体的图像,发现体内任何部位的细小病变。

CT 技术是由英国的 Hounsfield 和美国的 Cormack 发明的,两位发明者因此获得了 1979 年的诺贝尔医学奖。近年来又出现了核磁共振 CT,使人体免受各种硬射线的伤害,并且图像更为清晰。目前,图像处理技术在医学上的应用正在进一步发展。

**3. 工业领域中的应用**

在工业领域中的应用一般有以下几方面:工业产品的无损探伤,表面和外观的自动检查和识别,装配和生产线的自动化,弹性力学照片的应力分析,流体力学图片的阻力和升力分析。其中最值得注意的是计算机视觉,采用摄影和输入二维图像的机器人,可以确定物体的位置、方向、属性和其他状态等,它不但可以完成普通的材料搬运、部件装配、产品集装、生产过程自动监控,还可以在人不宜进入的环境里进行喷漆、焊接、自动检测等。

**4. 军事公安方面**

军事公安方面的主要应用:各种侦察照片的判读,对运动目标图像的自动跟踪技术,如目前电视跟踪技术已经装备在导弹和军舰上,并在演习和实践中取得了很好的效果。另外还有公安业务图片的判读分析,如指纹识别、不完整图片的复原等,在公安部门中的跟踪、窃视、交通监控、事故分析中都已经用到了图像处理技术。

**5. 文化、艺术和体育方面**

在文化艺术方面的应用:电视画面的数字编辑、动画片的制作、服装的花纹设计和制作、文物资料的复制和修复。在体育方面的应用:运动员的训练、动作分析和评分等。

随着计算机技术的日益发展和图像处理技术的日益完备,图像处理的应用范围将更加深入和广泛。

### 1.4.5 光学字符识别技术

光学字符识别(Optical Character Recognition,OCR)是针对印刷体字符,采用光学的方式将文档资料转换成原始资料黑白点阵的图像文件,然后通过识别软件将图像中的文字转换成文本格式,以便文字处理软件进一步编辑加工的系统技术。OCR的意思就演变成为利用光学技术对文字和字符进行扫描识别,转化成计算机内码。

OCR的概念首先由德国科学家Tausheck于1929年提出并申请了专利。几年后,美国科学家Handel也提出了利用技术对文字进行识别的想法。但这种梦想直到计算机的诞生才变成了现实。后来经过数十年的发展,OCR识别技术比较成熟,已经逐步进入人们日常学习、生活、工作等各个应用领域。

**1. 光学字符识别基本原理**

近几年又出现了图像字符识别(Image Character Recognition,ICR)和智能字符识别(Intelligent Character Recognition,ICR),实际上这两种自动识别技术的基本原理与OCR大致相同。其识别流程大致包括影像输入、影像前处理、文字特征抽取、比对识别、人工校正、结果输出几个步骤。

(1) 影像输入。将待识别的物体通过光学仪器,如扫描仪、传真机或任何摄影器材,将影像转入计算机,以不同的图像格式保存。

(2) 影像前处理。影像前处理是OCR系统中须解决问题最多的一个模块,从得到一个黑白的二值化影像,或灰阶、彩色的影像,到独立出一个个的文字影像的过程,都属于影像前处理。影像前处理包含影像正规化、去除噪声、影像矫正等影像处理以及图文分析、文字行与字分离的文件前处理。

(3) 文字特征抽取。单以识别率而言,特征抽取可以说是OCR的核心,用什么特征、怎么抽取,直接影响识别的好坏。一般来说,可分为统计特征和结构特征两类。

① 统计特征,如文字区域内的黑/白点数比,当文字区分成好几个区域时,这一个个区域黑/白点数比的联合,就成了空间的一个数值向量,采用基本的数学理论即可完成比对。

② 结构特征,如文字影像细线化后,取得字的笔画端点、交叉点的数量和位置,或以笔画段为特征,配合特殊的比对方法进行比对。市面上手写输入软件的识别方法多以这种结构的方法为主。

(4) 比对识别。根据不同的特征特性,选用不同的数学距离函数进行比对识别。较著名的比对方法有欧氏空间的比对方法、松弛比对法(Relaxation)、动态程序比对法(Dynamic Programming,DP)以及类神经网络的数据库建立及比对法、隐马尔可夫法HMM等。

(5) 人工校正。根据特定的语言上下文的关系,采用人工对识别结果进行校正。

(6) 结果输出。输出识别结果。

**2. 光学识别OCR软件**

国外比较著名的OCR软件当属俄罗斯ABBYY公司研制的ABBYY FineReader和比利时IRIS公司研制的Readiris Pro。

ABBYY FineReader Professional是一款真正的专业OCR,它不仅支持多国文字,还支持彩色文件识别、自动保留原稿插图和排版格式以及后台批处理识别功能，使用者不用在扫描软件、OCR、Word、Excel 之间频繁切换，处理文件像打开已经存档的文件一般便捷。

比利时 IRIS 公司研制了一套 OCR 软件 Readiris Pro，可以把纸张、PDF 文件、图片文件扫描成可以编辑的文字，其强大的识别能力和丰富的字库可使识别率达到 98%以上。具有多稿处理功能，将多篇文件扫描后一并识别，存储为 Word 文档格式保留原稿版面，方便二次处理。具有自动分析、自动识别功能，操作更为简单、快捷。内建的过滤系统可将文稿上的文字、图片、表格自动分类识别。

国内比较著名的 OCR 软件有汉王、尚书、清华紫光等。

### 3. 光学字符识别技术应用领域

光学字符识别技术有三个重要的应用领域：办公自动化中的文本输入、邮件自动处理、与自动获取文本过程相关的其他领域。这些领域包括零售价格识别，订单数据输入，单证、支票和文件识别，微电路及小件产品的状态及批号特征识别等，还包括文档检索，各类证件识别，方便用户快速录入信息，提高各行各业的工作效率。基于在识别手迹特征方面的进展，目前正探索在手迹分析及鉴定签名方面的应用。

## 思考与练习

1-1　物联网的概念是在什么情况下提出来的？什么是物联网？如何实施？

1-2　分析物联网的体系结构，并简述各层所包含的技术。

1-3　什么是物联网识别技术？物联网中的“物”需要具备哪些功能？

1-4　结合自身的生活经验，试分析一些具有一定创新性的物联网应用实例。

1-5　什么是自动识别技术？简述自动识别技术诞生和发展的背景。

1-6　常用的自动识别技术有哪些？各自有何特点？

1-7　目前，广泛应用的生物特征识别技术有哪几种？各自有何特点？

1-8　结合自身的生活经验，试分析具有较大应用前景的自动识别技术有哪些？并给出一个与物联网相关的应用场景及其技术方案。

# 第二部分　条 码 技 术

# 第2章 条码识别技术

条码或称条形码(Bar code)技术是集条码理论、光电技术、计算机技术、通信技术、条码印制技术于一体的一种自动识别技术，具有识别速度快、准确率高、可靠性强、寿命长、成本低等特点，广泛应用于商品流通、工业生产、图书管理、仓储管理、邮政管理、信息服务等领域，从食品到日用品、从衣服到书籍，条码在人们生活中随处可见。

据统计，人们每天要扫描50亿次条码，条码每年可为超市和大型商场的客户、零售商和制造商节约300亿美元的费用，全球经济离开了它们就难以运转。接下来两章将从条码的起源和发展、条码的基本概念和识别原理及应用等方面加以详细讨论。

## 2.1 条码技术的起源和发展

### 2.1.1 条码技术的历史

条码技术最早产生于20世纪20年代，诞生于威斯汀豪斯的实验室里。一位名叫约翰·科芒德(John Kermode)的发明家“异想天开”地提出采用条码技术对邮政单据实现自动分拣的想法，在信封上做条码标记，条码中的信息是收信人的地址。

为此，科芒德发明了最早的条码标识，设计方案非常简单(这种方法称为模块比较法)，即一个“条”表示数字1，两个“条”表示数字2，依次类推。然后，他又发明了由基本元件组成的条码识别设备：一个扫描器(能够发射光并接收反射光)；一个测定反射信号条和空的方法，即边缘定位线圈；一个使用测定结果的方法，即译码器。

此后不久，科芒德的合作者道格拉斯·杨(Douglas Young)在科芒德码的基础上做了一些改进，新的条码符号可在同样大小的空间对100个不同的地区进行编码，而科芒德码所包含的信息量相当低，只能对10个不同的地区进行编码。

直到1949年的专利文献中才第一次有了诺姆·伍德兰(Norm Woodland)和伯纳德·西尔沃(Bernard Silver)发明的全方位条码符号的记载，在这之前的专利文献中始终没有条码技术的记录,也没有投入实际应用的先例。

诺姆·伍德兰和伯纳德·西尔沃的想法是利用科芒德和杨的垂直的“条”和“空”,并使之弯曲成环状,非常像射箭的靶子。这样不管条码符号方向的朝向,扫描器都能够通过扫描图形的中心对条码符号解码。很显然它表示的是高信息密度的数字编码。

此后,以吉拉德·费伊塞尔(Girard Feissel)为代表的几位发明家于1959年申请了一项专利,描述了数字0～9中每个数字可由七段平行条组成。但是机器难以识别这种码,人工识别也不方便。不久,布宁克(Brinker)申请了另一项专利,该专利是将条码标识在有轨电车上。20世纪60年代后期西尔沃尼亚(Sylvania)发明的一个系统被北美铁路系统采纳。这两项可以说是条码技术最早期的应用。

1970年美国成立统一编码协会(Uniform Code Council,UCC),美国邮政局采用长短形条码表示信函的邮政编码。同年,美国超级市场Ad Hoc委员会制定出通用商品代码(Universal Product Code,UPC),如图2-1所示。许多团体也提出了各种条码符号方案,UPC码首先在杂货零售业中试用,这为以后条码的统一和广泛采用奠定了基础。1971年,布莱西公司研制出布莱西码及相应的自动识别系统,用于库存验算。这是条码技术第一次在仓库管理系统中的实际应用。1972年蒙那奇·马金(Monarch Marking)等人研制出库德巴(Code bar)码,主要用于血库,这是第一个利用计算机校验准确性的码制。到此美国的条码技术进入新的发展阶段。

(a) UPC-A

0 896000

(b) UPC-E

**图2-1 UPC条码**

1973年美国统一编码协会建立了UPC条码系统,实现了该码制标准化,常见的UPC条码如图2-1所示。同年,食品杂货业把UPC码作为该行业的通用标准码制,为条码技术在商业流通销售领域里的广泛应用起到了积极的推动作用。

1974年Intermec公司的戴维·阿利尔(Davide Allair)博士研制出39码,很快被美国国防部所采纳,作为军用条码码制。39码是第一个字母、数字式的条码,后来广泛应用于工业领域。

1976年在美国和加拿大超级市场上,UPC码的成功应用给人们很大的鼓舞,尤其是欧洲人对此产生了极大兴趣。1977年,欧洲共同体在UPC-A码基础上制定出欧洲物品编码EAN-13和EAN-8码,签署了欧洲物品编码(European Article Number, EAN)协议备忘录,并正式成立了欧洲物品编码协会。直到1981年,由于EAN组织已发展成为一个国际性组织,改称为国际物品编码协会(International Article Numbering Association, EAN International)。

日本从1974年开始着手建立销售点终端(Point of Sales,POS)系统,研究标准化以及信息输入方式、印制技术等。并在EAN基础上,于1978年制定出日本物品编码(Japanese Article Number,JAN)。同年,日本加入国际物品编码协会,开始了厂家登记注册,并全面转入条码技术及系列产品的开发工作。

自20世纪80年代初以来,人们围绕提高条码符号的信息密度开展了多项研究工作,128码和93码就是其中的研究成果。128码于1981年推荐使用,93码于1982年使用。这两种码的优点是条码符号密度比39码高出近30%。

随着条码技术的发展,条码码制种类不断增加,因而条码标准化问题显得越来越重要。为此,美国先后制定了军用标准1189、交叉25码、39码和库德巴码等ANSI标准。同时,一些行业也开始建立行业标准,以适应发展需要。

1987年,美国人戴维·阿利尔又研制出49码,这是一种非传统的条码符号,它比以往的条码符号具有更高的密度。接着特德·威廉斯(Ted Williams)于1988年推出16K码——二维条码码制,这是一种适用于激光系统的码制。到目前为止,共有40多种条码码制,相应的自动识别设备和印刷技术也得到了长足的发展。

从20世纪80年代中期开始,我国一些高等院校、科研部门和一些出口企业,把条码技术的研究和推广应用逐步提到议事日程,并在图书、邮电、物资管理和外贸等行业开始使用条码技术。1991年4月,中国物品编码中心代表我国加入国际物品编码协会,为全面开展我国条码工作创造了先决条件。为使条码工作面向市场,适应加入WTO的需要,满足我国经济发展需求,中国物品编码中心于2003年4月启动"中国条码推进工程"。

随着发光二极管(LED)、微处理器和激光二极管的不断发展,迎来了新的标识符号(象征学)及其应用的大爆炸,人们称为条码工业。市场上现存的条码将近300种。主流的条码有商品条码、库德巴条码、128条码、ISBN与ISSN码、39码、PDF417码、快速响应矩阵码、Data Matrix码、Maxi Code码等。由于在这一领域的技术进步与发展非常迅速,并且每天都有越来越多的应用领域被开发,目前的条码像灯泡和半导体收音机一样普及,使人们的生活变得更加轻松和方便。

### 2.1.2 条码技术的发展方向

国际上,从20世纪70年代至今,条码技术及其应用都取得了长足的发展,已由一维条码发展到二维条码,目前又出现了将一维条码和二维条码结合在一起的复合码;条码介质由最初的纸质发展到特殊介质;条码技术的应用范围从商业领域拓展到物流、金融等经济领域,并向纵深发展,面向企业信息化管理的深层次的集成;条码技术产品逐渐向高、精、尖和集成化方向发展。目前,国际上条码技术的发展呈如下特点。

#### 1. 条码技术产业迅猛发展

根据美国的专业研究机构VDC(Venture Development Corporation)公司的统计,全球条码市场规模一直在持续稳步增长。到2008年,全球条码技术装备的市场规模从2003年的90亿美元增长到155亿美元,其中美洲地区年平均增长率将超过6%,亚太地区则将达到12%,欧洲、非洲、中东等地区也将接近5%。国际条码技术产业前景方兴未艾。

**2. 条码技术与其他识别技术趋于集成**

由于每种识别技术都有其局限性,多种技术共存既可充分发挥各自优势,又可以有效互补。当前,发达国家都积极开展条码技术与射频技术等的集成研究,如条码符号和电子标签的生成和识别设备一体化。

**3. 条码技术标准体系逐渐完善**

条码技术作为信息自动化采集的一种手段,随着应用的深入,新的条码技术标准不断出现,标准体系将会逐渐完善。国际上,条码技术标准化已经成为一个独立的标准化工作领域。

**4. 条码自动识别技术应用向纵深发展**

1) 积极建立基于条码技术应用的全球产品与服务分类编码标准

条码技术作为信息采集的手段,必须以信息的分类编码为基础。但当前国际上,不同的行业,针对不同的用途,采用不同的分类编码体系,各体系互不兼容,信息系统无法通信和共享。鉴于此,国际物品编码协会正在积极联合全球商务倡议联盟(Global Commerce Initiative,GCI)、高效消费者响应(Efficient Customer Responses,ECR)委员会等,致力于构建一个全球统一的产品与服务分类编码标准。

2) 积极致力于基于条码技术应用的电子商务公共信息平台的构建

在电子商务时代,商品基础数据在供应链各贸易伙伴的信息系统或信息平台的一致性和实时同步,是实现贸易伙伴间连续顺畅的数据交换,信息有效共享的基础,同时也是流通领域现代化的前提。因此,全球许多国家均发起了商品数据同步倡议。

美国、英国、德国、澳大利亚、韩国等国家正在积极建设本国基于现有条码技术的用于电子商务的商品数据库,对这些国家的国内贸易的电子化起到非常大的作用。各国都在关注条码技术在供应链管理、电子商务中的作用,以及如何实现多行业、多地区、多层次的信息资源的联通与共享,致力于基于条码技术应用的电子商务公共信息平台的构建。

3) 条码技术在产品溯源、物流管理等重点领域得到更深层次的应用

当前,条码技术的应用向纵深发展,面向企业信息化管理的深层次的集成。其中,以条码技术在食品安全方面的应用尤为突出。采用条码技术可对食品原料的生长、加工、储藏和零售等供应链环节进行管理,实现食品安全溯源。联合国欧洲经济委员会(United Nations Economic Commission for Europe,UNECE)已经正式推荐运用条码技术进行食品的跟踪与追溯,建立可追溯系统。包括法国、澳大利亚、日本在内的全球20多个国家和地区都采用条码技术建立食品安全系统。此外,建立基于条码技术应用的高度自动化的现代物流系统,是目前国际上物流发展的一大趋势,也是当前条码技术推广应用的一个重点。

### 2.1.3 条码技术的研究对象

条码技术主要研究的是如何将需求向计算机输入的信息用条码符号加以表示,以及

如何将条码所表示的信息转变为计算机可自动识读的数据。因此，条码技术的研究对象主要包括编码规则、符号表示技术、识读技术、生成与印制技术和条码应用系统设计技术五大部分。

**1. 编码规则**

任何一种条码都是按照预先规定的编码规则和有关标准由条和空组合而成的。为管理对象编制的由数字、字母或其他字符组成的代码序列称为编码。编码规则主要研究编码原则、代码定义等。编码规则是条码技术的基本内容，也是制定码制标准和对条码符号进行识读的主要依据。

为了便于物品跨国家和地区流通，适应物品现代化管理的需要，以及增强条码自动识别系统的相容性，各个国家、地区和行业，都必须遵守并执行国际统一的条码标准。

**2. 符号表示技术**

条码是一种图形化的信息代码。不同的码制，条码符号的构成规则也不同。符号表示技术主要是研究各种码制的条码符号设计、符号表示以及符号制作。

**3. 识读技术**

条码自动识读技术可分为硬件技术和软件技术两部分。自动识读技术硬件支撑技术主要是解决两方面的问题，即将条码符号所表示的信息转换为计算机可计算的数据和将转换后的数据传送给计算机进行后续处理。硬件支撑技术包括光电转换技术、译码技术、通信技术和计算机技术。软件技术主要是解决数据处理、数据分析、译码等问题，数据通信是通过软硬件技术结合起来实现的。

**4. 生成与印刷技术**

条码的印刷质量是条码准确识读的关键。因此，必须选择合适的印刷技术和设备，以保障印刷的条码符合相关规范。条码印刷技术是条码技术的主要组成部分，其主要研究内容是制片技术、印制技术、打印技术、条码质量检测技术。

**5. 条码应用系统设计技术**

一般来说，条码应用系统都是由条码、识读设备、计算机、网络通信设备和相应的应用软件组成的。条码应用的领域和对象不同，条码应用系统的软硬件配置不同、功能复杂程度不同。条码应用系统设计技术主要涉及码制的选择、识读设备和打印设备的选型、计算机和网络设备的选型、应用软件的设计等。

### 2.1.4　条码技术的特点

条码是迄今为止最经济、实用的一种自动识别技术。与其他识别技术相比，条码技术具有以下特点。

(1) 简单。条码符号制作容易，扫描操作简单易行。

(2) 输入速度快。与键盘输入相比,条码输入的速度是键盘输入的5倍,并且能实现"即时数据输入"。

(3) 可靠性高。键盘输入数据,出错率为1/300,利用光学字符识别技术输入数据,其出错率约为1/10 000,而采用条码技术,其误码率低于1/1 000 000,首读率可达98%以上。

(4) 采集信息量大。利用传统的一维条码一次可采集几十位字符的信息,二维条码更可以携带数千个字符信息,并有一定的自动纠错功能。

(5) 灵活、实用。条码标识既可以作为一种识别手段单独使用,又可以和有关识别设备组成一个系统实现自动化识别,还可以和其他控制设备连接起来实现整个系统的自动化管理。同时,在没有自动识别设备时,也可以实现手工键盘输入。

(6) 自由度大。识别装置与条码标签相对位置的自由度要比OCR大得多。条码通常只在一维方向上表示信息,而同一条码符号上所表示的信息是连续的,这样即使是标签上的条码符号在条的方向上有部分残缺,仍可以从正常部分识读正确的信息。

(7) 设备结构简单、成本低。条码符号识别设备的结构简单,操作容易,无须专门训练。与其他自动化识别技术相比较,推广应用条码技术所需费用较低。

## 2.2 条码技术概述

### 2.2.1 条码基本概念

#### 1. 条码

条码(Bar Code)由一组宽度、反射率不同的条和空按照一定的编码规则组合起来,用于表示一个完整数据的符号。条码通常用来对物品进行标识,这个物品可以是用来进行交易的一个贸易项目,如一瓶啤酒或一箱矿泉水,也可以是一个物流单元,如一个托盘。

对物品的标识,就是首先给某一物品分配一个代码,然后以条码的形式将这个代码表示出来,并且标识在该物品上,以便识别设备通过扫描识别条码符号对该物品进行识别。

代码是用来表征客观事物的一个或一组有序的符号。代码必须具备鉴别功能,即在一个信息分类编码标准中,一个代码只能唯一地标识一个分类对象,而一个分类对象只能有一个唯一的代码。在不同的应用系统中,代码可以有含义,也可以无含义。有含义代码可以表示一定的信息属性;无含义代码则只作为分类对象的唯一标识,只代替对象名称,而不提供对象的任何其他信息。

#### 2. 码制

条码的码制是指条码符号的类型,每种类型的条码符号都是由符号特定编码规则的条和空组合而成的。每种码制都具有固定的编码容量和所规定的条码字符集。条码字符中字符总数不能大于该种码制的编码容量。常用的一维码的码制包括EAN条码、39条码、交插二五码、UPC码、128条码、93条码及库德巴条码等。

### 3. 条码字符集

条码字符集,是指某种码制所表示的全部字符的集合。有些码制仅能表示10个数字字符0～9,如EAN/UPC条码;有些码制除了能表示10个数字字符外,还可以表示几个特殊字符,如库德巴条码。39条码可表示数字字符0～9,英文字符A～Z和一些特殊符号。

### 4. 连续性与非连续性

条码符号的连续性,是指每个条码字符之间不存在间隔;相反,非连续性是指每个条码字符之间存在间隔。从某种意义上说,由于连续性条码不存在条码字符间隔,即密度相对较高,而非连续性条码的密度相对较低。但非连续性条码字符间隔引起误差较大,一般规范不给出具体指标限制。而对连续性条码除了控制尺寸误差之外,还需控制相邻条与条、空与空的相同边缘间的尺寸误差及每一条码字符的尺寸误差。

### 5. 定长条码与非定长条码

定长条码,是指仅能表示固定字符个数的条码。非定长条码,是指能表示可变字符个数的条码。例如,EAN/UPC条码是定长条码,它们的标准版仅能表示12个字符,39条码则为非定长条码。

定长条码由于限制了表示字符的个数,其译码的误识率相对较低。非定长条码具有灵活、方便等优点,但受扫描器及印刷面积的限制,它不能表示任意多个字符,并且在扫描阅读过程中可能产生因信息丢失而引起错误的译码。

### 6. 双向可读性

条码符号的双向可读性,是指从左、右两侧开始扫描都可被识别的特性。绝大多数码制都可双向识别,所以都具有双向可读性。事实上,双向可读性不仅仅是条码符号本身的特性,也是条码符号和扫描设备的综合特性。

对于双向可读的条码,识别过程中译码器需要判别扫描方向。有些类型的条码符号,其扫描方向的判定是通过起始符与终止符来完成的,如39码。有些类型的条码,由于从两个方向扫描起始符和终止符所产生的数字脉冲信号完全相同,所以无法用它们来判别扫描方向,如EAN和UPC条码。在这种情况下,扫描方向的判别则是通过条码数据符的特定组合来完成的。对于某些非连续性条码符号,如39码,由于其字符集中存在着条码字符的对称性,在条码字符间隔较大时,很可能出现因信息丢失而引起的译码错误。

### 7. 条码密度

条码密度,是指单位长度条码所表示条码字符的个数,其密度越高,所需扫描设备的分辨率也就越高,这必然增加扫描设备对印刷缺陷的敏感性。二维条码的密度是一维条码的几十到几百倍。

显然,对于任何一种码制来说,各单元的宽度越小,条码符号的密度就越高,也越节约印刷面积。但由于印刷条件及扫描条件的限制,我们很难把条码符号的密度做得太高。39条码、库德巴码和交插二五码的最高密度分别为9.4个/25.4mm、10.0个/25.4mm和17.7个/25.4mm。

## 2.2.2 条码的分类

按照不同的分类方法、不同的编码规则可以将条码分成许多种,现在已知的世界上正在使用的条码就有250种之多。

条码的分类方法有许多种,主要依据条码的编码结构和条码的性质来决定。例如,就一维条码来说,按条码的长度可分为定长和非定长条码;按排列方式可分为连续型和非连续型条码;从校验方式又可分为自校验型和非自校验型条码等。按维数可分为一维条码、二维条码和三维条码。

### 1. 一维条码

一维条码,是指通常所说的传统条码,如图2-2所示。一维条码按照应用可分为商品条码和物流条码,商品条码包括EAN码和UPC码,物流条码包括128码、ITF码、39码和库德巴码等。

图2-2 一维条码

### 2. 二维条码

二维条码又称二维码(2-Dimensional Bar Code),它是用某种特定的几何图形按一定规律在平面(二维方向)分布的黑白相间的图形记录数据符号信息的;在代码编制上巧妙地利用构成计算机内部逻辑基础的0、1比特流的概念,使用若干个与二进制相对应的几何形体来表示文字数值信息,通过图像输入设备或光电扫描设备自动识别以实现信息自动处理。同时还具有对不同行的信息自动识别功能及处理图形旋转变化等特点。

二维码是一种比一维码更高级的条码格式。一维码只能在一个方向(一般是水平方向)上表达信息,而二维码在水平和垂直方向都可以存储信息。一维码只能由数字和字母组成,而二维码能存储汉字、数字和图片等信息,因此二维码的应用领域要广得多。

根据构成原理和结构形状的差异,可分为两大类型:一类是行排式,又称堆积式二维码或层排式二维条码(Stacked or Tiered Bar Code),其编码原理是建立在一维码基础之上,按需要堆积成两行或多行。代表性的行排式二维码有PDF417、Code49、Code 16K等。另一类是棋盘式或点矩阵式二维条码(Checker Board or Dot Matrix Type),它在一个矩形空间通过黑、白像素在矩阵中的不同分布进行编码。具有代表性的矩阵式二维码有QR Code、DataMatrix、Code One、Maxi Code等,如图2-3所示。中国研制的Han Xin Code(汉信码)也属于矩阵式二维码,如图2-4所示。

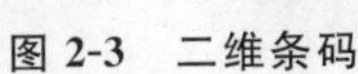

图 2-3　二维条码

图 2-4　汉信码

### 3. 三维条码

随着条码应用的进一步普及，人们对条码的信息容量提出了更高的要求，希望条码能够承载更多的信息。目前，常见的二维条码数据容量最多为几千字节，就算如此，二维条码的信息容量也不能满足要求。

理论上，可采用增大条码尺寸或增大条码密度来解决这个问题，但这两种解决方案都有一定的局限性。增大条码尺寸需要条码载体提供更大的印制面积，往往在实际应用场合中对条码尺寸有很强的限制，例如，证件、单据本身尺寸的限制，不可能给条码提供太大的印制面积。而增大条码密度，需要印制设备、识别设备有更高的精度，成本大，而且增大条码密度会明显降低条码的抗干扰能力，极大地限制了条码的使用环境。

传统的条码编码方式无论是模块组配法，还是宽度调节法，都是用条和空的宽度来承载信息的。二维条码在几何结构上相对于一维条码有所扩展，但在编码方式上仍沿用了一维条码的形式，还是局限于用条和空的宽度变化来传载信息，只是通过条、空纵向排列来扩展条码的信息量。

在二维平面码的基础上引入“高度”的概念，利用色彩或灰度（或称黑密度）表示不同的数据并进行编码，将条码的维度从二维增加到三维（见图 2-5）。三维条码又称多维条码、万维条码或数字信息全息图，能够表示任何计算机的数字信息，包括音频、图像、视频、全世界各国文字。这种条码实际由 24 层颜色组成，能够承载 0.6～1.8MB 的信息，从而使编码容量大幅度提高。目前，关于三维码识别技术正处于研究和发展中。

图 2-5　三维条码

## 2.2.3　条码的结构

### 1. 一维条码的结构

一个完整的条码的组成次序依次为静区（前）、起始符、数据符（中间分隔符，主要用于 EAN 码）、校验符、终止符、静区（后），如图 2-6 所示。

| 静区 | 起始符 | 数据符 | 校验符 | 终止符 | 静区 |
|---|---|---|---|---|---|

图 2-6　一维条码结构

1）静区

静区，是指条码左右两端外侧与空的反射率相同的限定区域，它能使读写器进入准备阅读的状态,当两个条码相距较近时,静区有助于对它们加以区分,静区的宽度通常应不小于6mm(或10倍模块宽度)。

2) 起始符/终止符

起始符/终止符,是指位于条码开始和结束的若干条与空,标志条码的开始和结束,同时提供了码制识别信息和阅读方向的信息。

3) 数据字符

数据字符位于条码中间的条、空结构,包含条码所表达的特定信息。

4) 校验字符

校验字符用来判定此次阅读是否有效的字码,通常是一种算术运算的结果,扫描器读入条码进行解码时,先对读入各字码进行运算,如运算结果与检查码相同,则判定此次阅读有效。

**2. 二维条码的结构**

随着自动识别技术的发展,用条码符号表示更多信息的要求与日俱增,而一维条码最大数据长度通常不超过15个字符,故多用于存放关键索引值(Key),仅可作为一种数据标识,不能对产品进行描述。因此,需通过网络到数据库抓取更多的数据项,在缺乏网络或数据库的情况下,一维条码便失去意义。另一方面,一维条码有一个明显的缺点,即垂直方向不携带数据,故数据密度偏低,由此便产生了二维条码来解决这些问题。

从外观上看,一维条码是由纵向黑条和白条组成的,黑白相间,而且条纹的粗细也不同,通常条纹下还会有英文字母或阿拉伯数字。二维条码却不同,二维条码通常为方形结构,不但由横向和纵向的条码组成,而且码区内还会有多边形的图案,同样二维条码的纹理也是黑白相间,粗细不同,二维条码是点阵形式。

从作用上看,一维码可以识别商品的基本信息,例如商品名称、价格等,但并不能提供商品更详细的信息,要调用更多的信息,需要计算机数据库的进一步配合。二维条码不但具备识别功能,而且可显示更详细的商品内容。例如,衣服二维码,不但可以显示衣服名称和价格,还可以显示采用的是什么材料,每种材料占的百分比,衣服尺寸大小,适合身高为多少的人穿着,以及一些洗涤注意事项等,不需要计算机数据库的配合,简单方便。

## 2.2.4 条码编码理论

表示数字及字符的条码符号是按照编码规则组合排列的,故当各种码制的条码编码规则一旦确定,就可将代码转换成条码符号。

条码是一种信息代码,通常是一种用黑白条纹表示信息的特殊代码。代码的编码规则规定了由数字、字母或其他字符组成的代码序列的结构,而条码符号的编制规则规定了不同码制中条、空的编制规则及其二进制的逻辑表示设置。了解这些编码规则,将有助于我们了解和学习条码的编制原理,以及对物品条码的具体编制方法。

**1. 编码方法**

条码是利用“条”和“空”表示二进制的0和1,并以它们的组合来表示某个数字或字符，从而反映某种信息。但不同码制的条码在编码方式上却有所不同，一般有宽度调节编码法和模块组配编码法两种方式。

1）宽度调节编码法

宽度调节编码法，即条码符号中的条和空由宽、窄两种单元组成的条码编码方式。按照此方式编码时，以窄单元（条或空）表示逻辑值 0，宽单元（条或空）表示逻辑值 1。宽单元通常是窄单元的 2～3 倍。对于两个相邻的二进制数位，由条到空或由空到条，均存在着明显的印刷界限。39 码、库德巴码和常用的 25 码、交插二五码均属于宽度调节型条码。下面以 25 码为例，简要介绍宽度调节编码方法。

25 码是一种只有条表示信息的非连续型条码，条码字符由规则排列的 5 个条构成，其中宽单元 2 个，其余是窄单元。宽单元一般是窄单元的 3 倍，宽单元表示二进制的 1，窄单元表示二进制的 0。25 码字符集中代码 1 的字符结构如图 2-7 所示。

2）模块组配编码法

条码符号的字符由规定的若干个模块组成的条码编码方法称为模块组配编码法。按照这种方式编码，条与空是由标准宽度的模块组合而成的。一个标准宽度的条模块表示二进制 1，一个标准宽度的空模块表示二进制 0。

EAN 条码、UPC 条码均属模块式组配型条码。商品条码模块的标准宽度是 0.33mm，它的一个字符由 2 个条和 2 个空构成，每一个条或空由 1～4 个标准宽度模块组成，每一个条码字符的总模块数为 7。凡是在字符间不存在间隔（空位）的条码称为连续码。模块组合法条码字符的构成如图 2-8 所示。

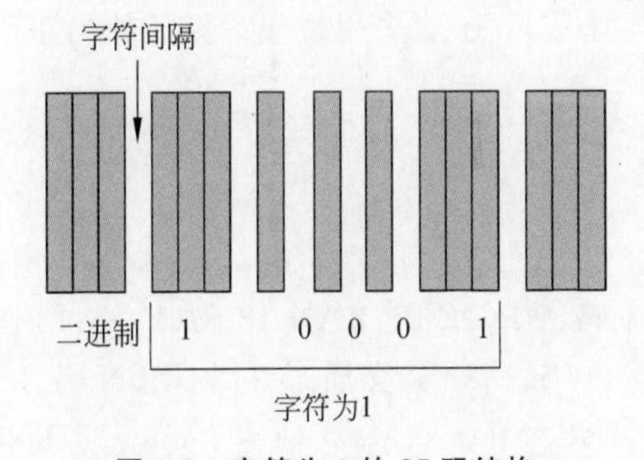


图 2-7　字符为 1 的 25 码结构

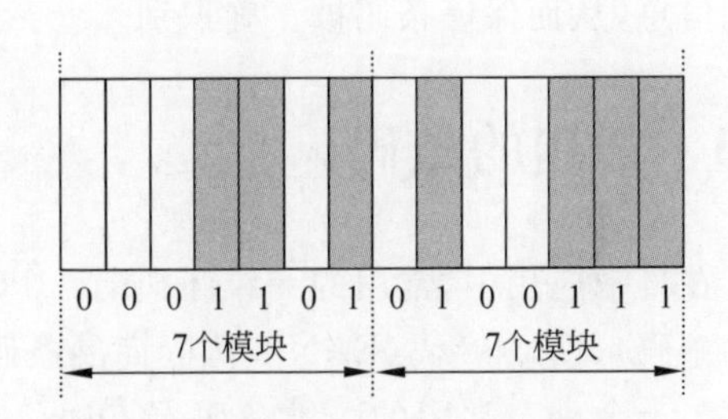


图 2-8　模块组合法条码字符的构成

## 2. 编码容量

每个码制都有一定的编码容量，这是由其编码方法决定的，编码容量限制了条码字符集中所含字符的数目。条码字符的编码容量，是指条码字符集中所能表示字符数的最大值。

对于用宽度调节法编码的，仅有两种宽度单元的条码符号，即编码容量为 $C(n,k)$，这里：

$$C(n,k) = n(n-1)\cdots(n-k+1)/k!$$

其中，$n$ 是每一条码字符中所包含的单元总数；$k$ 是宽单元或窄单元的数量。

例如，39 码中每个条码字符由 9 个单元组成，其中 3 个是宽单元，其余是窄单元，那

么其编码容量

$$C(9,3)=(9\times 8\times 7)/(3\times 2\times 1)=84$$

对于用模块组配的条码符号,若每个条码字符包含的模块是恒定的,其编码容量为 $C(n-1,2k-1)$,其中 $n$ 为每一条码字符中包含模块的总数,$k$ 是每个条码字符中条或空的数量,$k$ 应满足 $1\leqslant k\leqslant n/2$。

例如,93码中每个条码字符中包含9个模块,每个条码字符中条的数量为3个,其编码容量

$$C(9-1,2\times 3-1)=(8\times 7\times 6\times 5\times 4)/(5\times 4\times 3\times 2\times 1)=56$$

一般情况下,条码字符集中所表示的字符数量小于条码字符编码容量。

**3. 条码的校验与纠错**

为了保证正确识别,条码一般具有校验功能或纠错功能。一维条码一般具有校验功能,即通过字符的校验来防止错误识别。二维条码则具有纠错功能,这种功能使得二维条码在有局部破损的情况下仍可被正确地识别出来。

一维条码在纠错上主要采用校验码的方法,即从代码位置序号第二位开始,用所有偶序数和奇序数的数字代码分别求和的方法来校验条码的正确性。校验的目的是保证条空比的正确性。

二维条码在保障识别正确方面采用了更为复杂、技术含量更高的方法。例如,PDF417条码,在纠错方法上采用所罗门算法。不同的二维条码可能采用不同的纠错算法。纠错是为了在二维条码存在一定局部破损情况下,还能采用替代运算还原出正确的码词信息,从而保证条码被正确识别。

## 2.3 常用的条码

在日常应用中,常用的一维条码有UPC-A码、UPC-E码、EAN-13码(EAN-13国际商品条码)、EAN-8码(EAN-8国际商品条码)、39码、128码、交插二五码、ISBN码、ISSN码等二十余种。常用的二维条码有QR Code、Data Matrix、Maxi Code、Aztec、PDF417、Code 49、Code 16K等。本节重点讨论目前应用最为广泛的EAN-13码和QR Code码。

### 2.3.1 EAN-13码

商品条码最早出现于1973年美国超级市场(UPC码),继而由欧洲国家发展出EAN码,推广至全世界。就EAN码而言,每个申请国均有其专属的国家码,再由该国专职机构管理境内厂商,使每个申请厂商有其专属的厂商码。经注册登记后的厂商,才可赋予其产品一个属于产品本身的商品条码,也就是说每个产品仅有一个对应的条码,类似于人们独一无二的身份证号码。商品条码包括EAN-13码、EAN-8码、UPC-A码和UPC-E码四种形式的条码符号。

### 1. EAN-13 码的结构

EAN-13 码是表示 EAN/UCC-13 商品标识代码的条码符号，由左侧空白区、起始符、左侧数据符、中间分隔符、右侧数据符、校验符、终止符、右侧空白区及供人识别字符组成，如图 2-9 所示。EAN-13 各组成部分的模块数如图 2-10 所示。

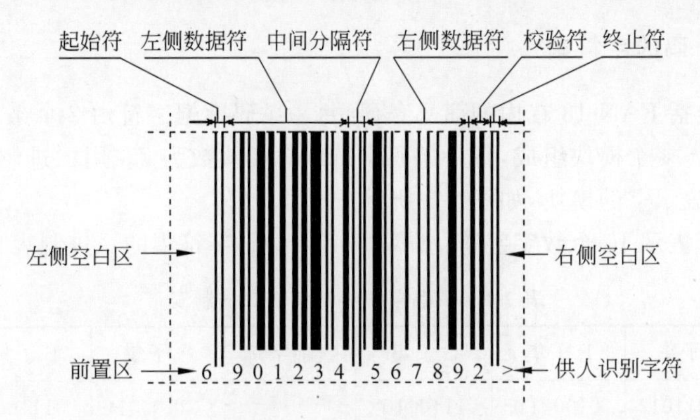


图 2-9　EAN-13 码的结构

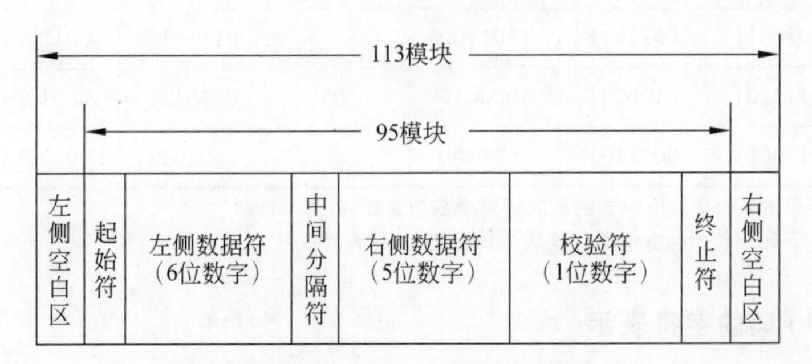


图 2-10　EAN-13 码的组成模块

左侧空白区：位于条码符号最左侧与空的反射率相同的区域，其最小宽度为 11 个模块宽。

起始符：位于条码符号左侧空白区的右侧，表示信息开始的特殊符号，由 3 个模块组成。

左侧数据符：位于起始符右侧，表示 6 位数字信息的一组条码字符，由 42 个模块组成。

中间分隔符：位于左侧数据符右侧，是平分条码字符的特殊符号，由 5 个模块组成。

右侧数据符：位于中间分隔符右侧，表示 5 位数字信息的一组条码字符，由 35 个模块组成。

校验符：位于右侧数据符右侧，表示校验码的条码字符，由 7 个模块组成。

终止符：位于条码符号校验符右侧，表示信息结束的特殊符号，由 3 个模块组成。

右侧空白区：位于条码符号最右侧与空的反射率相同的区域，其最小宽度为 7 个模块宽。为保护右侧空白区域的宽度，可在条码符号右下角加“＞”符号。

供人识别字符：位于条码符号的下方，是与条码符号相对应的13位数字。供人识别字符优先选用GB/T 12508—1990《光学识别用字母数字字符集 第2部分：OCR-B字符集印刷图像的形状和尺寸》中规定的OCR-B字符集；字符顶部和条码字符底部的最小距离为0.5个模块宽。EAN-13码供人识别字符中的前置码印制在条码符号起始符的左侧。

### 2. EAN-13码的字符集

数据字符包括EAN-13在内的商品条码，每一条码数据字符由2个条和2个空构成，每一条或空由1～4个模块组成，每一条码字符的总模块数为7。用二进制1表示条的模块，用二进制0表示空的模块，如图2-8所示。

商品条码可表示10个数字字符：0～9。商品条码字符集的二进制表见表2-1。

表2-1 商品条码字符集的二进制表

| 数字字符 | A子集 | B子集 | C子集 | 数字字符 | A子集 | B子集 | C子集 |
|---|---|---|---|---|---|---|---|
| 0 | 0001101 | 0100111 | 1110010 | 5 | 0110001 | 0111001 | 1001110 |
| 1 | 0011001 | 0110011 | 1100110 | 6 | 0101111 | 0000101 | 1010000 |
| 2 | 0010011 | 0011011 | 1101100 | 7 | 0111011 | 0010001 | 1000100 |
| 3 | 0111101 | 0100001 | 1000010 | 8 | 0110111 | 0001001 | 1001000 |
| 4 | 0100011 | 0011101 | 1011100 | 9 | 0001011 | 0010111 | 1110100 |

说明：① A子集中条码字符所包含的条的模块个数为奇数，称为奇排列。
② B、C子集中条码字符所包含的条的模块个数为偶数，称为偶排列。

### 3. EAN-13码的字符表示

1）起始符、终止符、中间分隔符

商品条码起始符、终止符的二进制表示都为101，中间分隔符的二进制表示为01010，如图2-11所示。

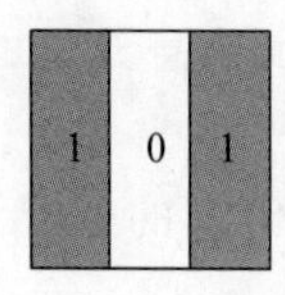

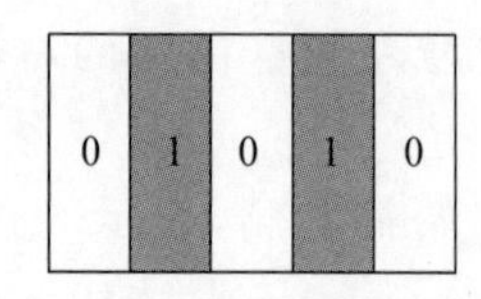


图2-11 商品条码起始符、终止符、中间分隔符示意图

2）数据符及校验符

EAN-13商品条码中的前置码不用条码字符表示，不包括在左侧数据符内。右侧数据符及校验符均用字符集中的C子集表示。选用A子集还是B子集表示左侧数据符取决于前置码的数值，见表2-2。

表 2-2　左侧数据符在字符集的选择规则

| 前 置 码 | 代 码 | | | | | |
|---|---|---|---|---|---|---|
| | 12(左 1) | 11(左 2) | 10(左 3) | 9(左 4) | 8(左 5) | 7(左 1) |
| 0 | A | A | A | A | A | A |
| 1 | A | A | B | A | B | B |
| 2 | A | A | B | B | A | B |
| 3 | A | A | B | B | B | A |
| 4 | A | B | A | A | B | B |
| 5 | A | B | B | A | A | B |
| 6 | A | B | B | B | A | A |
| 7 | A | B | A | B | A | B |
| 8 | A | B | A | B | B | A |
| 9 | A | B | B | A | B | A |

示例：确定 13 位数字代码 6901234567892 的左侧数据符的二进制表示。

第一步：根据表 2-2,前置码为 6 的左侧数据符所选用的字符集依次排列为 ABBBAA。

第二步：查表 2-1,左侧数据符 901234 的二进制表示,见表 2-3。

表 2-3　前置码为 6 时左侧数据符的二进制表示

| 左侧数据符 | 条码字符集 | 二进制表示 |
|---|---|---|
| 9 | A | 0001011 |
| 0 | B | 0100111 |
| 1 | B | 0110011 |
| 2 | B | 0011011 |
| 3 | A | 0111101 |
| 4 | A | 0100011 |

## 4. EAN-13 码的编码结构

EAN-13 码由 13 位数字组成。不同国家(地区)的条码组织对 13 位代码的结构有不同的划分。在中国,EAN-13 码分为三种结构,每种结构由三部分组成,见表 2-4。

表 2-4　EAN-13 码的三种结构

| 结 构 种 类 | 厂商识别代码 | 商品项目代码 | 校 验 码 |
|---|---|---|---|
| 结构 1(前缀码为 690、691) | $X_{13}X_{12}X_{11}X_{10}X_9X_8X_7$ | $X_6X_5X_4X_3X_2$ | $X_1$ |
| 结构 2(前缀码为 692、693、694) | $X_{13}X_{12}X_{11}X_{10}X_9X_8X_7X_6$ | $X_5X_4X_3X_2$ | $X_1$ |
| 结构 3 | $X_{13}X_{12}X_{11}X_{10}X_9X_8X_7X_6X_5$ | $X_4X_3X_2$ | $X_1$ |

1) 厂商识别代码

厂商识别代码由7～9位数字组成,由中国物品编码中心负责分配和管理。

由于厂商识别代码是由中国物品编码中心统一分配、注册,因此中国物品编码中心有责任确保每个厂商识别代码在全球范围内的唯一性。

厂商识别代码左起三位是国际物品编码协会分配给中国物品编码中心的前缀码。前缀码由2～3位数字($X_{13}X_{12}$或$X_{13}X_{12}X_{11}$)组成。EAN组织分配给中国可用的前缀码有690～699,其中696～699尚未使用。生活中最常见的前缀码为690～693,其中以690、691开头时,厂商识别码为4位,商品项目代码为5位;以692、693开头时,厂商识别码是5位,商品项目代码是4位。

2) 商品项目代码

商品项目代码由3～5位数字组成,由厂商负责编制。由3位数字组成的商品项目代码有000～999共有1000个编码容量,可标识1000种商品;同理,由4位数字组成的商品项目代码可标识10 000种商品;由5位数字组成的商品项目代码可标识100 000种商品。

3) 校验码

用来校验其他代码编码的正误。校验码的计算步骤如下。

(1) 自右向左顺序编号。

例如,EAN_13码为690123456789$X_1$的编号顺序见表2-5。

表2-5 代码位置序号对应表

| 位置序号 | 代　码 |
|---|---|
| 13 | 6 |
| 12 | 9 |
| 11 | 0 |
| 10 | 1 |
| 9 | 2 |
| 8 | 3 |
| 7 | 4 |
| 6 | 5 |
| 5 | 6 |
| 4 | 7 |
| 3 | 8 |
| 2 | 9 |
| 1 | $X_1$ |

(2) 从序号2开始求出偶数位上数字之和,并乘以3,即(9+7+5+3+1+9)×3=102。

(3) 从序号3开始求出奇数位上数字之和,并与步骤(2)计算的结果相加,即(8+6+4+2+0+6)+102=128。

(4) 用大于或等于结果(3)且为 10 最小整数倍的数减去(3),其差即为所求校验码的值,即 $X_1=130-128=2$。

## 2.3.2 快速响应矩阵码

### 2.3.2.1 QR Code 概述

#### 1. QR 码的特点

快速响应矩阵码(Quick Response Code,QR Code)是由日本 DENSO 公司于 1994 年 9 月研制的一种矩阵二维码符号(见图 2-12),它除具有一维条码及其他二维条码所具有的信息容量大、可靠性高、可表示汉字和图像多种文字信息、保密防伪性强等优点外,还具有以下特点。

图 2-12 QR 码符号的标识

1) 超高速识别

由于在用电荷耦合器件(Charge Coupled Device,CCD)识别 QR Code 码时,整个 QR 码符号中信息的读取是通过 QR 码符号的位置探测图形,用硬件来实现。因此,信息识别过程所需时间很短,它具有超高速识别特点,这是 QR 区别于 PDF417 码、Data Matrix 等二维码的主要特点。

用 CCD 二维条码识别设备,每秒可识别 30 个含有 100 个字符的 QR 码符号;对于含有相同数据信息的 PDF417 条码符号,每秒仅能识别 3 个符号;对于 Data Matrix 矩阵码,每秒仅能识别 2～3 个符号。QR 码的超高速识别特性是它能够广泛应用于工业自动化生产线管理等领域。

2) 最大数据容量

最多能够容纳 7089 个数字字符,4296 个字母字符,2953 个 8 字节字符,1817 个中国/日本汉字字符,比 Data Matrix 和 PDF417 都多。

3) 全方位识别

QR 码具有全方位(360°)识别特点,这是 QR 码优于行排式二维条码如 PDF417 条码的另一主要特点,由于 PDF417 条码是将一维条码符号在行排高度上的截短来实现的,因此,它很难实现全方位识别,其识别方位角仅为±10°。

4) 能够有效地表示中国汉字、日本汉字

由于 QR 码用特定的数据压缩模式表示中国汉字和日本汉字,它仅用 13 位可表示一个汉字,而 PDF417 条码、Data Matrix 等二维码没有特定的汉字表示模式,仅用字节表示模式来表示汉字。在用字节模式表示汉字时,需用 16 位(两字节)表示一个汉字,因此 QR 码比其他二维条码表示汉字的效率提高了 20%。

根据不同的需求,DENSO 公司还推出了很多 QR 码的变体。如 Micro QR Code 和 Frame QR 等。

#### 2. 编码字符集

QR 码的编码字符集如下。

(1) 数字型数据(数字0～9)。

(2) 字母数字型数据(数字0～9,大写字母A～Z,9个其他字符,即space、$、%、*、+、-、.、/、:)。

(3) 8字节型数据。

(4) 日本汉字字符。

(5) 中国汉字字符(GB 2312—1980《信息交换用汉字编码字符集 基本集》对应的汉字和非汉字字符)。

### 3. QR码符号的基本特性

QR码的基本特性见表2-6。

**表2-6 QR码的基本特性**

| 符号规格 | 21模块×21模块(版本1)～177模块×177模块(版本40) |
|---|---|
| 数据类型与容量(最大规格符号版本40-L级) | (1) 数字数据：7089个字符；<br>(2) 字母数据：4296个字符；<br>(3) 8位字节数据：2953个字符；<br>(4) 中国/日本汉字数据：1817个字符 |
| 数据表示方法与纠错能力 | 深色模块表示二进制1,浅色模块表示二进制0<br>(1) L级：约可纠错7%的数据码字；<br>(2) M级：约可纠错15%的数据码字；<br>(3) Q级：约可纠错25%的数据码字；<br>(4) H级：约可纠错30%的数据码字 |
| 结构连接(可选) | 可以用1～16个QR码符号表示 |
| 掩模(固有) | 可以使得符号中深色与浅色模块的比例接近1∶1,使因相邻模块的排列造成的译码困难的可能性降到最低 |
| 扩展解释(可选) | 这种方式使得符号可以表示默认字符以外的数据(如阿拉伯数字、希腊字母等),以及其他解释(如用一定的压缩方式表示的数据)或者针对行业特点的需要进行编码 |
| 独立定位功能 | 有 |

QR码可高效地表示汉字,相同内容,其尺寸小于相同密度的PDF417条码。目前市场上的大部分条码打印机都支持QR码,其专有的汉字模式更加适合中国应用。因此,QR码在中国具有良好的应用前景,目前广泛应用于各种互联网领域。

### 4. QR码的符号结构

一个QR码符号由编码区域(Encoding Region)和功能图形(Function Patterns)两部分构成,前者与识别相关,后者与信息相关。功能图形不能用于数据编码,它包括位置探测图形、分隔符、定位图形和校正图形。每个QR码符号由名义上的正方形模块构成,组成一个正方形阵列。图2-13为QR码符号的结构。

QR码的功能图形、格式(Format)信息、版本(Version)信息都是呈对角线对称的。

格式信息和版本信息都紧紧围绕在检测标识的周围和“回”字的周围。

QR码符号共有40种规格，分别为版本1，版本2，…，版本40。版本1的规格为21模块×21模块，版本2为25模块×25模块。依次类推，每一版本符号比前一版本每边增加4个模块，知道版本40，规格为177模块×177模块。

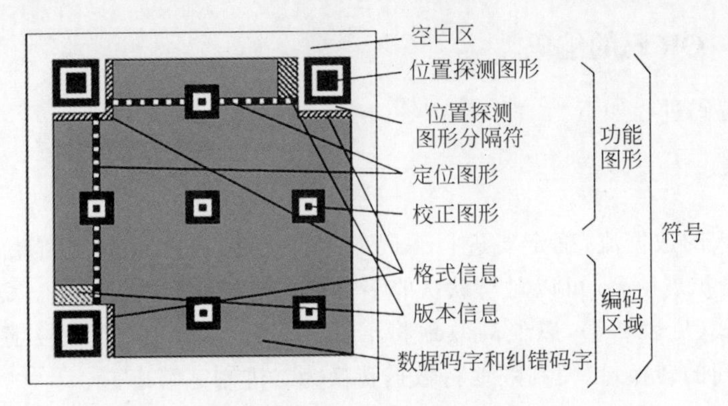


图2-13 QR码符号的结构

1) 空白区(Quiet Zone)

空白区为环绕在符号四周的4个模块宽的区域，其反射率与浅色模块相同。

2) 位置探测图形(Position Detection Patterns)

位置探测图形是QR码的识别符号，为3个“回”形符号，主要用来帮助识别算法定位，用户不需要对准，无论以任何角度扫描，数据仍然可以被正确地读取。

位置探测图形分别位于QR码符号的左上角、右上角和左下角，如图2-14所示。每个位置探测图形可以看作是由3个重叠的同心正方形组成，分别为7×7个深色模块、5×5个浅色模块、3×3个深色模块。

位置探测图形的模块宽度比为1∶1∶3∶1∶1。每个“回”形符号(包括它周围的一圈空白区域)占8×8个模块，即“回”形符号的长和宽都是模块。

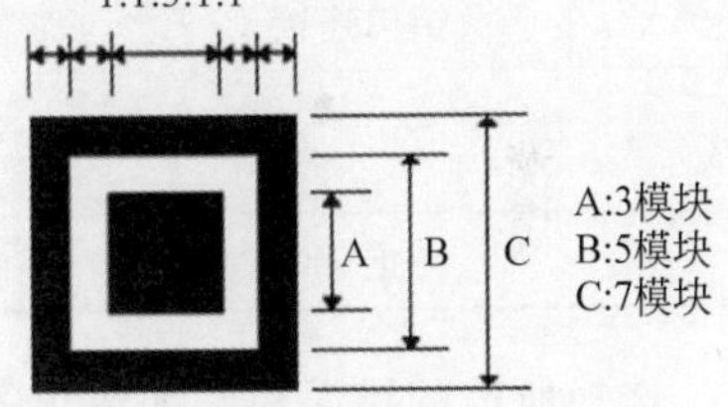


图2-14 位置探测图形的结构图

3) 位置探测图形分隔符(Separators for Position Detection Patterns)

在每个位置探测图形和编码区域之间有宽度为一个模块的分隔符，用来将位置检测符和编码区域隔离开，如图2-13所示。它全部由浅色模块组成。

4) 定位图形(Timing Patterns)

水平和垂直定位图形分别为一个模块宽的一行和一列，由深色模块和浅色模块交替组成，其开始和结尾都是深色模块。水平定位图形位于上部两个位置探测图形之间，符号的第6行。垂直定位图形位于左侧的两个位置探测图形之间，符号的第6列。它们的作用是确定符号的密度和版本，提供决定模块坐标的基准位置。

5) 校正图形(Alignment Patterns)

每个校正图形可看作是3个重叠的同心正方形，有5×5个深色模块、3×3个浅色模块,以及位于中心的一个深色模块组成。校正图形的数量视符号的版本号而定。版本2以上(含版本2)的符号均有校正图形。

6) 编码区域

编码区域包括表示数据码字和纠错码字、版本信息和格式信息的符号字符。

### 2.3.2.2 QR码的编码

QR码的编码过程如下。

#### 1. 数据分析

分析所输入的数据流,确定要进行编码的字符类型,按相应的字符集转换成符号字符。QR码支持扩展解释,可以对与默认的字符集不同的数据进行编码。QR码包括几种不同的数据模式(见表2-7),以便高效地将不同的字符子集转换为符号字符。必要时可以进行模式之间的转换,以便高效地将数据转换为二进制字符串。

表2-7 模式编码

| 模式 | 指示符 |
|---|---|
| 扩展解释模式 | 0111 |
| 数字 | 0001 |
| 字母数字 | 0010 |
| 字节模式 | 0100 |
| 日本汉字 | 1000 |
| 结构连接 | 0011 |
| FNCI | 0101(第一位置)<br>1001(第二位置) |
| 终止符(信息结尾) | 0000 |

选择所需的错误检测和纠正等级,在规格一定的条件下,纠错等级越高其真实数据的容量越小。如果用户没有指定所采用的符号版本,则选择与数据相适应的最小版本。

#### 2. 数据编码

按照选定的数据模式和该模式所对应的数据变换方法,将数据字符转换为二进制的位流序列。将产生的位流分为每8位一个码字,必要时加入填充字符以填满按照版本要求的数据码字数。数据可以按照一种模式进行编码,以便进行更高效地解码。

#### 3. 纠错编码

按需要将码字序列分块,根据纠错等级和按块生成相应的纠错码字,并将其加入相应的数据码字序列后面,使其成为一个新的序列,使得符号可以在遇到损坏时不致丢失数据。

纠错共有 4 个等级，对应 4 种纠错容量，见表 2-8。

表 2-8　纠错等级

| 纠错等级 | 恢复的容量%(近似值) | 纠错等级 | 恢复的容量%(近似值) |
|---|---|---|---|
| L | 7 | Q | 25 |
| M | 15 | H | 30 |

纠错码字可以纠正两种类型的错误：拒读错误和替代错误。拒读错误是指位置已知，但没扫描到或无法译码的字符；替代错误是指位置未知，且导致错误译码的字符。

**4. 构造最终信息**

按 GB/T 18284—2000《快速响应矩阵码》中第 6.6 条的描述，在每一块中置入数据和纠错码字，必要时加剩余位。

**5. 在矩阵中布置模块**

将位置探测图形、分隔符、定位图形、校正图形与码字模块一起放入矩阵。

**6. 掩模**

依次将掩模图形用于符号的编码区域。评价结果，并选择其中使深色、浅色模块比率最优，且使不希望出现的图形最少的结果。

为了 QR 码阅读的可靠性，最好均衡地安排深色与浅色模块。应尽可能避免位置探测图形的位图 1011101 出现在符号的其他区域。

**7. 格式和版本信息**

生成格式和版本信息，放到相应的区域，形成符号。

### 2.3.2.3　QR 码的译码

从识别一个 QR 码符号到输出数据字符的译码步骤是编码程序的逆过程，如图 2-15 所示。

(1) 定位并获取符号图像。深色与浅色模块识别为 0 与 1 的阵列。

(2) 识别格式信息(如果需要，去除掩模图形并完成对格式信息模块的纠错，识别纠错等级与掩模图形参考)。

(3) 识别版本信息，确定符号的版本。

(4) 消除掩模。用掩模图形对编码区的位图

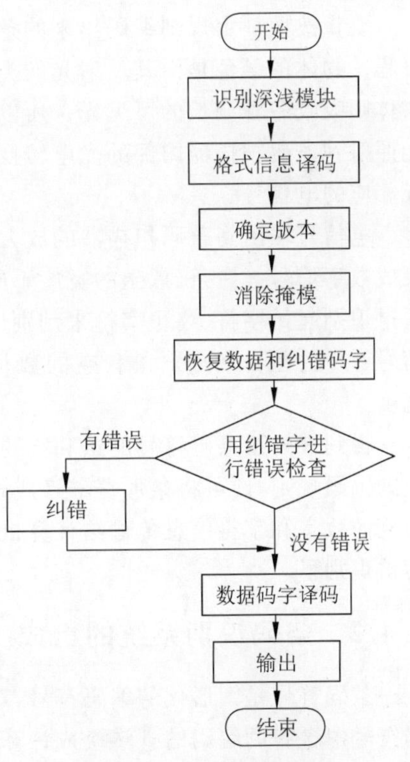


图 2-15　QR 码译码步骤

进行异或或处理消除掩模,掩模图形参考已经从格式信息中得出。

(5) 根据模块排列规则,识别符号字符,恢复信息的数据与纠错码字。

(6) 用与纠错级别信息相对应的纠错码字检测错误,如果发现错误,立即纠错。

(7) 根据模式指示符和字符计数指示符将数据码字划分成多个部分。

(8) 按照使用的模式译码得出数据字符并输出结果。

有关译码算法、格式信息纠错算法的详细内容,以及QR码的符号尺寸、版本的选择、符号的印制等规定和要求详见GB/T 18284、GB/T 14258—2003《信息技术 自动识别与数据采集技术条码符号印制质量的检验》等相关标准。

## 2.4 条码的识别

条码的识别是条码技术应用中的一个相当重要的环节,也是一项专业性很强的技术。条码识别技术主要分为硬件技术和软件技术。硬件技术主要涉及光电转换技术、信号采集与转换技术,以及通信技术;软件技术主要涉及图像处理、数据处理、数据分析、译码、计算机通信等。

条码的识别需要专业的条码识别设备来完成。目前,随着条码识别技术的发展,条码识别设备的种类日益增多,功能也日益完善。

### 2.4.1 条码识别的基本原理

要将按照一定规则编码出来的条码转换成有意义的信息,需要经历扫描和译码两个过程。物体的颜色是由其反射光的类型决定的,白色物体能反射各种波长的可见光,黑色物体则吸收各种波长的可见光。所以,当条码扫描器光源发出的光在条码上反射后,反射光照射到条码扫描器内部的光电转换器上,光电转换器根据强弱不同的反射光信号,转换成相应的电信号。

电信号输出到条码扫描器的放大电路增强信号之后,再送到整形电路将模拟信号转换成数字信号。白条、黑条的宽度不同,相应的电信号持续时间长短也不同。然后译码器通过识别起始字符、终止字符来判别出条码符号的码制和扫描方向,通过测量脉冲数字电信号0、1的数目来判别条和空的数目,通过测量0、1信号持续的时间来判别条和空的宽度。

得到被辨读条码符号的条和空的数目及相应的宽度和所用码制之后,根据码制所对应的编码规则,便可将条形符号换成相应的数字、字符信息。最后,通过接口电路将译码得到的数字和字符信息传输给计算机系统进行数据处理与管理。至此,物品的详细信息便被识别了。

### 2.4.2 条码识别系统的组成

条码符号是图形化的编码符号,对条码符号的识别就是要借助一定的专用设备,将条码符号中含有的编码信息转换成计算机可识别的数字信息。从系统结构和功能上来说,条码识别系统是由扫描系统、信号整形、译码三部分组成,如图2-16所示。

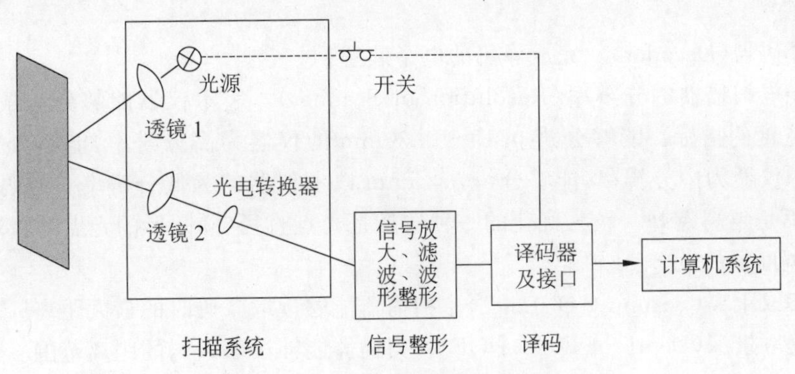


**图 2-16　条码识别系统组成结构**

扫描系统由光学系统(光源、透镜)和光电探测器(即光电转换器件)组成,它完成对条码符号的光学扫描,并通过光电探测器,将条码条空图案的光信号转换成为电信号。

信号整形部分由信号放大、滤波、波形整形组成,它的功能在于将条码的光电扫描信号处理成为标准电位的矩形波信号,其高低电平的宽度和条码符号的条空尺寸相对应。为了避免因条码中的疵点和污点而导致错误信号,在放大电路后需加一个整形电路,把模拟信号转换成数字电信号,以便计算机系统能准确判读。

译码部分一般由嵌入式微处理器组成,它的功能就是对条码的矩形波信号进行译码,其结果通过接口电路传输给计算机系统进行数据处理与管理,便完成了条码辨读的全过程。

要完成正确识读,必须满足以下条件。

(1) 建立一个光学系统并产生一个光点,使该光点在人工或自动控制下能沿某一轨迹做直线运动且通过一个条码符号的左空白区、起始符、数据符、终止符和右空白区。

(2) 建立一个反射光接收系统,使它能够接收到光点从条码符号上反射回来的光。同时要求接收系统的探测器的敏感面尽量与光点经过光学系统成像的尺寸相吻合。如果光点的成像比光敏感面小,则会使光点外的那些对探测器敏感的背景光进入探测器,影响识读。当然也要求来自条码上的光点的反射光弱,而来自条空上的光点的反射光强,以便通过反射光的强弱和持续时间来测定条(空)宽。

(3) 要求光电转换器将接收到的光信号不失真地转换成电信号。

(4) 要求电子电路将电信号放大、滤波、整形,并转换成电脉冲信号。

(5) 建立某种译码算法,将所获得的电脉冲信号进行分析、处理,从而得到条码符号所表示的信息。

(6) 将所得到的信息转储到指定的地方。

上述的前 4 步一般由扫描器完成,后两步一般由译码器完成。

条码识别设备由条码扫描器和译码器两部分组成。现在绝大部分条码识读器都将扫描器和译码器集成为一体。人们根据不同的用途和需要设计了各种类型的扫描器。

### 2.4.3　条码识别系统的相关概念

(1) 扫描器(Scanner)。通过扫描将条码符号信息转变成能输入译码器的电信号的光电设备。

(2) 译码器(Decoder)。完成译码的电子装置。

(3) 光电扫描器的分辨率(Resolution of Scanner)。表示仪器能够分辨条码符号中最窄单元宽度的指标。能够分辨0.15～0.30mm的仪器为高分辨率，能够分辨0.30～0.45mm的仪器为中分辨率，能够分辨0.45mm以上仪器的为低分辨率。条码扫描器的分辨率并不是越高越好。较为优化的一种选择是光点直径(椭圆形的光点是指短轴尺寸)为窄单元宽度值的0.8～1.0倍。

(4) 读取距离(Scanning Distance)。扫描器能够读取条码时的最大距离。

(5) 读取景深(Depth of Field，DOF)。扫描器能够读取条码的距离范围。

(6) 接触式扫描器(Contact Scanner)。扫描时需和被识别的条码符号进行物理接触后方能识别的扫描器。

(7) 非接触式扫描器(Non-Contact Scanner)。扫描时无须和被识别的条码符号进行物理接触就能识别的扫描器。

(8) 激光扫描器(Laser Scanner)。以激光为光源的扫描器。

(9) CCD扫描器(Charge Coupled Device Scanner，CCD Scanner)。采用电荷耦合器件(CCD)的电子自动扫描光电转换器。

(10) 全方位扫描器(Omni-Directional Scanner)。具备全向识别性能的条码扫描器。

(11) 条码数据采集终端(Barcode Hand-Held Terminal)。是手持式扫描器与掌上计算机(手持式终端)的功能组合为一体的设备单元。

(12) 高速扫描器(High-Speed Barcode Scanner)。扫描速率达到600次/min的扫描器。

(13) 首读率(First Read Rate)。首读率，是指首次读出条码符号的数量与识别条码符号总数量的比值，即

$$\text{首读率} = \frac{\text{首次读出条码符号数量}}{\text{识读条码符号的总数量}} \times 100\% \tag{2-1}$$

(14) 误码率(Misread Rate)。误码率是错误识别的次数与识别总次数的比值，即

$$\text{误码率} = \frac{\text{错误识别次数}}{\text{识别总次数}} \times 100\% \tag{2-2}$$

(15) 拒识率(Non-Read Rate)。拒识率，是指不能识别的条码符号数量与条码符号总数量的比值，即

$$\text{拒识率} = \frac{\text{不能识别的条码符号数量}}{\text{条码符号总数量}} \times 100\% \tag{2-3}$$

不同的条码应用系统对以上指标的要求不同。一般要求首读率在85%以上，拒识率低于1%，误码率低于0.01%。但对于一些重要场合，要求首读率为100%，误码率为1/1 000 000。

(16) 扫描频率。扫描频率，是指条码扫描器进行多重扫描时每秒的扫描次数。选择扫描器的扫描频率时应充分考虑扫描图案的复杂程度及被识别的条码符号的运动速度。不同的应用场合对扫描频率的要求不同。单向激光的扫描频率一般为40线/秒，POS系统用台式激光扫描器(全向扫描)的扫描频率一般为200线/秒，工业型激光扫描器可达1000线/秒。

## 2.5　条码译码技术

条码是一种光学形式的代码，它不是利用简单的计数来识别和译码的，而是根据量化后的条空宽度值进行译码，由译码单元译出其中所含的信息。各种条码符号的标准译码算法来自于各个条码符号标准。不同的扫描方式对译码器的性能要求不同。

译码包括硬件译码和软件译码。硬件译码通过译码器的硬件逻辑来完成，译码速度快，但灵活性较差。为了简化结构和提高译码速度，现已研制了专用的条码译码芯片，并已经在市场上销售。软件译码通过固化在 ROM 中的译码程序来完成，灵活性较好，但译码速度较慢。实际上每种译码器的译码都是通过硬件逻辑与软件共同完成的。译码不论采用什么方法，都包括如下过程。

### 1. 记录脉冲宽度

译码过程的第一步是测量记录每一脉冲的宽度值，即测量条空宽度。记录脉冲宽度利用计数器完成。扫描设备不同，产生的数字脉冲信号的频率不同，计数器所用的计数时钟也发生相应的变化。

仅能译一种码制的译码器的计数器所用的时钟一般是固定的；能译多种码制译码器，由于其脉冲信号的变化范围较大，所以要用到多种计数频率。对于高速扫描设备所产生的数字脉冲信号，译码器的计数时钟高达 40MHz。在这种情况下，译码器有一个比较复杂的分频电路，它能自动形成不同频率的计数时钟，以适应于不同的扫描设备。下面介绍一种脉冲宽度的测量方法。图 2-17 是一种利用中断技术测量脉冲宽度的方法。

利用两个计数器分别测量高电平 1(对应“条”)和低电平 0(对应“空”)的宽度持续时间。当数字脉冲信号的 1 到来时，启动中断 0，存储计数器 0 的数值后再清零；同时启动计数器 1 开始计数，中断返回。

当数字脉冲信号的 0 到来时，启动中断 1，存储计数器 1 的数值后再清零，同时启动计数器 0 开始计数，中断返回。

采用这种方法测量脉冲宽度，除了电平变化时占用 CPU 的时间外，整个计数过程一直释放 CPU，所以在计数的同时就可以进行比较转换，即计数与转换同时进行，可大幅度提高译码速度。

### 2. 比较分析处理脉冲宽度

脉冲宽度的比较方法有多种，比较过程并非简单地求比值，而是经过转换/比较后得到一系列的便于存储的二进制数值，把这一系列的数据放入缓冲区以便下一步的程序判别。转换/比较的方法因码制的不同也有多种，比较常见的是均值比较法和对数比较法。

### 3. 程序判别

译码过程中的程序判别是用程序来判定转换/比较所得到的一系列二进制数值，把它们译成条码符号所表示的字符，同时也完成校验工作。

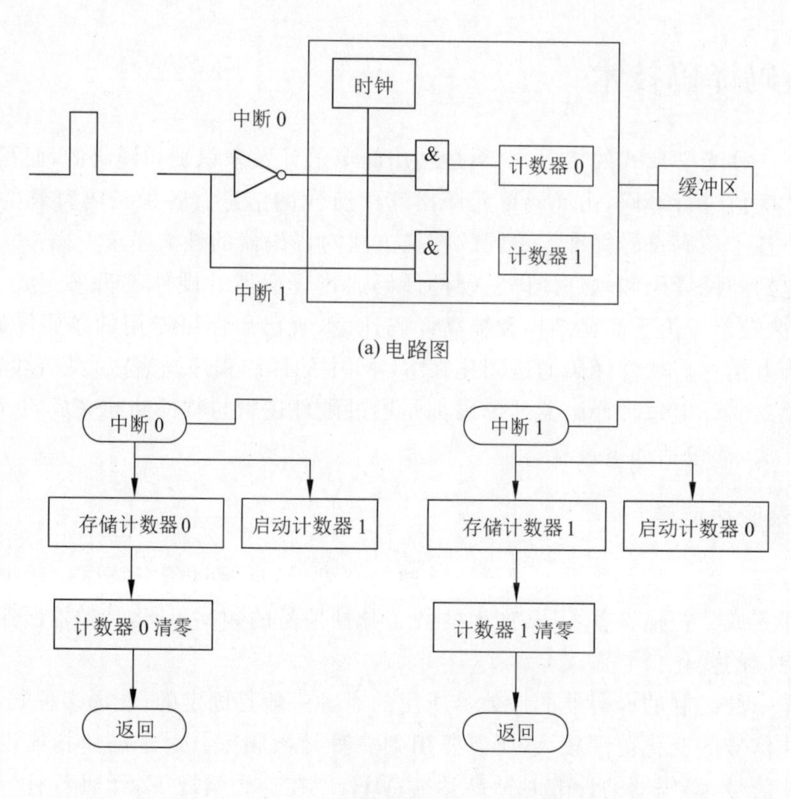


**图2-17 脉冲宽度测量方法流程**

对于一个能译多种码制的译码,判定的方法比较复杂。因为首先需要判定码制,对于每个条码符号来说,都有空白区,现在的译码器大都是根据空白区与第一个条的比较来初步判定码制的。考虑多种因素的影响和大量的实践可得到表2-9所示的经验。

**表2-9 码制判别**

| 空白区 | 条码类型 |
| --- | --- |
| 小于1 | 不是空白区 |
| 大于或等于3且小于4 | 128码或者库德巴码 |
| 大于或等于4且小于6 | UPC/EAN码、128码或者库德巴码 |
| 大于或等于6 | UPC/EAN码、128码或者库德巴码、93码、25码、39码 |

这种判定只是初步的,当比值不小于6时,这种判定所起的作用不大。必须通过起始符和终止符来实现码制的进一步判定。因为每一种码制都有选定的起始符和终止符,所以经过扫描所产生的数字脉冲信号也有其固定的形式,如EAN-13、EAN-8、UPC-A码的起始符和终止符一样,都用两个条、一个空表示,二进制表示为101。

码制判定以后,就可以按照该码制的编码字符集进行判别,并进行字符错误校验和整串信息错误校验,完成译码过程。

# 思考与练习

2-1　什么是条码？试分析条码的发展演变过程和条码的发展趋势。

2-2　条码有哪些分类方法？该如何分类？

2-3　一维条码由哪几部分组成？简述各个组成部分的含义。

2-4　如何理解一维条码的编码规则？什么是编码容量？如何计算？

2-5　目前主流的商品条码有哪些？各自有何特点？

2-6　EAN-13码由哪几部分构成？其校验码是如何确定的？

2-7　QR码能够存储哪些信息？存储容量有多大？如何对数字进行编码？

2-8　条码识别系统都有哪些组成结构？试简述条码识别系统的工作过程。

2-9　从条码识别的基本原理出发，试分析提高条码识别准确性的方法。

第3章

# 条码应用系统设计与应用

近年来，随着计算机应用的不断普及，条码技术的应用得到了很大的发展。条码可以标出商品的生产国、制造厂家、商品名称、生产日期、图书分类号、邮件起止地点、类别、日期等信息，因而在商品流通、图书管理、邮电管理、银行系统等许多领域都得到了广泛应用。

## 3.1 条码应用系统设计

条码应用系统设计可分为 4 个阶段，即系统分析、系统设计、系统实施和系统评价。

系统分析主要是对项目背景和目的进行调查分析，提出要解决的问题，确定系统方案。系统设计是对系统方案进行设计，为将来系统实施提供依据，设计的方案一定要符合系统分析提出的目标。

系统实施时将设计的方案进行部署，即对设计的内容进行实际调试。在调试过程中发现问题，反复修改，直到系统正常运行。系统评价是审查系统是否符合提出的要求，其可靠性如何？提供给用户的资料是否齐全？输入输出的格式是否完善？系统的扩展性如何？用户对系统实施的满意度如何？等等。

从概念上看，一个信息处理系统由信息源、信息处理器、信息用户和信息管理者四部分组成，四者的关系如图 3-1 所示。

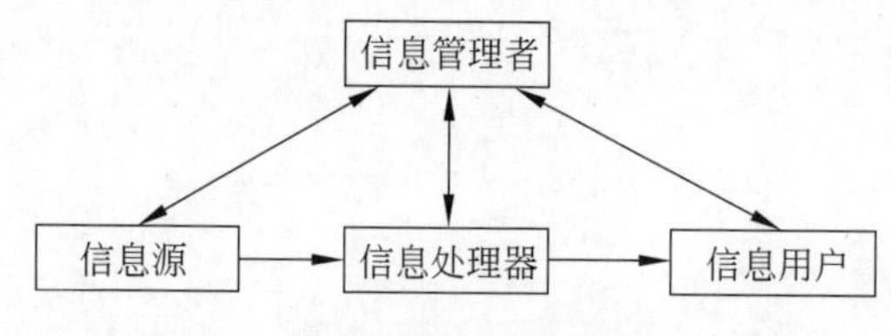


图 3-1 信息处理系统的逻辑关系图

条码技术应用于信息处理系统中，使信息源（条码符号）到信息处理器（条码识读器、计算机），再到信息用户（使用者）的全过程自动化，不需要更多的人工介入，这将大大提高计算机管理信息系统的实用性，为企业带来更大的经济效益和社会效益。

### 3.1.1　条码应用系统的组成

条码应用系统一般由数据源、识读器、计算机、输出设备、应用软件等部分组成，如图3-2所示。

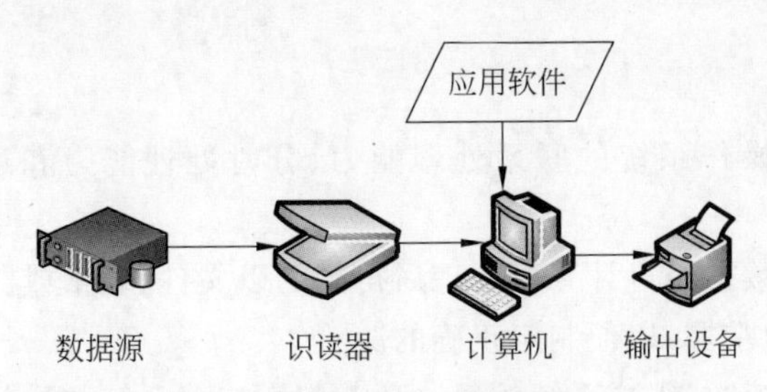


图3-2　条码应用系统的组成

数据源标志着客观事物的符号集合，是反映客观事物原始状态的依据，其准确性直接影响系统处理的结果。因此，完整、准确的数据源是正确决策的基础。在条码应用系统中，数据源是用条码表示的，如图书管理中图书的编号、读者编号，商场管理中货物的代码等。目前，国际上有许多条码码制，在某一应用系统中，选择合适的码制是非常重要的。

条码识读器是条码应用系统的数据采集设备，它可以快速、准确地捕捉条码表示的数据源，并将这一数据送给计算机处理。随着计算机技术的发展，其运算速度、存储能力有了很大提高，而计算机的数据输入却成了计算机发挥潜力的一个主要障碍。条码识读器较好地解决了计算机输入中的"瓶颈"问题，极大地提高了计算机应用系统的实用性。

计算机是条码应用系统中的数据存储与处理设备。由于计算机存储容量大，运算速度快，使许多烦冗的数据处理工作变得方便、迅速、及时。计算机用于管理，可以大幅度减轻劳动者的劳动强度，提高工作效率，在某些方面还能完成手工无法完成的工作。条码技术与计算机技术的结合，使应用系统从数据采集到处理分析构成了一个强大协调的体系，为国民经济的发展起到重要的作用。

应用软件是条码应用系统的一个组成部分，它是以系统软件为基础为解决各类实际问题而编制的各种程序。应用程序一般是用高级语言编写的，把要被处理的数据组织在各个数据文件中，由操作系统控制各个应用程序的执行，并自动地对数据文件进行各种操作。程序设计人员不必再考虑数据在存储器中的实际位置，为程序设计带来方便。在条码管理系统中，应用软件包括以下功能。

#### 1. 定义数据库

定义数据库包括全局逻辑数据结构定义、局部逻辑结构定义、存储结构定义和信息格式定义等。

#### 2. 管理数据库

管理数据库包括对整个数据库系统运行的控制、数据存取、增加/删除、检索、修改等操作管理。

**3. 建立和维护数据库**

建立和维护数据库包括数据库的建立、数据库更新、数据库再组织、数据库恢复和性能监测等。

**4. 数据通信**

数据通信具备与操作系统的联系处理能力、分时处理能力和远程数据输入与处理能力。

信息输出则是把数据经过计算机处理后得到的以文件、表格或图形方式输出的信息,供管理者及时、准确地掌握,以便制定正确的决策。

开发条码应用系统时,组成系统的每一环节都影响着系统的质量。

## 3.1.2 条码应用系统的工作过程

条码应用系统设计处理流程如图3-3所示。首先,通过条码编码器或软件生成物品对应的条码;然后,利用条码打印机打印或印刷机印刷条码标签,并将条码标签附在物品上,使条码标签和物品对应关联起来;最后,利用扫描器读取物品上的条码,通过解码器将条码表示的信息翻译成资料,并传送给计算机运算、处理、打印输出。

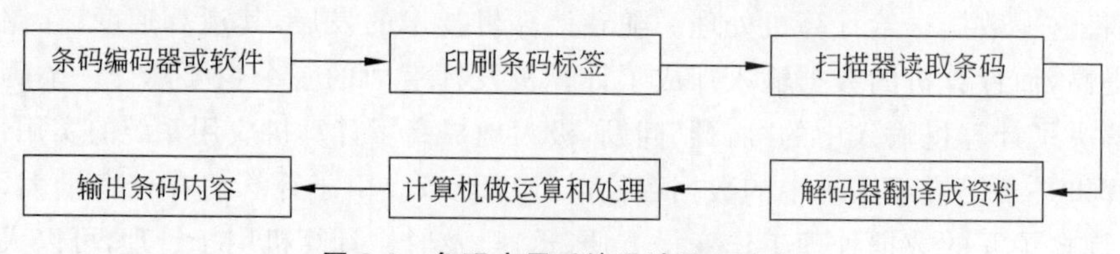


图3-3 条码应用系统设计处理流程

根据上述流程,条码应用系统主要由下列元素构成。

**1. 条码编码方式**

根据不同需求选择适当的条码编码标准,如使用最普遍的EAN、UPC,或地域性的CAN、JAN等,一般以最容易与交易伙伴流通的编码方式为最佳。

**2. 条码打印机**

专门用来打印条码标签的打印机,大部分是应用在工作环境较恶劣的工厂中,而且必须能负荷长时间工作,所以在设计时,要特别重视打印机的耐用性和稳定性,以致其价格也比一般打印机高。有些公司也提供各式特殊设计的纸张,可供一般的激光打印机和点阵式打印机印制条码。大多数条码打印机属于热敏式或热转式两种。

此外,一般常用的打印机也可以打印条码,其中以激光打印机的品质最好。目前,市面上彩色打印机也相当普遍,而条码在打印时颜色的选择也是十分重要的,一般是以黑色当作条色,如果无法使用黑色时,可利用青色、蓝色或绿色系列取代。底色最好以白色为主,如果无法使用白色时,可利用红色或黄色系列取代。

**3. 条码识读器**

用于扫描条码，读取条码所代表的字符、数值和符号周边的设备为条码识读器(Barcode Reader 或 Scanner)。其原理是由电源激发二极管发光而射出一束红外线来扫描条码，由于空白会比线条反射回来更多的光度，由这些明暗关系让光感应接收器的反射光有不同的类比信号，然后再通过解码器翻译成资料。

**4. 编码器和解码器**

编码器(Encoder)和解码器(Decoder)是介于资料与条码间的转换工具。编码器可将资料编成条码。解码器的原理是由传入的条码扫描信号分析出黑、白线条的宽度，然后根据编码原则，将条码资料解读出来，再经过电子元件的转换后，转成计算机所能接受的数码信号。

### 3.1.3 条码应用系统的开发过程

条码应用系统的开发是一项包括需求捕捉、需求分析、设计、实现和测试的系统工程，与一般应用软件开发过程一样，可以分为可行性分析、系统规划、系统分析、系统设计、系统开发、系统测试、安装调试、运行与维护等阶段。

**1. 可行性分析**

对所要解决的问题进行总体定义，包括了解用户的要求和现实环境，从技术、经济和社会因素3方面研究并论证本软件项目的可行性，编写可行性研究报告。

**2. 系统规划**

系统规划的主要任务是从全局出发，对条码应用系统的开发进行统一、总体考虑，勾画出整个条码应用系统的蓝图，探讨解决问题的方案，制订系统开发实施计划、质量计划、测试计划等，这些计划具有里程碑的性质。

**3. 系统分析**

系统分析是条码应用系统开发早期的一个重要阶段，是整个系统开发的基础。其主要任务是在详细调查的基础上，确定条码应用系统的逻辑功能，从应用的角度明确条码应用系统"做什么"。通过这个阶段的调查、分析，确定系统的各项需求，如数据需求、功能需求、性能需求、接口需求、安全需求等，这些需求应该用合适的工具进行描述，然后通过需求评审，进而形成"系统需求分析报告"。

**4. 系统设计**

系统设计就是将系统需求分析报告中所描述的各项需求转化为可执行的解决方案，即解决条码应用系统"如何做"的问题，从技术的角度考虑系统的技术实现方案，并把解决方案反映到设计文档里。系统设计阶段包括以下两方面的工作。

1) 概要设计

根据系统需求分析报告中的数据流图,确定系统各主要组成部分之间的关系。

2) 详细设计

以需求分析报告为依据,用层次图描述系统的总体结构、功能分解及各个模块之间的相互调用关系和信息交互,用IPO图或其他方法描述各模块完成的功能;将数据对象描述中的数据、实体联系图中描述的数据对象和关系以及数据字典中描述详细的数据内容,转换成为实现条码应用系统需要的数据结构;定义软件和硬件各组成部分之间、软件与其他协同系统之间,以及软件与用户之间的接口交互方式;此外,根据安全需求,完成相应的用户身份验证设计、用户授权设计、数据安全设计、安全审核设计和其他特别要求的安全设计,如通信安全、设备安全、存储安全等。

在完成以上工作之后,形成"系统概要设计报告""系统详细设计报告",为程序员编码提供依据。

### 5. 系统开发

系统开发阶段的任务是把方案变成实实在在的、可以使用的产品,它的工作包括如下。

(1) 用选定的开发环境和编程语言编写条码应用程序。将软件设计的结果转化为计算机可运行的程序代码。当然,在程序编码中必定要制定统一、符合标准的编写规范。以保证程序的可读性、易维护性。提高程序的运行效率。

(2) 条码应用系统涉及的硬件设备的采购、安装、调试。

### 6. 系统测试

在软件编码设计完成之后要进行严密的测试,以便发现软件在整个设计过程中存在的问题并加以纠正。整个测试分为单元测试、组装测试、系统测试三个阶段进行。测试方法主要有白盒测试和黑盒测试等。完成系统测试之后,形成"系统测试报告"。

### 7. 安装调试

条码应用系统安装调试阶段包括如下。

(1) 系统安装。硬件平台、系统软件平台、条码应用系统的安装、集成、调试。

(2) 数据加载。将原系统中的数据载入新系统中。

(3) 数据准备。按系统中的数据格式要求准备各种业务数据。

(4) 数据编码。将需要编码的数据按照编码规范进行编码。

(5) 数据输入。将各种业务所需的基础数据录入数据库中。

(6) 联合调试。利用实验数据来验证系统的正确性。

### 8. 运行与维护

运行与维护是保证系统正常、正确运行所采取的措施。一般来说,软件的运维工作量和成本远远高于软件的开发工作量和成本。

由于企业所处的外部环境不断变化，技术不断发展，业务需求也是在不断变化，条码应用系统也要“随需而变”，以适应新的要求，同时也要及时纠正系统运行中发现的错误以及系统测试阶段可能隐藏的错误。在此基础上编写“软件修正报告”。

### 3.1.4　码制的选择

用户在设计自己的条码应用系统时，码制的选择是一项十分重要的内容。选择合适的码制会使条码应用系统充分发挥其快速、准确、成本低等优势，达到事半功倍的目的；选择的码制不适合会使自己的条码应用系统丧失其优点，有时甚至导致相反的结果。

影响码制选择的因素很多，如识别设备的精度、识别范围、印刷条件和条码字集中包含字符的个数等。在选择码制时通常遵循以下原则。

#### 1. 使用国家标准的码制

必须优先从国家(或国际)标准中选择码制。例如通用商品条码(EAN条码)，它是一种在全球范围完全通用的条码，所以在自己的商品上印制条码时，不得选用EAN/UPC码制以外的条码，否则无法在流通中通用。为了实现信息交换与资源共享，对于已制定为强制性国家标准的条码，必须严格执行。

在没有合适的国家标准供选择时，需参考一些国外的应用经验。有些码制是为满足特定场合实际需要而设计的，像库德巴码，它起源于图书馆行业，发展于医疗卫生系统。国外的图书情报、医疗卫生领域大都采用库德巴码，并形成一套行业规范。所以在图书情报和医疗卫生系统最好选用库德巴码。贸易项目的标识、物流单元的标识、资产的标识、位置的标识、服务关系的标识和特殊应用等大都采用EAN/UCC系统128码。

#### 2. 匹配条码字符集

条码字符集的大小是衡量一种码制优劣的重要标志。码制设计者在设计码制时，往往希望自己的码制具有尽可能大的字符集和尽可能少的替代错误，但这两点是很难同时满足的。因为在选择每种码制的条码字符构成形式时，需要考虑自检验等因素。每一种码制都有特定的条码字符集，所以系统中所需的代码字符必须包含在要选择的字符集中。

#### 3. 适应印刷面积与印刷条件

在数量大、标签格式和内容固定的情况下，当印刷面积较大时，可选择密度低、易实现印刷精确的码制，如25码、39码；反之，若印刷条件允许，可选择密度较高的条码，如库德巴码。当印刷条件较好时，可选择高密度条码；反之，则选择低密度条码。

一般来说，谈到某种码制的密度的高低是针对该种码制的最高密度而言的，因为每一种码制都可做成不同密度的条码符号。问题的关键是如何在码制之间或一种码制的不同密度之间进行综合考虑，使自己的码制选择、密度选择更科学、更合理，以充分发挥条码应用系统的优越性。

#### 4. 适应识别设备

每一种识别设备都有自己的识别范围,有的可同时识别多种码制,有的只能识别一种或几种码制。所以,应在现有识别设备的前提下考虑如何选择码制,以便与现有设备相匹配。

#### 5. 尽量选择常用码制

一般的条码应用系统是封闭系统,考虑到设备的兼容性和将来系统的升级,最好还是选择常用码制。当然对于一些保密系统,用户可选择自己设计的码制。

需要指出的是,任何一个条码系统,在选择码制时,都不能顾此失彼,需根据以上原则综合考虑,择优选择,以达到最好的效果。

### 3.1.5 设备选型

#### 1. 条码打印机

详细介绍见前面。

#### 2. 条码识读器

条码识读器是用来扫描条码,读取条码所代表字符、数值和符号的设备。其原理是由光源发出的光线经过光学系统照射到条码符号上面,被反射回来的光经过光学成像在光电转换器上,使之产生电信号,电信号经过电路放大后产生一个模拟信号,再经过滤波、整形,并转换成数字方波信号,经过译码器解释为计算机可以直接接收的数字信号。

选择什么样的识读器是一个综合问题。目前,国际上从事条码技术产品开发的厂家很多,提供给用户选择的条码识读器种类也很多。一般来说,开发条码应用系统时,选择条码识读器可以从如下几方面来考虑。

1) 适用范围

条码技术应用在不同的场合,应选择不同的条码识读器。开发条码仓储管理系统,往往需要在仓库内清点货物,相应要求条码识读器能方便携带,并能暂存清点的信息,而不局限于在计算机前使用。因此,选用便携式条码识读器较为合适,这种识读器可随时将采集到的信息供计算机分析、处理。

在生产线上使用条码采集信息时,一般需要在生产线的某些固定位置安装条码识读器,而且生产线上的零部件应与条码识读器保持一定的距离。在这种场合,选择非接触固定式条码识读器比较合适,如激光枪式。

在会议管理系统和企业考勤系统中,可选用卡槽式条码识读器,需要签到登记的人员将印有条码的证件刷过识读器卡槽,识读器便自动扫描给出阅读成功信号,从而实现实时自动签到。当然,对于一些专用场合,还可以开发专用条码识读器装置以满足需要。

2) 译码范围

译码范围是选择条码识读器的又一个重要指标。目前,各厂家生产的条码识读器的译码范围有很大差别，有些识读器可识别几种码制，而有些识读器可识别十几种码制。开发某一种条码应用系统应选择对应的码制，同时，在为该系统配置条码识读器时，要求识读器具有正确识别码制符号的功能。

在物流领域，往往采用UPC/EAN码。在献血员、血库管理系统中，医生工作证、献血证、血袋标签和化验试管标签上都贴有条码，工作证和血袋标签上可选用库德巴码或39码，而化验试管由于直径小，应选用高密度条码，如交插二五码。这样的管理系统配置识读器时，要求识读器既能阅读库德巴码或39码，也能阅读交插二五码。

在邮电系统内，我国目前使用的是交插二五码，选择识读器时，应保证识读器能正确阅读码制的符号。一般，作为商品出售的条码识读器都有一个阅读几种码制的指标，选择时应注意是否能满足要求。

3）接口能力

识读器的接口能力是评价识读器功能的一个重要指标，也是选择识读器时重点考虑的内容。现有的条码识读器可以提供键盘仿真接口、RS-232、USB，有的还可以提供蓝牙、WiFi接口等。

开发应用系统时，一般是先确定硬件系统环境，然后选择适合该环境的条码识读器。这就要求所选识读器的接口方式符合该环境的整体要求。

4）对首读率的要求

首读率是条码识读器的一个综合性指标，它与条码符号印刷质量、译码器的设计和光电扫描器的性能均有一定的关系。在某些应用领域，可采用手持式条码识读器由人来控制对条码符号的重复扫描，这对首读率的要求不太严格，它只是工作效率的量度。

在工业生产、自动化仓库等应用中，则要求有更高的首读率。条码符号载体在自动生产线或传送带上移动，并且只有一次采集数据的机会，如果首读率不能达到100%，将会发生丢失数据的现象，造成严重后果。因此，在这些应用领域中要选择高首读率的条码识读器，如CCD扫描器等。

5）条码符号长度和方向的影响

条码符号长度是选择识读器时应考虑的一个因素。有些光电扫描器由于制造技术的影响，规定了最大扫描尺寸，如CCD扫描器、移动光束扫描器等均有此限制。有些应用系统中，条码符号的长度是随机变化的，如图书的索引号、商品包装上条码符号长度等。因此，在变长度的应用领域中，选择识读器时应注意条码符号长度的影响。

另外，在生产线、传送带、仓库等领域中，条码的识读具有方向不确定性，所以，是否具有全向扫描功能也是选择识读器时需要考虑的一个因素。

6）识读器的价格

选择识读器时，其价格也是大家关心的一个问题。识读器由于其功能不同，价格也不同，因此在选择识读器时，要注意产品的性能价格比，应以满足应用系统要求且价格较低作为选择原则。

7）特殊功能

有些应用系统由于使用场合的特殊性，对条码识读器的功能有特殊要求。如会议管理系统，会议代表需从几个入口处进入会场，签到时，不可能在每个入口处放一台计算机，这时就需要将几台识读器连接到一台计算机上,使每个入口处识读器采集到的信息传给同一台计算机,因而要求识读器具有联网功能,以保证计算机准确接收信息并及时处理。当条码应用系统对条码识读器有特殊要求时,应进行特殊选择。

## 3.2 条码技术的应用

下面分别介绍一维条码在大型超市管理系统中的应用,以及二维码在移动支付方面的应用。

### 3.2.1 条码在大型超市管理系统中的应用

由于超市行业商品更新速度快,产品种类繁多,数据盘点量大,容易出错,仅凭传统的人工操作,难以适应日益增长的货物流转和库存控制需求。特别是大型超市,采取自选销售方式,以销售大众化实用商品为主,并将超市和折扣店的经营优势结合为一体,品种齐全,满足顾客一次性购物需求,每天客流量特别大,盘点工作量巨大。收银工作和盘点工作是大型超市的两个核心业务,是一个复杂的管理工程。

将条码技术应用于大型超市管理系统,可极大地提高大型超市的数据采集和盘点效率,保证数据录入的效率和准确性,确保企业及时、准确地掌握库存的真实数据,合理保持和控制企业库存,降低超市规模经营成本。除此之外,条码技术的应用在识别伪劣产品、防假打假中也可起到重要作用,使得消费者从心理上对商品质量产生安全感。

大型超市对物流的要求必须以优质和高效的工作程序为原则,将商品运送到各个门店卖场,及时地将商品陈列在货架上,并且以合理的价格提供给顾客。从现有的一些大型超市管理的常规核心业务分析来看,条码技术主要应用大型超市的商品流通管理、商品的仓储和配送管理、客户管理、供应商管理和员工管理等方面。

#### 1. 超市中的商品流通管理

超市中的商品流通管理包括收货、入库和出库、点仓、查价、销售、盘点等,具体操作如下。

1) 收货

收货部员工手持无线手提终端,通过无线网与主机连接的无线手提终端上已有此次要收的货品名称、数量、货号等资料,通过扫描货物自带的条码,确认货号,再输入此货物的数量,无线手提终端上便可马上显示此货物是否符合订单的要求。如果符合,便把货物送到入库步骤。

2) 入库和出库

入库和出库其实是仓库部门重复步骤1),增加这一步只是为了方便管理,落实各部门的责任,也可防止有些货物收货后需直接进入商场而不入库所产生的混乱。

3) 点仓

点仓是仓库部门最重要,也是最必要的一道工序。仓库部员工手持无线手提终端(通过无线网与主机连接的无线手提终端上已经有各货品的货号、摆放位置、具体数量等资料)扫描货品的条码,确认货号和数量。所有的数据都会通过无线网实时地传送到主机。

4）查价

查价是超市的一项烦琐的任务。因为货品经常会有特价或调整的时候,混乱也容易发生,所以售货员手提无线手提终端,腰挂小型条码打印机,按照无线手提终端上的主机数据检查货品的变动情况,对应变而还没变的货品马上通过无线手提终端连接小型条码打印机打印更改后的全新条码标签,贴于货架或货品上。

5）销售

销售一直都是超市的命脉,主要是通过 POS 系统对产品条码进行识别,从而体现等价交换。对于销售的商品,其条码标签质量一定要好,一方面,方便售货员扫描,提高效率;另一方面,防止顾客把低价标签贴在高价货品上。

6）盘点

盘点是超市收集数据的重要手段,也是超市必不可少的工作。以前的盘点,必须暂停营业来进行手工清点,期间对生意的影响及对公司形象的影响之大无可估量。直至现代,还有超市是利用非营业时间,要求员工加班加点进行盘点,这只是小型超市的管理模式,也不适合长期使用,而且盘点周期长,效率低。

对于大型超市,其盘点方式主要分为抽盘和整盘两部分。抽盘是指每天的抽样盘点。每天分几次,计算机主机将随意指令售货员到几号货架、清点什么货品。售货员只需手拿无线手提终端,按照通过无线网传输过来的主机指令,到几号货架,扫描指定商品的条码,确认商品后对其进行清点,然后把资料通过无线手提终端传输至主机,主机再进行数据分析。

整盘顾名思义就是整店盘点,是一种定期的盘点,超市分成若干区域,分别由不同的售货员负责,也是通过无线手提终端得到主机上的指令,按指定的路线、指定的顺序清点货品,然后不断地把清点资料传输回主机,盘点期间根本不影响超市的正常运作。因为平时做的抽盘和定期的整盘加上所有的工作都是实时性地和主机进行数据交换,所以,主机上资料的准确度高,整个超市的运作状况也一目了然。

**2. 商品的仓储和配送管理**

随着大型连锁超市规模的扩张,总部对各个分店和配送中心的管理就成为主要问题,而条码技术的应用则在仓储和配送管理方面可以起到很好的辅助作用。

1）仓储管理

配送中心的仓库多由计算机管理系统、通信系统、货架等构成。商品在货架上摆放的位置、数量、种类等信息可以通过条码技术进行扫描识读、自动输入,然后,通过计算机系统的支持,可以方便地在计算机上显示商品的位置、数量、品种等信息。同时,配送中心通过这套系统能方便、灵活地调配货物,清查仓库中各种货物的余量,保证货物及时配送。

2）配送管理

各个门店卖场的销售信息通过计算机网络系统及时传送到总部和配送中心。总部将一段时间内的销售数据进行汇总、分析,作为超市进货的参考依据,尽量避免购进滞销商品。配送中心获得这些数据后,与中心数据库进行比对,即可及时发现各家门店卖场所有商品的销售情况,并及时安排配送、给予补货,避免商品脱销。

#### 3. 客户管理

可以使用条码对客户进行管理,主要应用在会员制超市中。通过发放带有条码的会员卡片,将卡片的条码编码与客户的个人资料关联起来,客户进入超市选购货物,在结账时出示此会员卡,收款员通过扫描卡上的条码确认会员身份,并把会员的购货信息储存到会员资料库进行积分,方便以后使用。随着社会的不断进步,与个人生活相关的一些应用(如银行、交通、电信等)都已采用实名制方式,个人手机号、身份证号、驾照号等都已成为标识个人身份的唯一号。因此,目前在一些大型超市里的客户会员管理不需要制作带有条码的卡片,而直接采用个人手机号作为客户会员号,这样不仅资料准确,而且成本更低、效率更高。

#### 4. 供应商管理

使用条码对供应商进行管理,主要是要求供应商的供应货物必须有条码,以便进行货物的追踪服务。供应商必须把条码的内容含义清晰反映给超市,超市将逐渐通过货品的条码进行订货。

#### 5. 员工管理

使用条码对员工进行管理,主要是应用在行政管理上。超市用已有的条码影像制卡系统为每个员工制出一张员工卡,卡上有员工的彩色照片、员工号、姓名、部门、ID条码和各项特有标记。员工在工作时间内必须每天佩带员工卡,并使用员工卡上的条码配合考勤系统做考勤记录,而员工的支薪、领料和资料校对等需要身份证明的都配上条码扫描器,通过扫描员工卡上的ID条码来确定员工的身份。

条码作为一种信息载体,已普遍应用在生活中,作为现代大型超市,充分利用条码技术进行管理,势在必行,再配合先进的计算机技术和自动识别技术,定会提高超市的管理层次,使超市的行政架构得以精简,减少工作强度和人力成本。清晰的货品进、销、存和流向等资料对稳定超市的季节性变化至关重要,而产品资料的实时性收集更会加快超市的运作频率,精确超市的各项数据报告。

### 3.2.2 QR码在各领域的应用

随着移动互联网的高速发展与移动智能终端设备的快速普及,QR码已成为广泛流行的信息存储、传递和标识技术,应用和渗透于人们日常生活的各领域,包括零售支付、物流和交通、追踪和溯源,以及医疗健康等领域。

#### 1. 零售支付领域

QR码在零售支付领域的应用主要表现为付款码支付和扫码支付两种形式。付款码支付,是指用户展示微信钱包或支付宝钱包内的“付款码”给商户系统,商户使用扫码枪等QR码识别设备进行扫描,直接完成支付。普遍适用于线下传统行业中商户与用户进行面对面交付的场景，例如商超、便利店、餐饮、医院、学校、电影院和旅游景区等具有明确经营地址的实体场所。使用 QR 码进行零售支付的一般业务流程如图 3-4 所示。

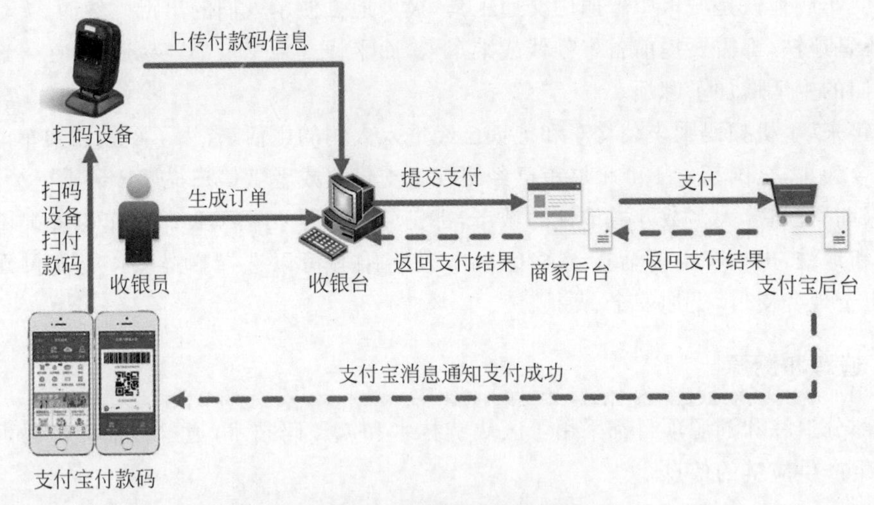


图 3-4　QR 码支付示意图

扫码支付，是指用户打开支付宝钱包中的“扫一扫”功能，扫描商家展示在某收银场景下的二维码并进行支付的模式。该模式适用于线下实体店支付、面对面支付等场景。业务流程如图 3-5 所示。

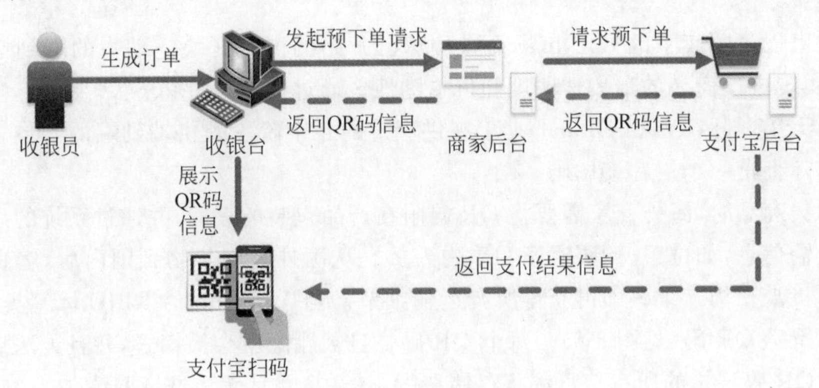


图 3-5　扫码支付示意图

**2. 物流和交通**

目前，铁路运输部门对客票的检验、统计主要采用人工手段。由于对客票的查验缺乏有效的管理，加上客票的防伪性能较差，导致假票在市面上依然大量流通，给铁路运输部门造成严重的经济损失，同时也无法保障乘客的利益。现有系统存在着以下缺陷：人工检票效率较低，在春运或节假日期间，容易在检票口发生人群滞留拥堵现象；部分客票的防伪性能差，容易伪造，人工检票容易忽略假票。

现今大部分火车票上都有 QR 码，加密保存了旅客的车次信息和身份信息，起到很好的防伪效果。而且,QR码可用于自助检票进站,节约了人工成本和旅客的进站时间,可以很准确地甄别假票,提高了火车站的工作效率和服务质量。

公交车或地铁是城市中普遍的交通工具,极大地方便了人们的出行。然而,无论是公交车,还是地铁,都需要提前备好零钱或乘车卡,而零钱或乘车卡都容易遗失,在一定程度上给人们的生活增加了麻烦。

近年来,手机扫码乘坐公交车和地铁已经进入人们的生活,省去了零钱和乘车卡的麻烦。迄今为止,全国超过100个城市已经实现了支付宝或者微信扫描QR码乘坐公交车。北京、深圳、杭州等大多数开通地铁的城市,都已经实现了扫描QR码乘车服务。不仅是公交车和地铁,出租车也渐渐接受了QR码,使得乘客可以选择扫描QR码支付乘车费用,相比于现金支付,更加安全、便捷。

### 3. 追踪和溯源

大部分追踪和溯源项目都采用了区块链技术和QR码技术,通过扫描QR码可以获取整个生产供应链的信息。

2019年3月,法国超市家乐福将开始销售带有QR码的Carrefour Quality Line(CQL)微过滤全脂牛奶。Carrefour的CQL瓶子上的QR码使消费者能够通过名称和照片识别产品生产过程中涉及的各种利益相关者,其中包括负责饲养牲畜、加工牛奶,以及对整个供应链进行质量检查的人员。该计划还利用了区块链技术记录信息,保证了信息的真实性。

阿里巴巴集团旗下的B2C市场天猫环球已开始测试其区块链动力的端到端可追溯系统,以实现进口商品的最大透明度和可追溯性。通过为进口货物签发"签证",阿里巴巴的子公司天猫国际(Tmall Global)期望在供应链的各个阶段提供端到端的监控。这里的"签证"实际上是一个追踪QR码。

在购买商品时,海外商家需要将QR码附在产品包装的表面,并通过系统的后端输入关键的运输信息,如位置、购买时间和采购人员。从国外收到货物到国内后,客户只需在他们的手机上扫描二维码即可获得所有运输细节。与VeChain的RFID标签类似,阿里巴巴使用特殊QR码(见图3-6)。每个QR码一旦被删除就会被销毁,并且无法重复使用或复制。QR码记录的所有信息都将存储在区块链中,并且无法进行调整。

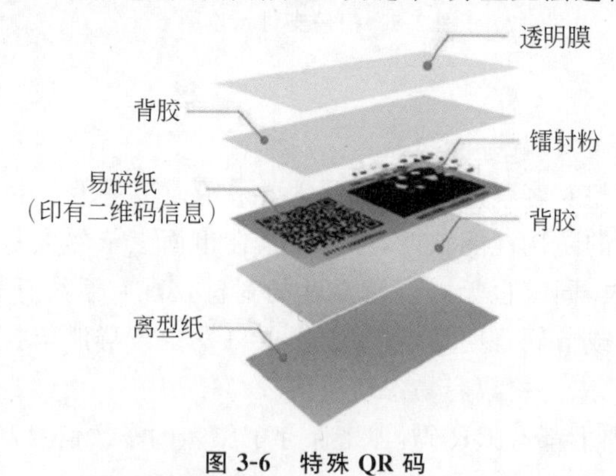


图3-6 特殊QR码

### 4. 医疗健康

数据库架构专家 Kea Medicals 开发了一种医院信息系统，可创建患者的通用医疗账户，然后将其与移动可扫描的 QR 码相关联，以便访问患者的病史。在咨询期间，医生可以使用他们自己的移动设备扫描患者的 QR 码，验证患者的身份并在几秒内访问他们的医疗记录。一旦在系统中注册，患者就可以随时随地访问他们的病史。其目的是通过一个单一的数据库连接不同的医院，有助于管理患者的医疗信息。

## 思考与练习

3-1 条码应用系统由哪几部分组成？说明各部分实现的主要功能。

3-2 简述条码应用系统的工作过程。

3-3 条码应用系统的开发和设计过程与一般的应用软件的开发设计过程相比，有哪些相同点和不同点？

3-4 在条码应用系统设计过程中，如何选择码制和识读器？需要考虑哪些因素？

3-5 结合自身的实际生活经验，试介绍条码的一个具体应用案例，详细分析该案例在应用过程中存在的问题和局限性，并给出解决方案。

# 第三部分　射频识别技术

第4章

# 射频识别技术概述

射频识别技术是20世纪90年代开始兴起的一种非接触式自动识别技术。它是利用射频信号通过空间耦合(交变磁场或电磁场)实现无接触的双向通信,以达到对目标对象的自动识别。

近年来,RFID技术在全球得到了迅速发展,特别是产品电子代码(EPC)和物联网的概念提出之后,可用于单品识别的RFID技术给人们提供了无限的想象空间,RFID和EPC一时成为全球关注的热点。那么,从本章开始,将从RFID技术的起源和发展开始,深入分析RFID技术理论基础、RFID系统的技术原理,详细介绍RFID系统的各个组成部件、遵循的技术标准,以及RFID技术的应用方法和一些典型应用案例。

## 4.1 RFID技术的起源和发展

雷达是一种通过发射电磁波和接收回波对目标进行探测和测定目标信息的设备,其原理是雷达设备的发射机通过天线把电磁波能量射向空间某一方向,在此方向上的物体反射碰到的电磁波;雷达天线接收此反射波,送至接收设备进行处理,提取有关该物体的某些信息(目标物体至雷达的距离,距离变化率或径向速度、方位、高度等)。RFID技术正是在这一原理的基础上发展起来的一种新的自动识别技术。

1942年,由于被德军占领的法国海岸线离英国只有25mile(1mile=1609.344m),英国空军为了识别返航的飞机是否为敌机,就在盟军的飞机上装备了一个无线电收发器。控制塔上的探询器向返航的飞机发射一个询问信号,飞机上的收发器接收到这个信号后,回传一个信号给探询器,探询器根据接收到的回传信号来识别其是否为敌机。这是有记录的第一个RFID敌我识别(Identify Friend or Foe,IFF)系统,也是RFID的第一次实际应用。这一技术至今还在商业和私人航空控制系统中使用。

1945年,苏联物理学家利夫·特尔门(Lev Termen)发明了一种基于RFID技术的间谍偷听装置(The Great Seal bug,The Thing)。1948年,Harry Stockman发表的论文《用能量反射的方法进行通信》为RFID技术的发展和应用奠定了理论基础。

在过去的半个多世纪里,RFID技术在理论和应用方面取得了突破性的进展,其发展历程大致可分为以下几个阶段。

(1) 20世纪50年代是RFID技术和应用的探索阶段,主要处于实验室实验研究阶段。

在如何识别敌机和友机方面,研究和探索了一套远距离信号发射应答系统。D. B. Harris在论文*Radio transmission systems with modulatable passive responder*中提出了信号模式化的理论和被动标签的概念。

(2) 20世纪60年代—80年代,RFID技术的应用变成了现实。

反向散射(Backscatter)理论以及其他电子技术(如集成电路和微处理器)的发展为RFID技术的商业应用奠定了基础。20世纪60年代,Sensormatic、Checkpoint和Knogo公司开发了一套商品电子防盗系统(Electronic Article Surveillance,EAS)。在商店里,贵重商品被贴上了1位的电子标签,并在商店门口装置一个探测器,当顾客携带被盗的商品经过门口的探测器时,探测器会自动报警。1977年,美国的RCA公司运用RFID技术开发了机动车电子牌照。另外,RFID在动物追踪、车辆追踪、监狱囚犯管理、公路自动收费,以及工厂自动化方面得到广泛应用。

(3) 20世纪90年代是RFID技术和应用取得重大突破的10年。

RFID技术在美国的公路自动收费系统得到了广泛应用。1991年,美国俄克拉荷马州出现了世界上第一个开放式公路自动收费系统。装有RFID标签的汽车在经过收费站时无须减速停车,按正常速度通过,固定在收费站的阅读机识别车辆后自动从账户上扣费。这个系统的好处是消除了因为减速停车造成的交通堵塞。RFID公路自动收费系统在许多国家都得到了应用。RFID的其他应用包括汽车门遥控开关、停车场管理、社区和校园大门控制系统等。

20世纪90年代末,由UCC和EAN共同发起组建了全球电子产品码协会,它是专门负责研究和制定RFID技术标准的机构。

(4) 进入21世纪,RFID标准已经初步形成,有源电子标签、无源电子标签和半有源电子标签均得到发展。

随着标签成本的不断下降,应用规模和行业不断扩大,无源电子标签的远距离、高速移动物体的识别的需要已成为现实。2003年11月4日,世界零售业巨头沃尔玛宣布,将采用RFID技术追踪其供应链系统中的商品,并要求前100名大供应商从2005年1月起将所有发运到沃尔玛的货盘和外包装箱贴上RFID标签。沃尔玛的这一重大举动揭开了RFID在开放系统中运用的序幕。

展望未来,我们相信RFID技术将在21世纪掀起一场新的技术革命。随着技术的不断进步,当RFID标签的价格降到5美分甚至更低时,RFID将会取代条码,成为人们日常生活的一部分。

## 4.2 RFID系统的组成及特点

### 4.2.1 RFID系统的组成

RFID系统至少包括读写器(Reader)和电子标签(Tag)两部分,也可以结合其他一些组件,如天线(Antenna)、计算机、网络(无线、有线)和其他各类软件。所有这些组件和读写器、电子标签协同工作,组成一个完整的 RFID 应用系统解决方案。

从技术角度来说,射频识别的核心是电子标签,读写器是根据电子标签的性能而设计的。在射频识别系统中,电子标签的价格远比读写器低,但电子标签的数量很大,应用场合多样,组成、外形和特点各不相同。射频识别技术以电子标签代替条码,对物品进行非接触自动识别,可以实现物品信息的自动采集功能。

RFID 系统在具体的应用过程中,根据不同的应用目的和应用环境,系统的组成会有所不同,但从 RFID 系统的工作原理来看,系统一般都由电子标签、读写器、数据管理系统三部分组成。图 4-1 给出了 RFID 系统组成结构的示意图。下面分别加以说明。

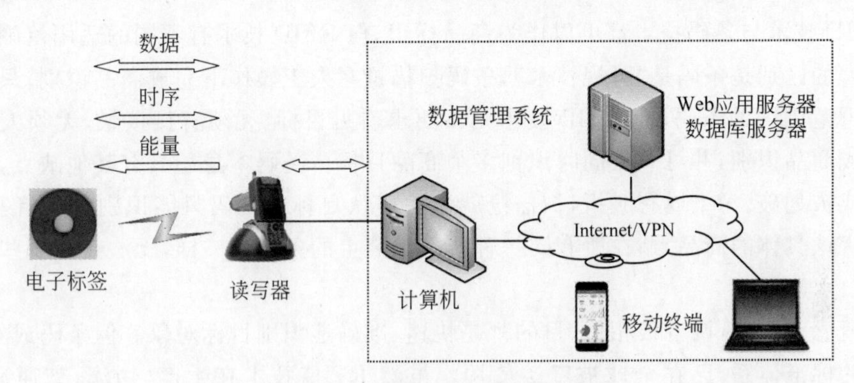


**图 4-1　RFID 系统组成结构**

### 1. 电子标签

在 RFID 系统中,电子标签也称为信号发射机。信号发射机为了不同的应用目的,会以不同的形式存在,典型的形式是电子标签(常称为标签 Tag)。它是 RFID 系统的数据载体,相当于条码技术中的条码符号,用来存储标识信息。电子标签由标签天线和标签专用芯片组成。

与条码不同的是,标签必须能够自动或在外力的作用下,把存储的信息主动发射出去。标签中除了存储标识信息外,还必须含有一定的附加信息,如错误校验信息、读写控制信息、加密信息等。标识信息和附加信息按照一定的结构编制在一起,并按照特定的顺序向外发送。

### 2. 读写器

在 RFID 应用系统中,读写器充当应用系统与电子标签之间的接口,其基本功能是提供与标签进行数据传输的途径,同时提供相当复杂的信号状态控制、奇偶错误校验与更正功能等。具体来说,一方面,读写器根据特定协议与标签进行通信,完成对标签的读写、数据显示和处理功能;另一方面,读写器还提供与计算机的通信接口,将读取的标签信息传送给计算机,实现数据共享,同时接收计算机传送来的控制命令。

根据支持的标签类型不同与完成的功能不同,读写器的复杂程度是显著不同的。典型的读写器包含控制模块、射频模块、接口模块和天线。

**3. 数据管理系统**

数据管理系统主要完成数据信息的处理、存储、管理,以及对电子标签进行读写控制,实现电子标签数据的网络共享。它是企业的一个应用系统,包括大型数据库系统、Web应用系统。当然,也可以把整个 RFID 系统作为企业资源规划(Enterprise Resource Plan,ERP)系统的一部分。

### 4.2.2 RFID 系统的特点

RFID 技术与条码技术都可以作为商品标识,但 RFID 技术有不同的适用范围。两者之间最大的区别是条码是"可视技术",条码扫描枪在人工操作下完成商品识别,只能接收在它视野范围内的条码;而 RFID 技术则不要求看见目标、无须直接接触、无须人工干预即可完成商品识别,并可一次同时识别多个商品目标。条码本身还具有其他缺点,如果标签脱落或被划破、污染或有皱折,扫描枪就无法辨认目标。条码只能识别生产者和产品,并不能辨认具体的商品,贴在所有同一种产品包装上的条码都一样,无法辨认哪些产品是否过期。

从概念上来说,两者很相似,目的都是快速、准确地识别目标对象。但条码成本较低,有完善的标准体系,已在全球被广泛使用。虽然 RFID 技术在生产、物流、交通运输、医疗、防伪、跟踪、设备和资产管理等应用领域获得了广泛应用,但在商品流通和标识方面,目前仅局限在有限的市场份额之内,其相关标准和技术也还处于发展之中。二者的区别和特点详见表 4-1 所示。

表 4-1 条码识别技术和射频识别技术的比较

| 功能 | 条码识别技术 | 射频识别技术 |
| --- | --- | --- |
| 信息载体 | 纸、塑料薄膜、金属表面 | EEPROM |
| 读取能量 | 读取时只能一次一个 | 可同时读取多个电子标签资料 |
| 远距离读取 | 读取条码时需要光线 | 电子标签不需要光线就可以读取或更新 |
| 信息量 | 小 | 大 |
| 读写能力 | 标签信息不可更新(只读) | 标签信息可反复读写 |
| 读取方式 | CCD 或激光束扫描 | 无线通信 |
| 读取方便性 | 表面定位读取 | 全方位穿透性读取 |
| 高速读取 | 移动中读取有所限制 | 可以进行高速移动读取 |
| 坚固性 | 当条码脏污或损坏后无法读取,即无耐久性 | 电子标签在严酷、恶劣和肮脏的环境下仍然可读取资料 |
| 保密性 | 差 | 最好 |
| 正确性 | 条码需要人工读取,因而有人为疏漏的可能性 | 电子标签读取不同人工参与,正确性高 |

续表

| 功 能 | 条码识别技术 | 射频识别技术 |
| --- | --- | --- |
| 智能化 | 无 | 有 |
| 抗干扰能力 | 差 | 很好 |
| 寿命 | 较短 | 最长 |
| 成本 | 最低 | 较高 |

从总体发展趋势来看，随着物联网应用的推广，RFID 技术中的电子标签必将代替条码标签成为一种新的物品标识方法。其主要原因在于 RFID 技术具有其他自动识别技术无法比拟的优势。

**1. 识别速度快，识别距离远**

条码扫描枪一次只能识别一个条码，RFID 读写器一次可同时识别和读取数百个电子标签，而且读取率非常高，如远望谷的 XC-RF807 读写器一次可读取 400 张标签，其读取率 100%。另一方面，RFID 读写器还可以一次性处理多个标签，并将物流处理的状态写入标签，供下一阶段物流处理读取和判断。此外，RFID 还可识别高速运动物体，并可同时识别多个标签，操作快捷、方便。例如，用在工厂的流水线上跟踪部件或产品，还可用于自动收费或识别车辆身份等交通运输上，识别距离远达几十米。

**2. 体积小型化，形状多样化，易封装**

RFID 在读取上并不受尺寸大小与形状限制，无须为了读取精度而配合纸张的固定尺寸和印刷质量。电子标签更加趋于小型化与多样化，以便应用于不同的产品。电子标签能隐藏在大多数材料或产品内，同时可使被标记的货品更加美观。电子标签的外形多样（如卡片形、纽扣形、钥匙形、腕带形等），它的超薄和多种大小不一的外形，使之能封装在纸张、塑胶制品上，使用起来非常方便。

**3. 抗污染能力和耐久性**

传统条码的载体是纸张，附着于塑料袋或外包装纸箱上，因而容易受到污染、磨损。但电子标签对水、油和化学药品等物质具有很强的抵抗性。RFID 读写器可以通过泥浆、污垢、油漆涂料、油污、木材、水泥、塑料、水阅读电子标签，而且不需要与标签直接接触，因而使它成为肮脏、潮湿环境下标识物体对象的理想选择。

此外，由于无机械磨损，电子标签的使用寿命可以长达 10 年以上，读写次数达 10 万次。

**4. 可重复使用**

目前的条码被印刷后就无法更改，电子标签存储的是电子数据，可以被反复读写，可以回收标签重复使用。如被动式电子标签，不需要电池就可以使用，不需要维护保养。读写器则可以重复地新增、改写、删除电子标签内存储的数据,方便信息的更新。

### 5. 穿透性和无屏障阅读

在被覆盖的情况下,RFID读写器能够穿透纸张、木材和塑料等非金属或非透明的材质,并能够进行穿透性通信,但不能穿透铁质金属。条码扫描枪必须在近距离而且没有物体阻挡的情况下才可以识别条码。

### 6. 数据的记忆容量大

一维条码的容量是50B,二维条码的容量相对要大一些,目前容量最大的二维条码是QR码,最多可存储7089个数字字符、4296个字母字符、2953个8位字符或1817个汉字。而RFID电子标签数据存储容量更大并且可更新,最大的容量则有数兆字节,特别适合于存储大量数据或物品上所存储的数据需要经常改变的情况下使用。

随着记忆载体的发展,数据容量也有不断扩大的趋势。未来物品所需携带的资料量会越来越大,对电子标签所能扩展容量的需求也相应增加。

### 7. 安全性较高

电子标签承载的电子式信息,其数据内容可通过密码保护,使其内容不易被伪造和变更。

由此可见,RFID技术不仅可以帮助企业大幅度提高货物信息管理的效率,还可以让销售企业和制造企业互连,从而更加准确、快速地接收反馈信息,控制需求信息,优化整个供应链。在统一的标准平台上,RFID电子标签让每个物品有了共同的交流沟通语言,通过Internet就能实现物品的自动识别和信息交换与共享,进而实现对物品的透明化管理,实现真正意义上的“物联网”。

## 4.3 RFID技术的理论基础

射频(Radio Frequency,RF)表示可以辐射到空间的电磁频率,频率范围为300kHz～300GHz。射频就是射频电流,它是一种高频交流变化电磁波的简称。每秒变化小于1000次的交流电称为低频电流,大于10 000次的交流电称为高频电流,而射频就是这样一种高频电流。

在电子学理论中,电流流过导体,导体周围会形成磁场;交变电流通过导体,导体周围会形成交变的电磁场,称为电磁波。在电磁波频率低于100kHz时,电磁波会被地表吸收,不能形成有效的传输,但电磁波频率高于100kHz时,电磁波可以在空气中传播,并经大气层外缘的电离层反射,形成远距离传输能力。人们把具有远距离传输能力的高频电磁波称为射频。射频技术在无线通信领域中被广泛使用,RFID就是一个典型应用。

RFID技术作为一种非接触式的自动识别技术,其数据通信基础就是读写器与电子标签之间的无线载波通信技术,而读写器与上位机通信功能则大多数是采用有线通信,比较成熟,此部分不再介绍。本节将主要介绍读写器与电子标签之间通信所涉及的一些物理学和通信方面的基础理论。

### 4.3.1　与 RFID 相关的电磁场理论

无线通信(Wireless Communication)是利用电磁波的辐射和传播，经过空间传送信息的一种通信方式。无线通信系统也称为无线电通信系统，是利用无线电磁波，以实现信息和数据传输的系统，由发送设备、接收设备、传输媒体三大部分组成，其系统原理如图 4-2 所示。其中传输媒体是指电磁波，即无线信道；发送设备中的天线和接收设备中的天线的主要作用就是建立发送设备和接收设备之间的无线传输线路。

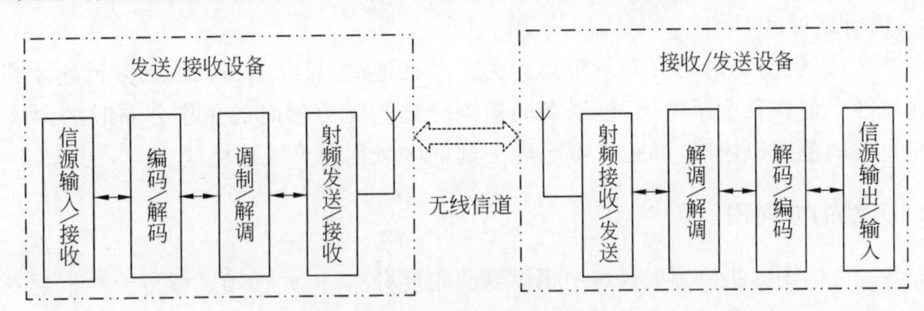


图 4-2　无线通信系统原理图

在读写器天线和电子标签天线之间构建的非接触式数据传输方式便是一种典型的无线电通信，符合电磁传播的基本规律，天线周围的场区特性决定信息传输的性能。因此，了解电磁波传播规律有助于更好地理解和应用 RFID 技术。

#### 1. 天线场的概念

射频信号加载到天线之后，在紧邻天线的空间中，除了辐射场以外，还有一个非辐射场。该场与距离的高次幂成反比，辐射场随着离开天线的距离增大而迅速减小。在这个区域，由于电抗场占优势，因此该区域称为电抗近场区，它的边界约为一个波长。一般情况下，对于电压高电流小的场源，如发射天线、馈线等，电场要比磁场强得多，对于电压低电流大的场源，如某些感应加热设备的模具，磁场要比电场大得多。

超过电抗近场区就到了辐射场区，辐射场区的电磁能已经脱离了天线的束缚，并作为电磁波进入空间。按照离开天线距离的远近，又把辐射场区分为辐射近场区和辐射远场区。根据观测点距离天线距离的不同，天线周围辐射的场呈现出来的性质也不相同。通常可以根据观测点距离天线的距离将天线周围的场划分为无功近场区、辐射近场区和辐射远场区。

1）无功近场区

无功近场区也称为电抗近场区，它是天线辐射场中紧邻天线口径的一个近场区域。在该区域中，电抗性储能场占支配地位。通常，该区域的界限取为距天线口径表面 $\lambda/2\pi$ 处。从物理概念上来说，无功近场区是一个储能场，其中的电场与磁场的转换类似于变压器中的电场、磁场之间的转换，是一种感应场。

如果在其附近还有其他金属，这些物体会以类似电容、电感耦合的方式影响储能场，因而也可以将这些金属物体看作组合天线(原天线与这些金属物体组成新的天线)的一部分。在该区域中束缚于天线的电磁场没有做功(只是进行相互转换),因而将该区域称为无功近场区。

2) 辐射近场区

在辐射近场区中,场区中辐射场占优势,并且辐射场的角度分布与距离天线口径的距离有关,天线各单元对观察点辐射场的贡献,其相对相位和相对幅度是天线距离的函数。对于通常的天线,此区域也称为菲涅尔区。由于大型天线的远场测试距离很难满足,因此研究该区域中场的角度分布对于大型天线的测试非常重要。

3) 辐射远场区

在该区域,辐射场的角分布与距离无关。严格地讲,只有距离天线无穷远处才到达天线的远场区。但在某个距离上,辐射场的角度分布与无穷远时的角度分布时的角度分布误差在允许的范围以内时,即把该点至无穷远的区域称为天线远场区。

### 2. 天线的方向图

天线的方向图即指该辐射区域中辐射场的角度分布,因此远场区域是天线辐射专区中最重要的一个。参考图4-3,公认的辐射近场区与远场区的分界距离 $R$ 可由式(4-1)求出。

$$R = \frac{2D^2}{\lambda} \tag{4-1}$$

其中,$D$ 为天线直径;$\lambda$ 为天线波长,$D>>\lambda$。

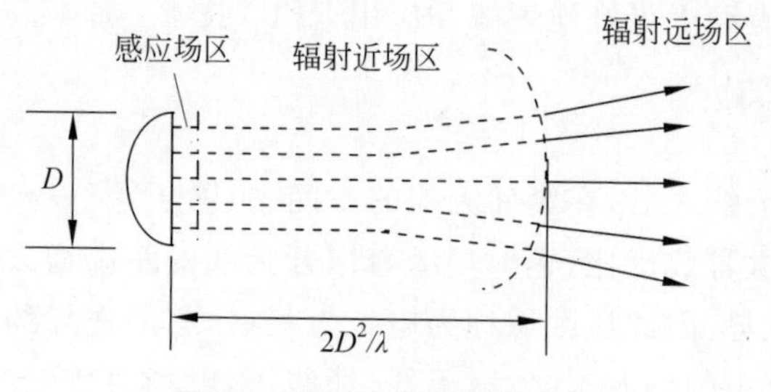


图4-3 孔径天线场区的划分

对于天线而言,满足天线的最大尺寸 $L$ 小于波长 $\lambda$ 时,天线周围只存在无功近场区与辐射远场区,没有辐射近场区。无功近场区的外界约为 $\lambda/2\pi$,超过了这个距离,辐射场就占主要地位。满足 $L/\lambda<<1$ 一般称为小天线。

对RFID系统和电子标签而言,一般情况下,由于对电子标签尺寸的限制,以及读写器天线应用时的尺寸限制,绝大多数情况下,采用 $L/\lambda<<1$ 或 $L/\lambda<1$ 的天线结构模式。

对于给定的工作频率,无功近场区的外界基本上由波长决定,辐射远场区的内界应该满足大于无功近场区外界的约束。当天线尺寸($D$ 或 $L$)与波长可比或大于波长时,其辐射近场区的区域大致在 $R_1=\lambda/2\pi$ 与 $R_2=2D^2/\lambda$ 之间。

有关天线专区的划分,一方面表示了天线周围场的分布特点,即辐射场中的能量以电磁波的形式向外传播,无功近场中的能量以电场、磁场的形式相互转换不向外传播;另一方面表示了天线周围场强的分布情况,距离天线越近,场强越强。

### 4.3.2　耦合系统

RFID 系统中电子标签与读写器之间的作用距离是衡量 RFID 应用系统性能的一个重要指标。通常情况下，这种作用距离定义为电子标签与读写器之间能够可靠交换数据的距离，而电子标签与读写器之间的数据交换是通过电子标签天线与读写器天线的耦合方式实现的。根据 RFID 系统作用距离，它们之间的耦合可以分成密耦合系统、遥耦合系统和远距离耦合系统三类。

#### 1. 密耦合系统

密耦合系统也称为紧密耦合系统，具有很小的作用距离，典型的范围是 0～1cm。密耦合系统工作时，必须把电子标签插入读写器中，或者将电子标签放置在读写器为此设定的表面上。

密耦合系统利用电子标签和读写器天线无功近场区之间的电感耦合(闭合磁路)构成的无接触空间信息传输射频通道进行工作。密耦合系统可以用介于直流和 30MHz 交流之间的任意频率进行工作。电子标签和读写器之间的紧密耦合能够提供较大的能量，甚至可以为功耗较大的微处理器供电。密耦合系统通常用于对安全性要求较高，但是不要求作用距离的应用系统中，例如，电子门锁系统或带有计数功能的非接触 IC 卡系统。

#### 2. 遥耦合系统

遥耦合系统的作用距离最远可以达到 1m。所有的遥耦合系统中，读写器和电子标签之间都是电感(磁)耦合的。因此，遥耦合系统也可称为电感无线电装置。目前，所有应用的 RFID 系统中 90%～95%为电感(磁)耦合 RFID 系统。

遥耦合系统又可以细分为近耦合系统和疏耦合系统两类，其中，近耦合系统典型的作用距离为 15cm，疏耦合系统典型的作用距离为 1m。

遥耦合系统利用电子标签和读写器天线无功近场区之间的电感耦合(闭合磁路)构成的无接触空间信息传输射频通道进行工作。对于从电子标签到读写器的距离来说，通过电感耦合传输的能量很小，所以遥耦合系统中往往只使用耗能较少的只读电子标签。遥耦合系统典型的工作频率是 13.56MHz，也有使用其他一些频率，如 6.75MHz、27.125MHz 等。

#### 3. 远距离耦合系统

远距离耦合系统典型的作用距离是 1～10m，个别系统也有更远的作用距离。所有的远距离系统均是利用电子标签与读写器天线辐射远场区之间的电磁耦合(电磁波发射与反射)构成无接触的空间信息传输射频通道工作的。远距离系统的典型工作频率为 915MHz、2.45GHz、5.8GHz，此外，还有一些其他频率，如 433MHz 等。

### 4.3.3　数据传输原理

在 RFID 系统中，读写器和电子标签之间的通信通过电磁波实现。按照通信距离，可以划分为近场和远场。相应地，读写器和电子标签之间的数据交换方式也被划分为负载调制和反向散射调制。

### 1. 负载调制

近距离低频 RFID 系统是通过准静态场的耦合实现的。在这种情况下,读写器和电子标签之间的天线能量交换方式类似于变压器模型,称为负载调制。负载调制实际是通过改变电子标签天线上的负载电阻的接通和断开,使读写器天线上的电压发生变化,实现近距离电子标签对天线电压的振幅调制。如果通过数据控制负载电压的接通和断开,那么这些数据就能够从电子标签传输到读写器了。这种调制方式在 125kHz 和 13.56MHz 的 RFID 系统中得到广泛应用。

### 2. 反向散射调制

在典型的远场,如 915MHz 和 2.45GHz 的 RFID 系统中,读写器和电子标签之间的距离有几米,而载波波长仅有几厘米到几十厘米。读写器和电子标签之间的能量传递方式为反向散射调制。

反向散射调制,是指无源 RFID 系统中电子标签将数据发送到读写器时所采用的通信方式。电子标签返回数据的方式是控制天线的阻抗,控制电子标签天线阻抗的方法有很多种,都是一种基于阻抗开关的方法。实际采用的几种阻抗开关有变容二极管、逻辑门、高速开关等,其原理如图 4-4 所示。

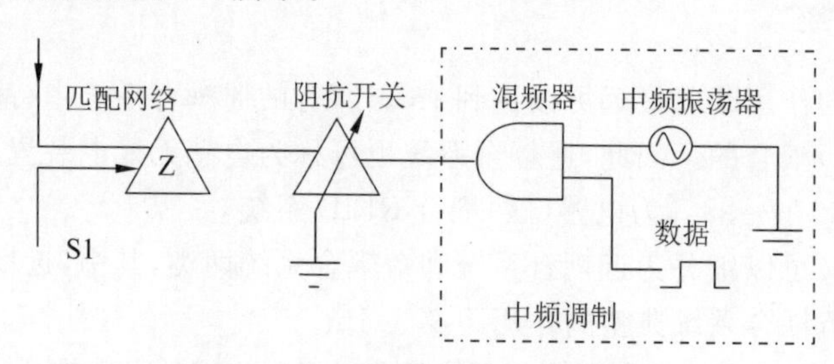


图 4-4 电子标签阻抗控制方式

要发送的数据信号具有两种电平的信号,通过一个简单的逻辑与门(混频器)与中频信号完成调制,调制信号送到一个阻抗开关,由阻抗开关改变天线的发射系数,从而对载波信号完成调制。

这种数据调制方式和普通的数据通信方式有很大的区别,在整个数据通信链路中,仅存在一个发射机,却完成了双向的数据通信。电子标签根据要发送的数据来控制天线开关,从而改变匹配程度。例如,当要发送的数据为 0 时,天线开关打开,标签天线处于失配状态,辐射到标签的电磁能量大部分被反射回读写器;当要发送的数据为 1 时,天线开关关闭,标签天线处于匹配状态,辐射到标签的电磁能量大部分被吸收,从而反射回的电磁能量相应地减小。这样,从标签返回的数据就被调制到返回的电磁波幅度上。这有些类似于幅移键控(Amplitude Shift Keying,ASK)调制。

为了更好地理解上述通信方式,可以用生活中的一个小经验加以说明。假如我们手持一面镜子,当对面照射过来一束光(相当于读写器辐射出的电磁波束)时,可分别用镜子的反光面(正面)和非反光面(反面)来传递“是”和“不是”两种状态(相当于数字系统中的1和0两个状态)。这样发射方就可以根据返回光的强弱来获得返回的信息。这与电子标签天线的匹配与失配情况十分类似。

对于无源电子标签,还涉及波束供电技术,无源电子标签工作所需能量直接从电磁波束中获取。与有源RFID系统相比,无源系统需要较大的发射功率,电磁波在电子标签上经过射频检波、倍压、稳压、存储电路处理等过程之后,转化为电子标签工作时所需的工作电压。

### 4.3.4 能量传输原理

随着读写器和标签之间距离的增大,当距离为$\lambda/2\pi$时,电磁场脱离天线,并作为电磁波进入空间,这时不能通过电感或者电容的耦合而反作用于天线。电磁波从天线向周围空间反射,会遇到不同的目标,到达目标的高频能量一部分被目标吸收,转变成热量,另外一部分以不同的强度散射到各个方向上,反射能量的一部分最终返回到发送天线。在雷达技术中,可以利用这种反射原理来测量目标的距离和方位。

对RFID系统来说,可以采用电磁波反射进行从标签到读写器的数据传输。在4.5MHz或者更高频率的系统中,主要利用的就是反向散射调制。

#### 1. 读写器到电子标签的能量传输

在距离读写器$R$处的电子标签的功率密度可通过式(4-2)计算得到。

$$S=\frac{P_{TX}G_{TX}}{4\pi R^2}=\frac{\mathrm{EIRP}}{4\pi R^2} \tag{4-2}$$

式(4-2)中$P_{TX}$为读写器的发射功率;$G_{TX}$为发射天线的增益;$R$是电子标签和读写器之间的距离;EIRP为天线有效辐射功率,是指读写器发射功率和天线增益的乘积。

在电子标签和发射天线最佳对准和正确极化时,电子标签可吸收的最大功率$P_{\mathrm{Tag}}$与入射波的功率密度$S$成正比,可用式(4-3)表示。

$$P_{\mathrm{Tag}}=A_{\mathrm{e}}S \tag{4-3}$$

其中,$A_{\mathrm{e}}=\lambda^2G_{\mathrm{Tag}}/(4\pi)$,$G_{\mathrm{Tag}}$为电子标签的天线增益。由式(4-2)和式(4-3)可得

$$P_{\mathrm{Tag}}=\mathrm{EIRP}G_{\mathrm{Tag}}\left(\frac{\lambda}{4\pi}\right)^2 \tag{4-4}$$

无源RFID系统的电子标签通过电磁场供电,电子标签的功耗越大,读写距离越近,性能越差。电子标签是否能够工作也主要由电子标签的工作电压来决定,这也决定了无源RFID系统的识别距离。目前,典型的低功耗的电子标签工作电压为1.2V,甚至为1V左右,标签本身的功耗可以低到50$\mu$W,甚至为5$\mu$W。这使得UHF无源电子标签在无线电发射功率限制下可以达到10m以上的识别距离。

#### 2. 电子标签到读写器的能量传输

电子标签返回的能量与它的雷达散射截面$\sigma$成正比。它是目标反射电磁波能力的度量。散射截面取决于一系列的参数,例如目标的大小、形状、材料、表面结构和波长,以及

极化方向等。电子标签返回的能量可用式(4-5)来计算。

$$P_{\text{Back}} = S\sigma = \frac{P_{TX}G_{TX}}{4\pi R^2}\sigma \tag{4-5}$$

则电子标签返回读写器的功率密度 $S_{\text{Back}}$ 可用式(4-6)计算。

$$S_{\text{Back}} = \frac{P_{TX}G_{TX}}{(4\pi)^2 R^4}\sigma \tag{4-6}$$

接收天线的有效面积 $A_{\text{w}}$ 可用式(4-7)计算。

$$A_{\text{w}} = \frac{\lambda^2 G_{RX}}{4\pi} \tag{4-7}$$

其中,$G_{RX}$ 为接收天线的增益。

由式(4-6)和式(4-7)可得出接收功率 $P_{RX}$:

$$P_{RX} = \frac{P_{TX}G_{TX}G_{RX}\lambda^2\sigma}{(4\pi)^3 R^4} \tag{4-8}$$

通过式(4-8)可以看出,如果以接收的电子标签的反射能量为标准,那么反向散射的RFID系统的作用距离与读写器发送功率的四次方根成正比。

### 4.3.5 数据传输编码

读写器与电子标签之间的通信方式与通信系统的基本模型类似,满足了通信功能的基本要求。它们之间的数据传输构成了与基本通信模型类似的结构。读写器与电子标签之间的数据传输需要三个主要的功能模块,如图4-5所示。按读写器到电子标签的数据传输方向,是读写器(发送器)中的信号编码(信号处理)和调制器(载波电路)、传输介质(信道),以及电子标签(接收器)中的解调器(载波回路)和信号译码(信号处理)。

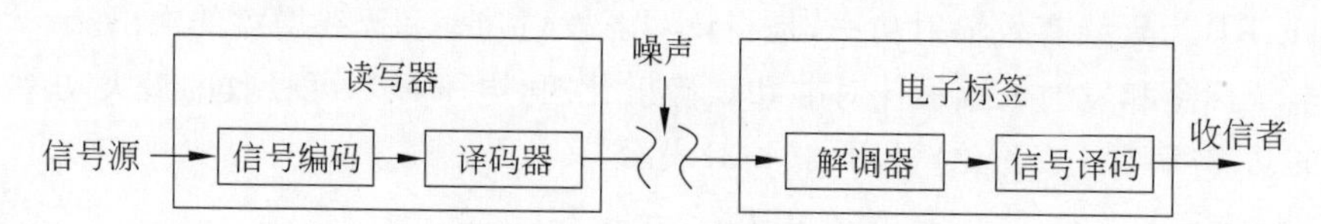


图4-5 读写器与电子标签的基本通信结构框图

在图4-5中,信号编码系统的作用是对要传输的信息进行编码,以便传输信号能够尽可能最佳地与信道相匹配,这样的处理包括对信息提供某种程度的保护,以防止信息受干扰或相碰撞,以及对某些信号特性的蓄意改变。调制器用于改变高频载波信号,即使载波信号的振幅、频率或相位与调制的基带信号相关。RFID系统信道的传输介质为磁场(电感耦合)和电磁波(微波)。解调器的作用是解调获取信号,以便产生基带信号。信号译码的作用则是对从解调器传来的基带信号进行译码,恢复成原来的信息,并识别和纠正传输错误。

#### 1. RFID数据传输常用编码格式

可以用不同形式的代码来表示二进制的1和0。射频识别系统通常使用下列编码方法中的一种：反向不归零(Non Return Zero,NRZ)编码、曼彻斯特(Manchester)编码、单极性归零(Unipolar Return Zero)编码、差动双相(Differential Binary Phase,DBP)编码、米勒(Miller)编码、变形米勒编码和差动编码。

1）反向不归零编码

在反向不归零编码时，遇到 0 转换，遇到 1 保持，如图 4-6(a)所示。一方面，由于此编码的频谱中有直流分量，一般信道难以传输零频率附近的频率分量；另一方面，接收端的判决门限与信号功率有关，不方便使用。此外，NRZ 编码中不含有同步信号频率成分，不能直接用来提取同步信号。因此，在实际应用中，此编码存在较大的局限性，并不适合实际的数据传输。

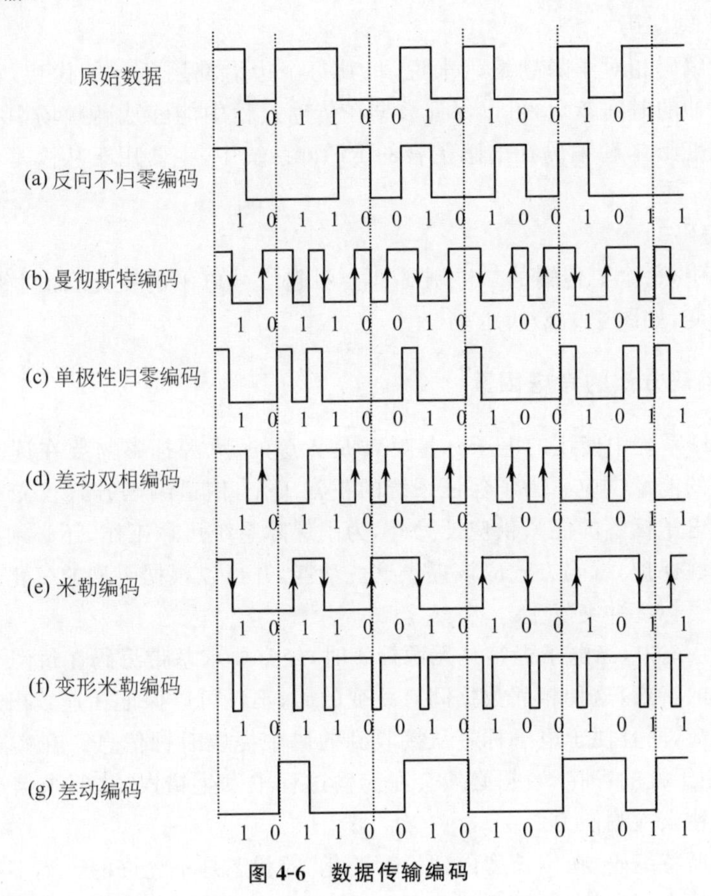


**图 4-6　数据传输编码**

2）曼彻斯特编码

曼彻斯特编码也称为分相编码(Split Phase Coding)。在曼彻斯特编码中，某位的值是由该位长度内半个位周期时电平的变化(上升/下降)表示的，在半个位周期时的负跳变表示二进制 1，半个位周期时的正跳变表示二进制 0，如图 4-6(b)所示。

3）单极性归零编码

单极性归零编码在第一个半个位周期中的高电平表示二进制 1，而持续整个位周期内的低电平信号表示二进制 0，如图 4-6(c)所示。单极性归零编码可用来提取位同步信号。

4）差动双相编码

差动双相编码在半个位周期中的任意边沿表示二进制0，而没有边沿就是二进制1，如图4-6(d)所示。此外，在每个位周期开始时，电平都要反相。因此，对接收器来说，位节拍比较容易重建。

5）米勒(Miller)编码

米勒编码在半个位周期内的任意边沿表示二进制1，而经过下一个位周期中不变的电平表示二进制0。位周期开始时产生电平交变，如图4-6(e)所示。因此，对接收器来说，位节拍比较容易重建。

6）变形米勒编码

变形米勒编码相对于米勒编码来说，将其每个边沿都用负脉冲代替，如图4-6(f)所示。由于负脉冲的时间较短，可以保证数据在传输过程中能够从高频场中持续为电子标签提供能量。变形米勒编码在电感耦合的RFID系统中，主要用于从读写器到电子标签的数据传输。

7）差动编码

差动编码中，每个要传输的二进制1都会引起信号电平的变化，而对于二进制0，信号电平保持不变，如图4-6(g)所示。

**2. 选择编码方法的考虑因素**

由于RFID系统中使用的电子标签常常是无源的，无源标签需要在读写器的通信过程中获得自身的能量供应。为了保证系统的正常工作，信道编码方式首先必须保证不能中断读写器对电子标签的能量供应。另外，为了保障系统可靠工作，还必须在编码中提供数据一级的校验保护，编码方式应该提供这一功能，并可以根据码型的变化来判断是否发生误码或有电子标签冲突发生。

在RFID系统中，当电子标签是无源标签时，经常要求基带编码在每两个相邻数据位元间具有跳变的特点，这种相邻数据间有跳变的码，不仅可以保证在连续出现0时对电子标签的能量供应，而且便于电子标签从接收到的码中提取时钟信息。在实际的数据传输中，由于信道中干扰的存在，数据必然会在传输过程中发生错误，这要求信道编码能够提供一定程度的错误检测能力。

对于曼彻斯特编码，在位长度内，“没有变化”的状态是不允许的。当多个电子标签同时发送的数据位有不同值时，接收的上升边沿和下降边沿互相抵消，导致在整个位长度内是不间断的负载波信号，由于该状态不被允许，所以读写器利用该错误就可以判定碰撞发生的具体位置。因此，曼彻斯特编码在采用负载波的负载调制或者反向散射调制时，通常用于从电子标签到读写器的数据传输。

### 4.3.6 数据校验方法

数据完整性是信息安全的三个基本要素之一，是指在传输、存储信息或数据的过程中，确保信息或数据不被未授权的用户篡改或在篡改后能够被迅速发现。在RFID系统中，数据通过非接触式的空间传输信道传输时，很容易受到外界的各种干扰，使数据在传输过程中发生改变而导致接收端不能正确地接收。

为了保证读写器与标签之间传输数据的完整性，可以采用数据校验的方法。其原理是用一种指定的算法对原始数据计算出一个校验值，接收方用同样的算法计算一次校验值，如果与随数据一并发送过来的校验值一样，则说明数据是完整的。

最常用的方法有奇偶校验(Parity Check)、纵向冗余校验(Longitudinal Redundancy Check，LRC)、循环冗余校验(Cyclic Redundancy Check，CRC)等，用于识别传输错误，并启动校正措施，或舍弃错误传输的数据，重新传输有错误的数据。

### 1. 奇偶校验

奇偶校验是一种校验代码传输正确性的方法。根据被传输的一组二进制代码的数位中 1 的个数是奇数或偶数进行校验。采用奇数的称为奇校验；反之，称为偶校验。采用何种校验是事先规定好的。通常专门设置一个奇偶校验位，用它使这组代码中 1 的个数为奇数或偶数。若用奇校验，则当接收端收到这组代码时，根据校验 1 的个数是否为奇数，从而确定传输代码的正确性。

奇校验：所有传送的数位(含字符的各数位和校验位)中 1 的个数为奇数，例如：

0 0110，0101 0 0110，0001

偶校验：所有传送的数位(含字符的各数位和校验位)中 1 的个数为偶数，例如：

1 0100，0101 0 0100，0001

奇偶校验能够检测出信息传输过程中的部分误码(1 位误码能检测出来，2 位和 2 位以上误码不能检测出来)，同时，它不能纠错。在发现错误后，只能要求重发。但由于其实现简单，仍得到了广泛应用。有些检错方法具有自动纠错能力，如循环冗余校验(CRC)检错等。

### 2. LRC 校验

LRC 校验是一种从纵向通道上的特定比特串产生校验比特的错误检测方法。在行列格式中(例如，在磁带中)，LRC 经常与 VRC(Vertical Redundant Code)一起使用。

纵向冗余校验的异或校验和可以简单快速地计算出来，将一个数据块的所有数据字节递归，经过异或选通后，即可产生异或校验和。在数据传输时，把纵向冗余码校验值附在数据块后面一起传输，那么在接收端对数据块和 LRC 校验字节进行校验，其结果应该为零，任何其他结果都表示出现了传输错误，如图 4-7 所示。这样就能够很快地校验数据的完整性，而不必知道 LRC 和本身。

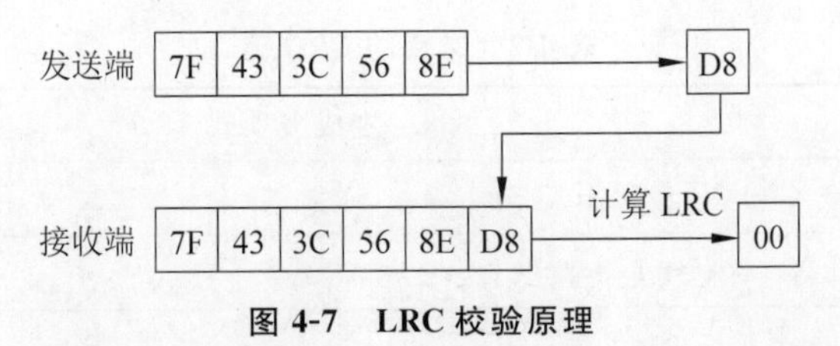


图 4-7　LRC 校验原理

由于算法简单,可以快速简单地计算 LRC。然而,LRC 并不十分可靠,多个错误可能相互抵消,在一个数据块内字节顺序的互换根本识别不出来。因此,LRC 主要用于快速校验很小的数据块。在射频识别系统中,由于标签的容量一般较小,每次交易的数据量也不大,所以这种算法还是比较适合的。

### 3. CRC

CRC 是数据通信领域中最常用的一种差错校验码,其特征是信息字段和校验字段的长度可以任意选定。

循环冗余校验的基本原理:在 $K$ 位信息码后再拼接 $R$ 位的校验码,整个编码长度为 $N$ 位,因此,这种编码也称为$(N,K)$码。对于一个给定的$(N,K)$码,可以证明存在一个最高次幂为 $R(R=N-K)$的多项式 $G(x)$。根据 $G(x)$可以生成 $K$ 位信息的校验码,而 $G(x)$称为这个 CRC 码的生成多项式。

校验码的具体生成过程:假设发送信息用信息多项式 $C(x)$表示,将 $C(x)$左移 $R$ 位,则可表示成 $C(x)\times x^R$,这样 $C(x)$的右边就会空出 $R$ 位,这就是校验码的位置。通过 $C(x)\times x^R$ 除以生成多项式 $G(x)$得到的余数就是校验码。

以 8 位数据 91H(10010001)为例,可把它看成是 7 次多项式 $M(x)=x^7+x^4+1$ 的系数,算法规则(CRC)为 4 次多项式 $G(x)=x^4+x^2+1$,系数为 10101 在信息码后面添加 4 个 0,构成多项式 $x^4\times M(x)$即 100100010000,则可利用人工模拟发送端和接收端的 CRC 码计算过程,如图 4-8 所示。

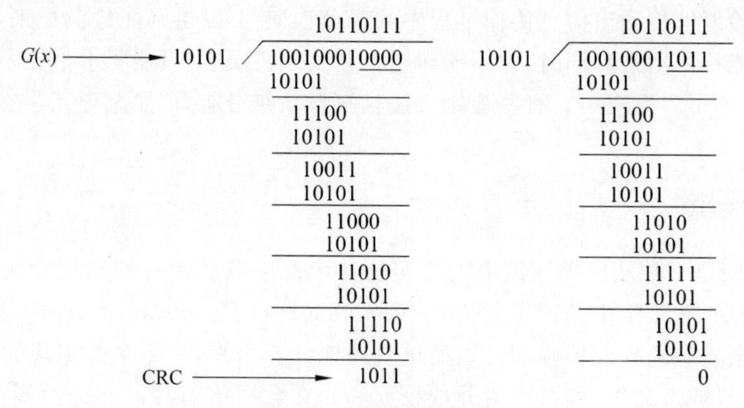


图 4-8 CRC 计算过程

CRC 在数据通信中得到了广泛应用,目前已经成为国际标准的 4 种 CRC 码见表 4-2,其中 CRC-12 用于字符长度为 6 位的情形,其余三种用于 8 位字符。

表 4-2 常用的 CRC 码

| CRC 码 | 生成多项式 |
| --- | --- |
| CRC-12 | $X^{12}+X^{11}+X^3+X^2+X+1$ |
| CRC-16 | $X^{16}+X^{15}+X^2+1$ |

续表

| CRC码 | 生成多项式 |
| --- | --- |
| CRC-CCITT | $X^{16}+X^{12}+X^{5}+1$ |
| CRC-32 | $X^{32}+X^{26}+X^{23}+X^{22}+X^{16}+X^{12}+X^{11}+X^{10}+X^{8}+X^{7}+X^{5}+X^{4}+X^{2}+X+1$ |

## 4.4　RFID系统的特征

### 4.4.1　RFID系统的工作过程

在一个典型的RFID系统中，电子标签和读写器之间的数据通信是为应用服务的，读写器和应用系统之间通常有多种接口，接口具有以下功能：应用系统根据需要，向读写器发出读写器配置命令；读写器向应用系统返回所有可能的读写器的当前配置状态；应用系统向读写器发送各种命令；读写器向应用系统返回所有可能命令的执行结果。其基本工作流程如下。

(1) 读写器将无线电载波信号经过发射天线以一定的频率向外发射。

(2) 当附着标签的目标对象进入发射天线工作区域时会产生感应电流，电子标签凭借感应电流所获得的能量发送出存储在芯片中的产品信息，或者主动发送某频率的信号，电子标签将自身编码等信息通过内置发送天线发送出去。

(3) 读写器接收天线接收到从电子标签发送来的载波信号，读写器对接收的信号进行解调和解码。

(4) 读写器将初步处理后的数据传送给前置计算机，前置计算机根据逻辑运算判断该电子标签的合法性，针对不同的设置做出相应的处理和控制，发出指令信号，控制执行机构执行动作。

(5) 前置计算机进一步对数据进行处理，存储到数据库管理系统，供其他企业应用系统共享调用。

### 4.4.2　RFID系统的基本模型

从以上RFID系统的工作过程来看，电子标签与读写器之间的数据传输就是通过天线架起空间电磁波作为传输媒介实现的。从电子标签与读写器之间的通信和能量感应方式来看，可以分为电感耦合(Inductive Coupling)和反向散射耦合(Backscatter Coupling)两种，一般低频RFID系统大都采用第一种方式，而较高频的RFID系统则采用第二种方式。

在电感耦合方式中，读写器的天线相当于变压器的一次绕组，电子标签的天线相当于变压器的二次绕组，因而电感耦合方式为变压器方式。电感耦合方式的耦合介质是空间磁场，耦合磁场在读写器一次绕组与电子标签二次绕组之间构成闭合回路，依据的是电磁感应定律。在采用电感耦合方式的低频RFID系统中，电子标签基本上都是无源标签，它的能量从读写器获得。由于电感耦合系统的效率不高，只适合于工作距离较近的中、低频

RFID系统,典型的工作频率有125kHz、225kHz和13.56MHz。识别作用距离小于1m,典型作用距离为10～20cm。其数据传输采用负载调制方法。

在反向散射耦合方式中,雷达技术为其提供了理论和应用基础。当电磁波遇到空间目标时,其能量的一部分被目标吸收,另一部分以不同的强度散射到各个方向。在散射的能量中,一小部分反射回发射天线,并被天线接收,对接收信号进行放大和处理,即可获得目标的有关信息,依据的是电磁波的空间传播规律。

在反向散射耦合方式的RFID系统中,读写器的天线将读写器产生的射频能量以电磁波的方式发送到定向的空间范围内,形成读写器的有效识别区域。位于读写器有效识别区域中的电子标签从读写器天线发出的电磁场中提取工作能量,并通过电子标签的内部电路和标签天线将标签中存储的数据信息传送到读写器。由于目标的反射性能通常随频率的升高而增强,所以RFID反向散射耦合方式采用特高频和超高频,电子标签和读写器的距离大于1m。

电磁耦合与电感耦合的差别在于:在电磁耦合方式中,读写器将射频能量以电磁波的形式发送出去;在电感耦合方式中,读写器将射频能量束缚在读写器电感线圈的周围,通过交变闭合的线圈磁场,构建读写器绕组与电子标签绕组之间的射频通道,并没有向空间辐射电磁能量。

在RFID系统工作过程中,始终以能量作为基础,通过一定的时序方式实现数据交换,如图4-1所示。RFID系统借助空间传输通道工作的过程可归结为能量、时序和数据三种事件模型。能量是时序得以实现的基础,时序是数据交换的实现方式,数据交换是目的。

### 1. 能量

读写器向电子标签提供工作能量。对于无源标签来说,当电子标签离开读写器的工作范围以后,电子标签由于没有能量激活而处于休眠状态。当电子标签进入读写器的工作范围以后,读写器发出的能量激活了电子标签,电子标签通过整流的方法将接收到的能量转换为电能存储在电子标签内的电容器里,从而为电子标签提供工作能量。对于有源标签来说,有源标签始终处于激活状态,和读写器发出的电磁波相互作用,具有较远的识别距离。

### 2. 时序

时序,是指读写器和电子标签的工作次序。通常有两种时序:一种是读写器先发言(Reader Talk First,RTF);另一种是标签先发言(Tag Talk First,TTF),这是读写器的防冲突协议方式。

在一般状态下,电子标签处于“等待”或“休眠”工作状态,当电子标签进入读写器的作用范围时,检测到一定特征的射频信号,便从“休眠”状态转到“接收”状态,接收读写器发出的命令后进行相应的处理,并将结果返回读写器。这类只有接收到读写器特殊命令才发送数据的电子标签称为RTF方式;与此相反,进入读写器的能量场主动发送自身系列号的电子标签称为TTF方式。

在读写器的识别范围内存在多个标签时，对于具有多标签识别功能的RFID系统来说，一般情况下，读写器处于主动状态，即采取读写器先发言方式。读写器通过发出一系列的隔离指令，使得读出范围内的多个电子标签逐一或逐批地被隔离（令其休眠）出去，最后保留一个处于活动状态的标签与读写器建立无碰撞的通信。通信结束后，将当前活动标签置为第三态（可称其为休眠状态，只有通过重新上电或特殊命令激活，才能解除休眠），进一步由读写器对被隔离（睡眠）的标签发出唤醒命令唤醒一批（或全部）被隔离的标签，使其进入活动状态。再进一步隔离，选出一个电子标签通信。如此重复，读写器可读出阅读区域内的多个电子标签信息，也可以实现对多个标签分别写入指定的数据。

两种方式相比，TTF方式的电子标签具有识别速度快等特点，适用于需要高速应用的场合。另外，TTF方式在噪声环境中更稳健，在处理标签数量动态变化的场合也更为实用，因此，更适于工业环境的跟踪和追踪应用。

**3. 数据**

读写器与电子标签之间的数据通信包括读写器向电子标签的传输数据和电子标签向读写器的数据传输。

在读写器向电子标签传输数据的过程中，又包括离线数据写入和在线数据写入。

在电子标签向读写器传输数据过程中，其传输方式包括以下两种。

(1) 电子标签被激活以后，向读写器发送电子标签内存储的数据。

(2) 电子标签被激活以后，根据读写器的指令，进入数据发送状态或休眠状态。

### 4.4.3 RFID系统的性能指标

RFID作为一种非接触式自动识别技术，具有特定的技术指标，作为一种产品，具有其本身的产品性能。而在实际应用中，如何根据其产品的性能指标来构建一个高效的RFID系统，首先要了解评价和衡量RFID系统的性能指标。

评价一个RFID系统的性能指标一般从工作频率、作用距离、安全要求、存储容量、多标签同时识别性和标签的封装形式等方面来考虑。

**1. 数据传输速率**

对于大多数数据采集系统来说，速度是非常重要的因素。由于当今不断缩短产品生产周期，要求读取和更新电子标签的时间越来越短。微波系统可以高速工作，但微波技术本身的复杂性使RFID系统的构建成本大大提高。由于电子标签具有不同读写方式以及不同的供电方式，RFID系统具有不同的数据传输速率，可分为只读速率、无源读写速率和有源读写速率三种。

1）只读速率

RFID只读系统的数据传输速率取决于代码的长度、电子标签数据发送速率、读写距离、电子标签与天线间载波频率，以及数据传输的调制技术等因素。传输速率随实际应用中产品种类的不同而不同。

2) 无源读写速率

无源读写RFID系统的数据传输速率决定因素与只读系统一样,不过除了要考虑从电子标签上读数据外,还要考虑往电子标签上写数据。传输速率随实际应用中产品种类的不同而有所变化。

3) 有源读写速率

有源读写RFID系统的数据传输速率决定因素与无源系统一样,不同的是无源系统需要激活电子标签上的电容充电来通信。重要的一点是,一个典型的低频读写系统的工作速率仅为100B/s或200B/s。这样,由于在一个站点上可能会有数百字节数据需要传送,数据的传输时间就会要数秒,这可能会比整个机械操作的时间还要长。

能否给电子标签写入数据是评价RFID系统的另外一个性能指标。对简单的RFID系统来说,电子标签的数据大多是简单的ID码,可在加工芯片时集成进去,任何人无法修改。但对可写入的电子标签则需要通过读写器或专用的编程设备写入数据。

**2. 读写距离**

现有具有可读写的RFID系统的读写范围从小于2.54cm到超过0.7366m不等,使用频率13.56MHz的RFID系统读写范围更可达到2.4384m。通常在RFID系统的应用中,选择恰当的天线,即可适应长距离读写的需要。

电子标签的读写距离相差很大。对所有标签都一样,要求的距离越远,标签价格就越高。距离为几毫米的RFID可被嵌入钞票和证件,用于高速分拣和认证系统;但是对于物流业而言,通常需要3m或3m以上的距离,并具有快速识别许多标签的能力。其他应用(如公路收费和停车场管理系统)甚至需要识别几百米的距离。

**3. 电子标签与天线间的射频载波频率**

射频识别系统的另一个重要特征是系统的工作频率和识别距离,工作频率与识别距离是密切相关的,这是由电磁波的传播特性所决定的。通常把射频识别系统的工作频率定义为读写器识别标签时发送射频信号所使用的频率,在大多数情况下,称其为读写器发送频率(负载调制、反向散射)。不管在何种情况下,电子标签的发射功率都要比读写器发射功率低得多。

当选择RFID系统时,一个很重要的考虑因素是用于电子标签与天线间传输数据的载波频率波段。射频识别系统读写器发送的频率基本上划归4个范围:低频(30~300kHz)、高频(3~30MHz)、超高频(300MHz~3GHz)和微波(2.45GHz以上)。根据作用距离,射频识别系统的附加分类:密耦合(0~1cm)、遥耦合(0~1m)和远距离系统(大于1m)。

**4. 多标签读写特性**

在实际应用中,由于识别距离的增加,有可能在识别区域中同时出现多个电子标签的情况,从而提出了多标签同时读取的需求,进而这种需求发展成为一种潮流。目前,先进的 RFID 系统均将多标签识别问题作为系统的一个重要特征。

通过恰当地配置电子标签和天线,可以使用读写器进行多电子标签读写。例如,在邮政系统应用中,电子标签被置于信封里面,然后放于粘贴有标签的邮件袋里。当邮件袋穿过通道式天线时,就可以同时向所有的电子标签读取或写入数据。

**5. 电子标签存储容量**

基于存储器系统有一个基本的规律——存储容量总是不够用,扩大系统存储容量自然会扩大应用领域,因此需要有更多的存储容量。只读电子标签的存储容量为 20b(bit)。有源读写电子标签的存储容量从 64B 到 32KB 不等,也就是说,在可读写电子标签中可以存储数页文本。这足以装入载货清单和测试数据,并允许系统扩展。无源读写电子标签的存储空间为 48～736B,它有许多有源读写电子标签所不具有的特性。

电子标签的数据量通常在几字节到几千字节之间,但是有一个例外,这就是 1b(位)电子标签,它只需要 1b 的数据存储量即可。这种标签使读写器能够做出以下两种状态的判断:在电磁场中有电子标签或在电磁场中无电子标签。这种要求对于实现简单的监控或信号发送功能是完全足够的。由于 1b 的电子标签不需要电子芯片,因而电子标签的成本可以做得很低。由于这个原因,大量的 1b 电子标签在百货商场和商店中用于商品电子防盗系统(EAS)。当带着没有付款的商品离开百货商场时,安装在出口的读写器就能识别出在电磁场中有电子标签的状况,并引起相应的报警。对按规定已付款的商品来说,1b 电子标签在付款处将被除掉或者去活化。

在 RFID 系统中,有两种不同的数据存储情况。在第一种情况中,标签能存储的数据很少,被询问的电子标签只是标识物品的一些基本情况,这种数据称为唯一签名,使用这种数据的电子标签成本低,而且用途很有限。在另一种情况中,标签能存储更多的数字信息,读写器可以直接从电子标签检索信息,无须参考中央数据库。这种电子标签成本高,但其应用范围比较广。这种电子标签不像唯一签名那样需要很强的中央处理能力,工作耗时少。

**6. 工作方式**

RFID 系统的基本工作方式分为全双工(Full Duplex,FDX)、半双工(Half Duplex,HDX)系统和时序(Sequence,SEQ)系统。全双工表示电子标签与读写器之间可在同一时刻互相传送信息。半双工表示电子标签与读写器之间可以双向传送信息,但在同一时刻只能向一个方向传送信息。

在全双工和半双工系统中,电子标签的响应是在读写器发出的电磁场或电磁波的情况下发送出去的。由于与读写器本身的信号相比,电子标签的信号在接收天线上是很弱的,因而必须采用合适的传输方法,将电子标签的信号与读写器的信号区别开来。在实际应用中,从电子标签到读写器的数据传输一般采用负载反射调制技术,将电子标签数据加载到反射回波上(尤其是针对无源电子标签系统)。

时序方法则与之相反,由读写器辐射产生的电磁场周期性地短时间断开,这些间隔被电子标签识别出来,并被用于从电子标签到读写器的数据传输。其实,这是一种典型的雷达工作方式。时序方法的缺点:在读写器发送间歇时,电子标签的能量供应中断,必须通过装入足够大的辅助电容器或辅助电池进行补偿。

**7. RFID系统的接口形式**

RFID系统一般根据实际需要选择不同的接口形式,如RS-232、RS-482、RJ-45、韦根、无线网络等。不同的输出接口形式具有不同的数据传输距离。在实际应用中,RFID系统必须提供灵活的接口方式,易于与企业其他应用系统集成,降低了安装成本。

**8. 数据载体**

为了存储数据,主要使用三种方法:电可擦可编程只读存储器(Electrically Erasable Programmable Read-Only Memory, EEPROM)、铁电随机存取存储器(Ferroelectric Random Access Memory, FRAM)、静态随机存取存储器(Static Random Access Memory, SRAM)。对一般的RFID系统来说,主要使用EEPROM。然而,使用EEPROM的缺点是写入过程中的功率消耗很大,使用寿命一般为写入10万次。

也有个别厂家使用FRAM,与EEPROM相比,FRAM的写入功率消耗是EEPROM的1/100,写入时间是EEPROM的1/1000。然而,FRAM由于生产工艺不够成熟,至今未获得广泛应用。

对微波系统来说,还可使用SRAM,存储器能很快地写入数据。为了永久保存数据,需要用辅助电池进行不中断地供电。

**9. 状态模式**

对可编程电子标签来说,必须由数据载体的内部逻辑控制对标签存储器的读写操作和对读写授权的请求。在最简单的情况下,可由一台状态机完成。使用状态机,可以完成很复杂的过程。然而,状态机的缺点是对修改编程的功能缺乏灵活性,这意味着要设计新的芯片。由于这些变化需要修改硅芯片上的电路,设计更改实现的成本很高。

微处理器的使用明显地改善了这种情况。在芯片生产时,将管理应用数据的操作系统通过掩膜方式集成到微处理器中,这种修改成本不高。此外,相应的软件还能调整,以适合各种专门应用。

此外,还有利用各种物理效应存储数据的电子标签,其中包括只读的表面波(SAW)电子标签和通常能去活化(写入0)及极少的可以重新活化(写入1)的1b电子标签。

**10. 能量供应方式**

RFID系统的一个重要特征是电子标签的供电。无源电子标签本身没有电源,因此,无源电子标签工作所需的所有能量必须从读写器发出的电磁场中取得。与此相反,有源电子标签包含一个电池,为微型芯片的工作提供全部或部分(辅助电池)能量。

## 4.5 RFID 技术应用和发展面临的问题

当前 RFID 应用和发展面临着几个关键问题是标准、成本、技术和安全。

### 1. 标准制定问题

目前，行业标准以及相关产品标准还不统一，迄今为止全球也还没有正式形成一个统一的（包括各个频段）国际标准。标准（特别是关于数据格式定义的标准）的不统一是制约 RFID 发展的重要因素，而数据格式的标准问题又涉及各个国家自身的利益和安全。标准的不统一也使当前各个厂家推出的 RFID 产品互不兼容，这势必阻碍了未来 RFID 产品的互通和发展，因此，如何使这些标准相互兼容，让一个 RFID 产品能顺利地在民办范围中流通是当前重要而紧迫的问题。目前，很多国家都正在抓紧时间制定各自的标准，我国电子标签技术正处在研发阶段。

### 2. 标签成本问题

目前，美国一个电子标签最低的价格是 20 美分左右，这样的价格是无法应用于某些价值较低的单件商品的，只有电子标签的单价下降到 10 美分以下，才可能大规模应用于整箱整包的商品。随着技术的不断提升和在各大行业的日益推广，RFID 的各个组成部分（包括电子标签、读写器和天线等）制造成本将有望大幅度降低。

### 3. 关键技术问题

虽然在 RFID 电子标签的单项技术上已经趋于成熟，但总体上产品技术还不够成熟，仍存在较高的差错率（RFID 被误读的概率有时高达 20%），在集成应用中也还需要解决大量技术难题，如多标签识别问题、防碰撞技术问题、高速运动中的对象识别问题等。

### 4. 安全与隐私问题

当前广泛使用的无源 RFID 系统还没有非常可靠的安全机制，无法很好地保密数据，RFID 数据还容易受到攻击，主要是因为 RFID 芯片本身，以及芯片在读或者写数据的过程中都很容易被黑客利用。因此，RFID 安全问题集中在对个人用户的隐私保护、对企业用户的商业秘密保护、防范对 RFID 系统的攻击，以及利用 RFID 技术进行安全防范等方面。

## 思考与练习

4-1　分析 RFID 技术产生和发展的背景及动因。

4-2　什么是 RFID 技术？与条形码技术相比，RFID 技术具有哪些特点？

4-3　RFID 系统由哪几部分组成？各部分主要完成哪些功能？

4-4　什么是天线场？如何理解天线场的场区划分？

4-5 简述不同频段 RFID 系统的能量耦合方式和数据传输原理。

4-6 常用的数据通信校验方法有哪几种？各有何特点？在 RFID 系统中常用的校验方法是哪种？

4-7 画出 1 0011 0111 的曼彻斯特码波形。若曼彻斯特码的数据传输率为 1200kb/s，则它的波特率是多少？

4-8 给出 RFID 系统的基本模型，并简述 RFID 系统的工作过程。

4-9 如何理解 RFID 系统工作过程中的三种事件模型？

4-10 如何衡量和评价一个 RFID 系统的性能？

4-11 RFID 应用和发展面临哪些问题？如何对待这些问题？

第5章

# 电子标签

## 5.1 电子标签概述

### 5.1.1 条码的局限性

条码虽然在提高商品流通效率方面功不可没，但自身有如下一些不可克服的缺陷。

(1) 条码只能在可视范围内才能被扫描枪读取，必须由工作人员手持扫描枪扫描每件商品，这不仅大幅度降低了工作效率，而且容易出现差错。

(2) 如果条码被撕裂、污损或破坏，扫描枪将无法扫描而获取条码信息，进而无法识别商品。

(3) 条码存储的信息容量有限，通常只能记录生产厂商和商品类别，不能辨认具体的商品详细信息。

此外，更大的缺陷在于条码只能实现一类物品的标识，无法对单个商品进行编号，在物流仓储管理中难以实现自动统计。

尽管条码的出现大大提高了商品流通效率，但是，条码的这些固有缺陷在商品物流管理过程中得到了充分体现，不得不研究新的技术来替代条码技术，这也充分说明社会需求永远是推动技术进步和发展的动力。

### 5.1.2 电子标签的诞生

1995年，保洁公司的产品经理Ashton在工作过程中通过观察到货架上的一排棕色的唇膏总是持续缺货，又不能及时补上，没人能告诉他为什么。后来他通过调查分析发现，这款型号的唇膏在仓库有大量的存货，但没有一种能够把从仓储管理到物流再到商品上架的整个流程联系起来的技术。

也就在那个时候，英国零售商开始推行会员卡制度，卡片里面运用了一种新的射频技术，安装了一颗小小的射频芯片。卡片制造商给Ashton演示了这种芯片是如何工作的，告诉他关于用户信息的相关数据都存储在这张芯片上，而且能够无线传输，不用读卡器。

在开车回家的路上，Ashton忽然受到启发，他想为什么不能把这个芯片安装到唇膏里面呢，如果无线网络能够获取会员卡上的信息，那么同样也能获取唇膏包装盒上的信息,从而告诉商店货架上还需要补上哪些商品。

Ashton经过研究发现,用电子标签标识零售商品能够变化出千百种应用与管理方式,可实现供应链管理的透明化和自动化,这就是用电子标签标识物品的来源。

### 5.1.3 电子标签的概念

电子标签是射频识别系统的数据载体,又称为应答器(Transponder/Responder)、射频卡、数据载体等,简称标签(Tag)。在射频识别系统中,其核心在于电子标签,读写器是根据电子标签的结构特性来设计的,它仅仅是一个数据采集设备而已。

在实际应用中,电子标签通常安装在被识别物体的表面,标签存储器中的信息可由读写器进行非接触式读写。与条码相比,电子标签可突破条码技术的局限,可识别单个的非常具体的物体,而不是像条码那样只能识别一类物体;采用无线射频,可以通过外部材料读取数据,而不仅仅局限于可视范围;可以同时对多个物体进行识别,而条码只能逐个读。此外,电子标签存储的信息量也非常大。由此可见,电子标签的应用将给零售、物流等产业带来革命性的变化。

## 5.2 电子标签种类

针对标签所附对象的材料属性和特定的应用不同,标签具有不同的设计、形状、大小和工作频率;标签读取的范围也因工作频率不同而有很大的变化;标签内存作为一种电子设备,需要能量才能工作;另一方面,标签的内存是一种受限资源,取决于标签数据写入的频率,即多长时间写一次。有些标签考虑到安全因素,数据一旦写入,就不能改变。因此,根据能量来源、工作频率、读写方式、用途和工作原理不同,电子标签可分为不同的种类。

### 5.2.1 按能量来源分类

尽管电子标签的电能消耗是非常低的(一般是1/100mW级别),但在实际应用中,电子标签的IC芯片和天线必须在有足够的电能供应条件下才能正常工作。按照标签获取电能的方式不同,标签可分为有源标签和无源标签;根据使用电能的方式不同,标签又可分成主动式标签、被动式标签和半被动式标签。

#### 1. 有源标签和无源标签

有源标签通过标签自带的内部电池进行供电,它的电能充足,工作可靠性高,信号传送的距离远。另外,有源标签可以通过设计电池的不同寿命对标签的使用时间或使用次数进行限制,它可以用在需要限制数据传输量或者使用数据有限制的地方。

其缺点主要是价格高,体积大,标签的使用寿命受到限制,而且随着标签内电池电能的消耗,数据传输的距离会越来越短,影响系统的正常工作。

无源标签的内部不带电池,需靠外界提供能量才能正常工作。无源标签典型的产生电能的装置是天线与线圈,当标签进入系统的工作区域时,天线接收到特定的电磁波,线圈就会产生感应电流,再经过整流并给电容充电,电容电压经过稳压后可作为工作电压。

无源标签具有永久的使用期，常常用在标签信息需要每天读写或频繁读写的场合，而且无源标签支持长时间的数据传输和永久性的数据存储。其缺点主要是数据传输的距离要比有源标签短。

因为无源标签依靠外部的电磁感应供电，电能比较弱，数据传输的距离和信号强度受到限制，所以需要敏感性比较高的信号接收器才能可靠识别。但它的价格、体积、易用性决定了它是电子标签的主流。

### 2. 主动式标签、被动式标签和半被动式标签

1）主动式标签

一般主动式 RFID 系统为有源系统，即主动式标签用自身的射频能量主动地发送数据给读写器，在有障碍物的情况下，只需穿透障碍物一次。由于主动式电子标签自带电池供电，它的电能充足，工作可靠性高，信号传输距离远。主要缺点是标签的使用寿命受到限制，而且随着标签内部电池能量的耗尽，数据传输距离越来越短，从而影响系统的正常工作。

2）被动式标签

被动式标签必须利用读写器的载波来调制自身的信号，标签产生电能的装置是天线和线圈。标签进入 RFID 系统工作区后，天线接收特定的电磁波，线圈产生感应电流供给标签工作，在有障碍物的情况下，读写器的能量必须来回穿过障碍物两次。这类系统一般用于门禁或交通系统中，因为读写器可以确保只激活一定范围内的电子标签。

3）半主动式标签

在半主动式 RFID 系统里，电子标签本身带有电池，但是标签并不通过自身能量主动发送数据给读写器，电池只负责对标签内部电路供电。标签需要被读写器的能量激活，然后才通过反向散射调制方式传送自身数据。

半有源式标签内的电池仅对标签内要求供电维持数据的电路供电或者为标签芯片工作所需的电压提供辅助支持，为本身耗电很少的标签电路供电。标签未进入工作状态前，一直处于休眠状态，相当于无源标签，标签内部电池能量消耗很少，因而电池可维持几年，甚至长达 10 年有效。

当标签进入读写器的读取区域，受到读写器发出的射频信号激励而进入工作状态时，标签与读写器之间信息交换的能量支持以读写器供应的射频能量为主(反射调制方式)，标签内部电池的作用主要在于弥补标签所处位置的射频场强不足，标签内部电池的能量并不转换为射频能量。

## 5.2.2 按工作频率分类

从应用概念来说，电子标签工作频率也就是 RFID 系统工作频率，是其最重要的特点之一。电子标签的工作频率不仅决定着 RFID 系统的工作原理(电感耦合还是电磁耦合)、识别距离，还决定着电子标签和读写器实现的难易程度及设备的成本。工作在不同频段或频点上的电子标签具有不同的特点。射频识别应用占据的频段或频点在国际上有公认的划分，即位于 ISM 波段。典型的工作频率有 125kHz、133kHz、13.56MHz、

27.12MHz、433MHz、902～928MHz、2.45GHz、5.8GHz等。

### 1. 低频段电子标签

低频段电子标签，简称低频标签，其工作频率范围为30～300kHz。典型工作频率有125kHz、133kHz(也有接近的其他频率，如TI公司使用134.2kHz)。低频标签一般为无源式电子标签，其工作能量通过电感耦合方式从读写器耦合线圈的辐射近场中获得。低频标签与读写器之间传送数据时，低频标签要位于读写器天线辐射的近场区内。低频标签的阅读距离一般情况下小于1m。

低频标签的典型应用有动物识别、容器识别、工具识别、电子闭锁防盗(带有内置应答器的汽车钥匙)等。与低频标签相关的国际标准有ISO 11784/11785(用于动物识别)、ISO 18000—2(125～135kHz)等。低频标签有多种外观形式，应用于动物识别的低频标签外观有项圈式、耳牌式、注射式、药丸式等。

低频标签的主要优势体现在以下方面。

(1) 标签芯片一般采用普通的CMOS工艺，具有省电、廉价的特点。

(2) 工作频率不受无线电频率管制约束。

(3) 可以穿透水、有机组织、木材等，低频标签黏附在装有水、动物组织、金属、木材和液体的容器上时易于读取。

(4) 非常适合近距离、低速度、数据量要求较少的识别应用等。

低频标签的劣势主要体现在以下方面。

(1) 在所有频率中，低频标签的数据传输速率最低，标签存储数据量也较少，只能适合低速、近距离识别应用，阅读距离只能在5cm以内。

(2) 低频电子标签灵活性差，不易被识别。

(3) 与超高频标签相比，标签天线匝数更多，成本更高。

(4) 低频标签没有防碰撞能力，读取电子标签数据时只能一对一进行，不可能同时进行。

(5) 低频电子标签安全保密性差，易被破解。

### 2. 中高频段电子标签

中高频段电子标签的工作频率一般为3～30MHz，典型工作频率为13.56MHz。该频段的电子标签，一方面，从射频识别应用角度来看，因其工作原理与低频标签完全相同，即采用电感耦合方式工作，所以宜将其归为低频标签类中；另一方面，根据无线电频率的一般划分，其工作频段又称为高频，所以也常常将其称为高频标签。

高频电子标签一般也采用无源方式，其工作能量同低频标签一样，也是通过电感(磁)耦合方式从读写器耦合线圈的辐射近场中获得。标签与读写器进行数据交换时，标签必须位于读写器天线辐射的近场区内。中频标签的阅读距离一般情况下也小于1m(最大读取距离为1.5m)。

高频标签由于可方便地做成卡片形状，典型应用包括电子车票、电子身份证、电子闭锁防盗(电子遥控门锁控制器)等。相关的国际标准有ISO 14443、ISO 15693、ISO

18000—3(13.56MHz)等。

高频标签的基本特点与低频标签相似，由于其工作频率的提高，可以选用较高的数据传输速率。电子标签天线设计相对简单，标签一般制成标准卡片形状。

### 3. 超高频标签

超高频的范围为300～1000MHz，但RFID只使用两个频段，分别是433MHz和860～960MHz。工作在超高频段的电子标签，简称为超高标签，其典型工作频率为433.92MHz、862～928MHz。

433MHz频率用于主动式标签，而860～960MHz频段大部分用于被动式标签和一些半被动式标签。860～960MHz这一频段常常可认为是一个单独的频率900MHz或者915MHz。工作在这一频段的标签和读写器称为超高频标签和超高频读写器。虽然超高频读写器的成本通常比高频读写器高很多，但超高频标签正变得越来越经济。以目前技术水平来说，无源微波电子标签比较成功的产品相对集中在902～928MHz工作频段上。

微波电子标签可分为有源式电子标签与无源式电子标签两类。工作时，电子标签位于读写器天线辐射场的远场区内，标签与读写器之间的耦合方式为电磁耦合方式。读写器天线辐射场为无源式电子标签提供射频能量，将有源式电子标签唤醒。相应的RFID系统阅读距离一般大于1m，典型情况为4～7m，最大可达10m以上。

读写器天线一般均为定向天线，只有在读写器天线定向波束范围内的电子标签才可被读写。由于读取距离的增加，应用中有可能在读取区域中同时出现多个电子标签发生碰撞的情况，所有工作在超高频段的协议都具有某种类型的防碰撞能力，允许多个标签同时在读取区被读取。为超高频标签所设计的新Gen 2协议每秒能够读取数百个标签。

微波电子标签的典型特点主要集中在是否无源、无线读写距离、是否支持多标签读写、是否适合高速识别应用、读写器的发射功率容限、电子标签及读写器的价格等方面。对于可无线写的电子标签，通常情况下，写入距离要小于识别距离，其原因在于写入时要求更大的能量。

超高频标签的天线通常由铜、铝或银冲压到基板上制成。它的有效长度为16.5cm左右，大约是900MHz电磁波波长的一半。经过适当设计，超高频天线的长度可以缩短，但最合适的天线的长度应该是载波波长的一半。超高频天线很细，容易制造，这使得超高频标签非常薄，少于100μm，几乎是二维的。黏附在装有水和动物组织的物体上的超高频标签不能被轻易地读取到，因为水会吸收超高频电磁波。当超高频标签附在金属物体上时会产生失谐。将超高频标签与金属材质或者液体物质分离将增强其性能。在读写器天线和超高频标签之间若有水或其他传导性的材料存在，超高频标签将无法读取。

超高频读写器采用电磁耦合方式与标签进行通信，当电磁波通过多个路径到达接收器时，电磁波的发射、衍射和折射将产生多径效应。一些从多径到达的信号削弱了原始信号。这将在读取区内产生多变的信号强度。超高频标签在低信号点可能无法读取，这会导致随机的标签无法读取问题。超高频天线是方向性的，将会产生一个具有明确边界的读取区，尽管这个区域可能含有盲区。

超高频标签的数据存储容量一般限定在2Kb以内，再大的存储容量似乎没有太大的意义,从技术及应用的角度来说,微波电子标签并不适合作为大量数据的载体,其主要功能在标识物品并完成无接触的识别过程。典型的数据容量指标有1Kb、128Kb、64Kb等,EPC的容量为90b。

超高频标签的典型应用包括集装箱运输管理、铁路包裹管理、制造自动化管理、航空包裹管理、仓储物流管理、移动车辆识别、电子身份证和电子防盗等。相关的国际标准有ISO 10374—1944、ISO/IEC 18000—6(860~930MHz)、ISO/IEC 18000—7(433.92MHz)和ANSI NCITS256—1999等。

世界上不同地区的超高频频率和高频频段的规范并不是统一的,在900MHz上下并没有一个共同的频率为RFID所使用,这导致了允许的最高功率级别和工作负载各种各样。为了解决这个问题,Gen 2协议被设计工作在860~960MHz的任何频段和不同的最高功率级别。一般将分配的频段分成几个更窄的频带,这些窄的频带称为信道。不同国家在分配的频带内有不同数量的可用信道,规范要求读写器不能始终使用一个信道,而是在可用的信道上伪随机地跳跃。

表5-1显示了分配的带宽大小、可允许的最高功率和在一些国家分配的信道的数量。有些国家使用有效等向辐射功率(Effective Isotropic Radiated Power, EIRP),而其他国家则使用有效辐射功率(Effective Radiated Power,ERP)来衡量最高功率。

**表5-1 频率、功率和信道分配**

| 国家或地区 | 频段大小/MHz | 最高功率 | 信道数量 |
|---|---|---|---|
| 北美 | 902~928 | 4W EIRP | 50 |
| 欧洲(302~208) | 865~868 | 2W ERP | 20 |
| 日本 | 950~956 | 4W EIRP | 12 |
| 新加坡 | 866~869<br>923~925 | 0.5W ERP<br>2W ERP | 10 |
| 韩国 | 908.5~914 | 2W ERP | 20 |
| 澳大利亚 | 918~928 | 4W EIRP | 16 |
| 阿根廷、巴西、秘鲁 | 902~928 | 4W EIRP | 50 |
| 新西兰 | 864~929 | 0.5~4W EIRP | 不定 |

**4. 微波标签**

微波频段从1~10GHz,但RFID应用只使用其中的2.45GHz和5.8GHz两个频段。微波标签可以是被动式、半被动式的,也可以是主动式的。被动式和半被动式标签采用反向散射的方式与读写器进行通信,而主动式标签使用它本身的发射器进行通信。

被动式微波标签通常比被动式超高频标签小,它们具有相同的读取范围,大约为5m。半被动式微波标签的读取范围约为30m,主动式微波标签的读取范围可达100m。被动式微波标签需求量不大,比被动式超高频标签价格高,只有很少的制造商生产这种标签。目前,2.45GHz和5.8GHz射频识别系统多以半无源微波电子标签产品面世。

半无源微波电子标签一般采用纽扣电池供电，具有较远的读取距离，相关的国际标准有ISO/IEC 18000—4(2.45GHz)、ISO/IEC 18000—5(5.8GHz)。

微波标签的天线是方向性的，有助于确定被动式和半被动式微波标签的读取区。由于微波波长更短，微波天线更容易设计成和金属物体一起发挥作用的形式。微波频段上的带宽更宽，同时跳频信道也更多。但是，在微波频段存在较多的干扰，原因在于很多家用设备，如无绳电话和微波炉，也使用这个频率。政府尚未就RFID微波频段的应用进行分配。半被动式RFID微波标签应用于车辆大范围的访问控制、舰艇识别和高速公路收费机，主动式微波标签应用于实时定位系统。

不同频段电子标签的优缺点见表5-2。

表5-2　不同频段电子标签的优缺点

| 工作频段 | 优　　点 | 缺　　点 |
| --- | --- | --- |
| 低频 | 标准的CMOS工艺，技术简单，可靠性高，无频率限制 | 通信速率低，工作距离短(小于10cm)，天线尺寸大 |
| 高频 | 与标准CMOS工艺兼容，与125kHz频段相比有较快的通信速度和较远的工作距离 | 距离不够远(最大75cm)，天线尺寸大，受金属材料等的影响较大 |
| 超高频 | 工作距离长(大于1m)，天线尺寸小，可绕开障碍物，不用视距通信，可定向识别 | 各国都有不同的频段管制，对人体有伤害，发射功率受限制，受某些材料影响较大 |
| 微波 | 除具有超高频标签的特点外，还具有更高的带宽、更高的通信速率、更长的工作距离和更小的天线尺寸 | 共享此频段产品多，易受干扰，技术相对复杂，对人体有伤害，发射功率受限制 |

### 5.2.3　按读写方式分类

根据使用的存储器类型，可以将标签分成只读(Read Only，RO)标签、可读可写(Read and Write，RW)标签和一次写入多次读出(Write Once Read Many，WORM)标签。

#### 1. 只读标签

只读标签内部只有只读存储器(Read Only Memory，ROM)。ROM中存储标签的标识信息。这些信息可以在标签制造过程中由制造商写入ROM，电子标签在出厂时，即已将完整的标签信息写入标签。这种情况下，应用过程中电子标签一般具有只读功能。也可以在标签开始使用时由使用者根据特定的应用目的写入特殊的编码信息。

在更多的情况下，在电子标签芯片的生产过程中将标签信息写入芯片，使得每一个电子标签拥有一个唯一的标识UID(如96b)。应用中，需再建立标签唯一UID与待识别物品的标识信息之间的对应关系(如车牌号)。只读标签信息的写入也有在应用之前，由专用的初始化设备将完整的标签信息写入。

只读标签一般容量较小，可以用作标识标签。对于标识标签来说，一个数字或者多个数字字母字符串存储在标签中，这个存储内容是进入信息管理系统中数据库的钥匙(Key)。标识标签中存储的只是标识号码，用于对特定的标识项目，如人、物、地点进行标识,关于被标识项目的详细、特定的信息,只能在与系统相连接的数据库中进行查找。

一般电子标签的ROM区存放有厂商代码和无重复的序列码,每个厂商的代码是固定和不同的,每个厂商的每个产品的序列码也是不同的。所以每个电子标签都有唯一码,这个唯一码又存放在ROM中,所以标签就没有可仿制性,是防伪的基础点。

#### 2. 可读可写标签

可读可写标签内部的存储器,除了ROM、缓冲存储器之外,还有非活动可编程记忆存储器。这种存储器一般是EEPROM,它除了具有存储数据的功能外,还具有在适当的条件下允许多次对原有数据的擦除,以及重新写入数据的功能。可读可写标签还可能有随机存取器(Random Access Memory,RAM),用于存储标签反应和数据传输过程中临时产生的数据。

可读可写标签一般存储的数据比较大,这种标签一般都是用户可编程的,标签中除了存储标识码外,还存储大量的被标识项目的其他相关信息,如生产信息、防伪校验码等。在实际应用中,关于被标识项目的所有信息都是存储在标签中的,读标签就可以得到关于被标识目标的大部分信息,而不必连接到数据库进行信息读取。另外,在读标签的过程中,可以根据特定的应用目的控制数据的读出,实现在不同情况下读出的数据不同。

#### 3. 一次写入多次读出标签

应用中,还广泛存在着一次写入多次读出标签。这种WORM既有接触式改写的电子标签存在,也有无接触式改写的电子标签存在。这类WORM标签一般大量用在一次性使用的场合,如航空行李标签、特殊身份证件标签等。

RW卡一般比WORM卡和RO卡价格高,如电话卡、信用卡等:WORM卡是用户可以一次性写入的卡,写入后数据不能改变,比RW卡价格低。RO卡存有一个唯一的ID号码,不能修改,具有较高的安全性。

对于可读可写标签,则需要编程器。编程器是向标签写入数据的装置。一般编程器写入数据是离线(Off Line)完成的,也就是预先在标签中写入数据,等到开始应用时直接把标签黏附在被标识项目上。也有一些RFID应用系统,写数据是在线(On Line)完成的,尤其是在生产环境中作为交互式便携数据文件处理时。

### 5.2.4 按用途分类

目前,由于电子标签应用十分广泛,如果按照电子标签的用途来分,可以分为很多种。这里仅列出目前常用的一些特殊标签类别。

#### 1. 温/湿度标签

温/湿度标签是电子标签成员中的一种,它带有温度和湿度传感器,可以把环境温度和湿度采集到标签里,供读写器读取,如图5-1(a)所示。它可广泛应用于农业、冷链运输、医疗行业、食品行业。

在应用过程中,电子温/湿度标签会被加载到集装箱或目标物品(箱)上,待装运出发后，即持续记录物品所处环境的温/湿度。一般有两种应用模式：一种是在每个中间站点或目的地一次性上传温/湿度曲线，物流管理平台整合所有上传数据，分环节监控物品质量；另一种是在运输车辆/船舶上设置 GPRS 实时传输设备，物流管理平台能够不间断地对目标物品进行监测。这两种模式的唯一区别在于，后一种即实时模式能够起到抢救部分贵重物品的作用，而不仅仅是像前一种模式只能鉴定物品是否遭到损坏。当然，有源标签是标识某一个包装箱(柜)的，同一个集装箱内的不同包装单位是可以通过安装多个有源标签进行监测的。

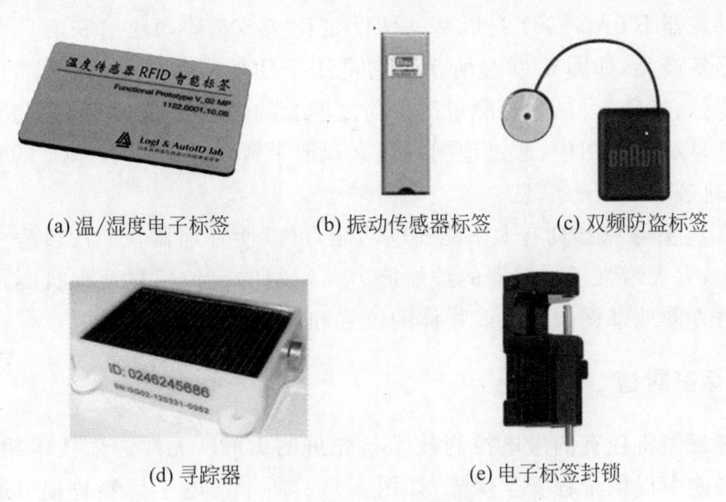


(a) 温/湿度电子标签　(b) 振动传感器标签　(c) 双频防盗标签

(d) 寻踪器　(e) 电子标签封锁

**图 5-1　电子标签示意图**

### 2. 振动传感器标签

振动传感器有源电子标签，是特别针对贵重物品安全问题而设计的一款新型电子标签，如图 5-1(b)所示。通过感振装置探测并记录目标连续或脉冲振动，冲击或加速度，即测量、显示并分析目标的线速度、位移和加速度。可实时感应物品振动，并上传报警信号至控制中心，其工作频率为 2.45GHz。主要运用于多种防盗或安防 RFID 系统。

### 3. 双频防盗标签

双频防盗标签如图 5-1(c)所示，工作频段为 2.4GHz 和有源 125kHz，识别最大距离为 120m，识别速度为 200km/h，采用加密计算与安全认证技术，防止链路侦测，内置蜂鸣器与 LED 灯实现声光警示，同时具有防拆报警功能，平均工作功率为微瓦级。

其工作模式：双频电子标签平时进入休眠模式，当收到某激活器的激活信号时，该标签的低频芯片将实时解析出该激活器编号，同时检测出该低频信号的 RSSI 场强值，然后唤醒并传入 MCU 单片机，接着打开板载的 2.4GHz 无线射频芯片进行一次强信号发射(无线发射的数据包中含标签 ID、激活器编号，以及 RSSI 值)。

有效识别范围内的 2.4GHz 读写器将收到该标签以 2.4GHz 频段发射的数据包，解析出该数据包中的标签 ID 号和激活器编号，以及 RSSI 值后立刻上传到上位机计算机。

使用时只需将其安装到指定位置,加电就能进入正常工作,无须进行通信设置和调试。

该产品不仅可应用于通道和边界控制,还可判断该标签通过了哪些位置(激活器所在的物理位置),而且可应用于门禁控制,门禁内外各安装了一台激活器时,可以根据标签被激活的先后顺序做出精确的进出判断;还可以实时定位,可在1台或多台激活器覆盖范围内根据标签实时检测并上传的场强值做精确位置判定,精度可达10cm级别。

#### 4. 寻踪器

智能型寻踪器ETAG-G01是以基站辅助定位、GSM移动通信和信息存储为一体的新一代电子标签产品,如图5-1(d)所示。它可用于任何需要导航和定位的目标,如野生动物、汽车、旅行、特殊人群、大地测量等。与之配套的寻踪管理系统可以将接收到的基站辅助定位信息显示在地图中,通过地图可以直观地了解佩戴ETAG G01的人或物体的大概位置、运动轨迹和温度等信息。

ETAG G01型寻踪器具有太阳能充电功能,可以使寻踪器在使用过程中得到持续稳定的电源供应,大大增强了寻踪器的续航能力。定制的定位信息反馈机制可以使佩戴者或管理者及时方便地掌握佩戴人或物体的位置和移动情况。

#### 5. 电子标签封锁

电子标签封锁将独有的微电控制技术与先进的RFID无线通信技术相结合,为集装箱等货物运输途中提供全程安全保障,如图5-1(e)所示。电子标签封锁可通过卡口自动联动控制、人工手持机控制和GPS车载终端远程遥控等多种方式实现实时控制和报警,方便不同应用环境下的部署和与现有系统的集成。

其工作频率为2.45GHz,无线数据速率为1Mbps/100kbps,坚固耐用,操作简单,性价比高,具有自动报警功能;大容量掉电不失内存,详细记录对锁体进行的操作;防爆安全,电力持久;防风雨、防烟雾、防震设计,适应室外环境应用。

以上仅仅只列出了目前应用比较多的几种不同用途的电子标签。随着电子芯片技术的发展以及RFID技术应用的不断推广,为满足不同应用环境和不同应用领域的应用需求,将会有更多特殊用途的电子标签出现。

### 5.2.5 按工作原理分类

根据电子标签的工作原理不同,电子标签可以划分为两大类:一类是利用物理效应进行工作的数据载体,属于无芯片电子标签,如1位电子标签、声表面波标签;另一类是以电子电路为理论基础的数据载体,属于有芯片电子标签,目前应用比较广泛。有芯片电子标签可以分为具有存储功能但不含有微处理器的电子标签和含有微处理器的电子标签两类。

#### 1. 1位电子标签

1位电子标签是通过天线开关状态的改变实现数据的传送,只能表示两个状态1和0,相当于只有1位数据,因此,称其为1位电子标签,它是最早的商用电子标签,主要应用在20世纪60年代的商品电子监视器(EAS)中。它不需要芯片,可以采用射频法、微波法、分频法、电磁法和声磁法等方法进行工作。

### 2. 声表面波标签

声表面波(Surface Acoustic Wave, SAW)是传播于压电晶体表面的机械波。基于SAW技术制造的电子标签称为声表面波标签,它以声表面波器件为核心,克服了IC芯片工作时要求直流电源供电的缺陷,同样实现了电子标签的数据保存功能和无接触空间无限通信的功能。它不需要芯片,应用了电子学、声学、雷达、半导体平面技术和信号处理技术,可以在有金属物体、液体、强电磁干扰的环境和高温恶劣环境中正常工作,具有纯无源阅读距离远(数米至数十米)、批量成本低、工作温度范围广(−100℃~300℃)和抗电磁干扰能力强等特点,是IC芯片标签的重要补充,它作为一种新兴的自动识别技术已经获得广泛关注。

SAW标签由叉指换能器和若干反射器组成,换能器的两条总线与电子标签的天线相连接。读写器的天线周期地发送高频询问脉冲,在电子标签天线的接收范围内,被接收到的高频脉冲通过叉指换能器转变成声表面波,并在晶体表面传播。反射器组对入射表面波部分反射,并返回到叉指换能器,叉指换能器又将反射声脉冲串转变成高频电脉冲串。如果将反射器组按某种特定的规律设计,使其反射信号表示规定的编码信息,那么读写器接收到的反射高频电脉冲串就带有该物品的特定编码。通过解调与处理,达到自动识别的目的,其工作原理如图5-2所示。

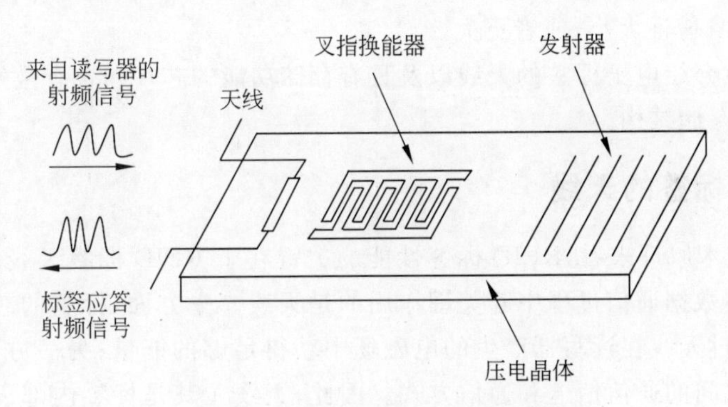


图5-2 声表面波标签工作原理图

### 3. 无芯片标签

无芯片标签,是指不含有IC芯片的电子标签。最具有前景的无芯标签的主要潜在优势在于其最终能以0.1美分的花费直接印在产品和包装上,才有可能在如包装消费品、邮递物品、药品和书籍等最大的RFID应用领域内全面实施,以更灵活、可靠的特性取代每年十万亿使用量的条码。无芯片电子标签最适宜使用的场合有物品管理(工厂名册、图书馆、洗衣店、药品、消费品、档案、邮件),大容量安全文档、空运包裹等高价值物流。

无芯片电子标签的特点是超薄、低成本,存储数据量少。典型的实现技术有远程磁学技术(Remote Magnetics)、层状非晶体管电路技术(Laminar Transistorless Circuits)、层状晶体管电路技术等。

#### 4. 芯片标签

芯片标签是以集成电路芯片为基础的电子标签，具有存储功能，目前应用较为广泛。根据实际要求，可设计为只读标签、可读写标签、加密标签。

#### 5. 微处理器标签

微处理器标签，是指拥有独立CPU处理器和芯片操作系统的电子标签，可以实现更加复杂的功能，具有更高的安全性。微处理器标签可以集成各类传感检测功能、无线通信功能，支持更大的存储容量。目前典型应用是车载电子标签，具有433MHz无线通信功能和IC卡功能，能精确记录车辆行驶路径，路侧天线设备与车载电子标签的无线通信灵敏度高达－109dBm(分贝毫瓦)，通信距离为0～300m。当车辆行驶速度在0～200km/h时，路侧天线设备与车载电子标签之间的通信稳定、可靠，非常适合高速公路使用。

## 5.3 电子标签的组成结构

一般情况下，电子标签由标签专用芯片和标签天线组成，芯片用来存储物品的数据，天线用来收发无线电波。电子标签的芯片很小，厚度一般不超过0.35mm；天线的尺寸一般要比芯片大许多，天线的形状与工作频率等有关。封装后的电子标签尺寸可以小到2mm，也可以像身份证大小，或者更大。

本节将重点介绍电子标签的天线以及具有存储功能的芯片和含有微处理器芯片的组成、典型芯片的存储结构。

### 5.3.1 电子标签的天线

从RFID技术原理来看，RFID标签性能的关键在于RFID标签天线的特点和性能。在标签与读写器数据通信过程中起关键作用的是天线。一方面，标签的芯片启动电路开始工作，需要通过天线在读写器产生的电磁场中获得足够的能量；另一方面，天线决定了标签与读写器之间的通信信道和通信方式。因此，天线尤其是标签内部天线的研究就成了重点。

#### 1. 电子标签的天线类别

按RFID标签芯片的供电方式来分，RFID标签天线可以分为有源天线和无源天线两类。有源天线的性能要求较无源天线低，但是其性能受电池寿命的影响很大：无源天线能够克服有源天线受电池限制的不足，但是对天线的性能要求很高。目前，RFID天线的研究重点是无源天线。

从RFID系统工作频段来分，在LF、HF段(如125kHz、13.56MHz)工作的RFID系统，电磁能量的传送是在感应场区域中完成的，也称为感应耦合系统；在UHF段(如915MHz、2.45GHz)工作的RFID系统，电磁能量的传送是在远场区域(辐射场)中完成的,也称为微波辐射系统。

由于两种系统的能量产生和传送方式不同,对应的 RFID 标签天线和前端部分存在各自的特殊性,因此标签天线分为近场感应线圈天线和远场辐射天线。

感应耦合系统使用的是近场感应线圈天线,由多匝电感线圈组成,电感线圈和与其相并联的电容构成并联谐振回路以耦合最大的射频能量;微波辐射系统使用的远场辐射天线的种类主要是偶极子天线和缝隙天线,远场辐射天线通常是谐振式的,一般取半波长。

天线的形状和尺寸决定它能捕捉的频率范围等性能,频率越高,天线越灵敏,占用的面积也越少。较高的工作频率可以有较小的标签尺寸,与近场感应天线相比,远场辐射天线的辐射效率较高。

### 2. 电子标签天线的设计要求

天线的目标是传输最大的能量进出标签芯片,这需要仔细地设计天线和自由空间,以及其相连的标签芯片的匹配,当工作频率增加到微波区域时,天线与标签芯片之间的匹配问题变得更加严峻。一般,标签天线的开发是基于 50Ω 或 70Ω 输入阻抗的,而在 RFID 应用中,芯片的输入阻抗可能是任意值,并且很难在工作状态下准确测试,缺少准确的参数,天线的设计难以达到最佳。

电子标签天线的设计还面临许多其他难题,如相应的小尺寸,低成本,所标识物体的形状和物理特性,电子标签与贴标签物体之间的距离,贴标签物体的介电常数,金属表面的反射,局部结构对辐射模式的影响等,这些都将影响电子标签天线的特性,都是电子标签设计面临的问题。

总的来说,电子标签的天线设计必须满足以下性能指标:

(1) 天线物理尺寸足够小,能满足电子标签小型化需求。

(2) 具有全向或半球覆盖的方向性。

(3) 具有高增益,能提供最大可能的信号给标签的芯片。

(4) 阻抗匹配性好,无论标签处于什么方向,天线的极化都能与读写器的信号相匹配。

(5) 具有鲁棒性。

(6) 作为损耗件的一部分,天线的价格必须非常低。

### 3. 电子标签天线的选择

在实际的应用系统中,电子标签的使用方式有两种:一种是电子标签处于运动状态,通过固定式读写器进行识别。例如,在仓库的门口安装读写器设备,识别并记录进出仓库的物品。另一种是电子标签位置固定不动,通过手持机等移动式读写器进行识别,例如,贴标签的物品被放在仓库中,利用手持式读写器识别所有的物品,并且需要电子标签给予信息反馈。

因此,在选择天线时,必须考虑天线的类型、天线的阻抗、在应用到电子标签时的射频性能、在有其他的物品围绕标签物品时的射频性能等因素。具体来说,天线的选择需要考虑以下几方面因素。

1）可选的天线

在使用435MHz、2.45GHz和5.8GHz频率的RFID系统时，可选的天线有几种，见表5-3，它们重点考虑了天线的尺寸。其中，小天线的增益是有限的，增益的大小取决于辐射模式的选择，全向天线的峰值增益为0～2dBi；方向性天线的增益可以达到6dBi。增益大小影响天线的作用距离。

表5-3 可选的天线

| 天 线 | 模式类型 | 自由空间带宽/% | 尺寸(波长) | 阻抗/Ω |
|---|---|---|---|---|
| 双偶极子 | 全向 | 10～15 | 0.5 | 50～80 |
| 折叠偶极子 | 全向 | 15～20 | 0.5×0.5 | 100～300 |
| 印制偶极子 | 方向性 | 10～15 | 0.5×0.5×0.5 | 50～100 |
| 微带面 | 方向性 | 2～3 | 0.5×0.5 | 30～100 |
| 对数螺旋 | 方向性 | 100 | 0.3(高)×0.25(低半径) | 50～100 |

表5-3中的前三类为线极化天线，但是微带面天线可以是圆极化的，对数螺旋天线只能是圆极化的。由于RFID系统中电子标签的方向性是不可控的，所以，读写器的天线必须是圆极化的。

2）阻抗问题

为了实现最大功率传输，电子标签芯片的输入阻抗必须和天线的输出阻抗匹配。一般，设计的天线都要求与50Ω或70Ω的阻抗相匹配。但是设计的天线可能具有其他特性阻抗。一个折叠偶极子的阻抗可以是一个标准半波偶极子阻抗的20倍。印刷贴片天线的引出点能够提供一个很宽范围的阻抗(通常为40～100Ω)。在实际中，应选择合适的天线类型，以便天线的阻抗能够和标签芯片的输入阻抗匹配。

3）局部环境的影响

在RFID系统的实际应用中，其他与天线接近的物体可以降低天线的返回损耗。这个影响对于全向天线(如双偶极子天线)是显著的。经过试验测试，圆柱金属所引起的性能下降是最严重的，在它与天线距离50mm时，返回的信号下降大于20dB；天线与物体的中心距离达到100～150mm时，返回信号下降10～12dB；在与天线距离100mm时，测量了几瓶水(塑料和玻璃)，返回信号降低大于10dB。可以设计天线使它与接近物体的情况相匹配，但是天线的行为对于不同的物体和不同的物体间隔不同。

在选择电子标签天线时，避免使用全向天线，应选择具有更少辐射模式并且返回损耗干扰小的方向性强的天线。

4）距离

RFID天线增益大小和是否使用有源的标签芯片将影响系统的使用距离。在电磁场的辐射强度符合相关标准时，2.45GHz的无源情况下，全波整流，驱动电压不大于3V，优化的RFID天线阻抗环境(阻抗为200Ω或300Ω)使用距离大约是1m。作用距离随着频率升高而下降。如果使用有源芯片作用距离可以达到5～10m。

在一个电子标签中，标签面积主要是由天线面积决定的。然而天线的物理尺寸受到工作频率电磁波波长的限制，如超高频（900MHz）的电磁波波长为 30cm，因此应该在设计时考虑到天线的尺寸，一般设计为 5～10cm 的小天线。

此外，考虑到天线的阻抗问题、辐射模式、局部结构、作用距离等因素的影响，为了以最大功率进行数据传输，天线芯片的输入阻抗必须和天线的输出阻抗相匹配。因此在电子标签中应该使用方向性天线，而不是全向天线。因为方向性天线具有更少的辐射模式和更少的返回损耗干扰。

## 5.3.2 具有存储功能的电子标签芯片

具有存储功能的电子标签芯片相当于一个具有无线收发功能再加存储功能的单片系统（SoC），由射频电路和控制电路组成。标签芯片组成电路的复杂度与标签所具有的功能、标签的工作频率，以及标签是否是有源器件等因素有关。

### 5.3.2.1 射频前端

射频前端通常属于电子标签芯片的一部分，是电子标签天线与芯片数字电路部分的连接桥梁。芯片中逻辑控制单元传出的数据只有经过射频前端的调制后，才能加载到天线上，成为天线可以传输的射频信号；射频前端负责将经过调制的信号加以解调，获得原始信号。此外，射频前端还要把从读写器发送过来的射频信号转化成直流电源，供电子标签芯片使用。

根据标签工作频率的不同，射频电路主要有电感耦合和微波电磁反向散射两种工作方式。电感耦合工作方式主要工作在低频和高频频段，而微波电磁反向散射工作方式主要工作在微波波段。

#### 1. 电感耦合工作方式的射频前端

当电子标签进入读写器产生的磁场区域后，电子标签通过与读写器电感耦合产生交变电压。该交变电压通过整流、滤波和稳压后，给电子标签的芯片提供所需的直流电压。电子标签电感耦合的射频前端电路如图 5-3 所示。

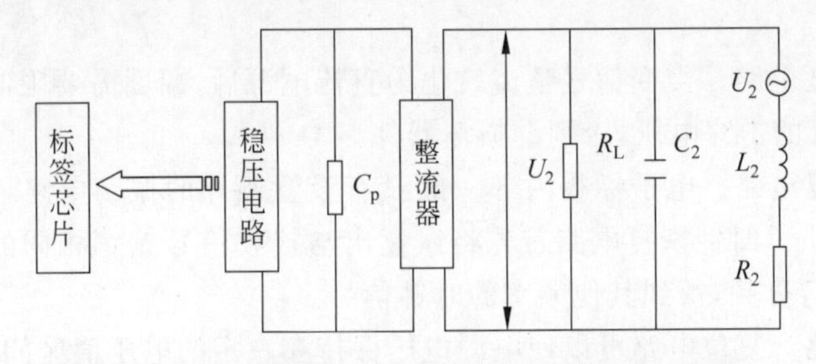


图 5-3 电子标签电感耦合的射频前端电路示意图

当电子标签与读写器的距离足够近时，电子标签的线圈上就会产生感应电压，RFID 电感耦合系统的电子标签主要是无源的，电子标签获得的能量可以使标签开始工作。

#### 2. 微波电磁反向散射工作方式的射频前端

当电子标签采用电磁反向散射工作方式时，射频前端有发送电路、公共电路和接收电路三部分,如图5-4所示。

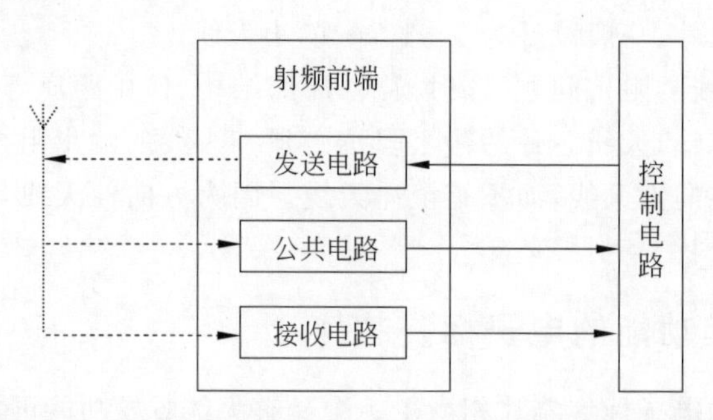


图5-4 电子标签电磁反向散射的射频前端电路示意图

1) 射频前端发送电路

发送电路的主要功能是对控制部分输出的数字基带信号进行处理,然后通过电子标签的天线将信息发送给读写器。发送电路主要由调制电路、上变频混频器、带通滤波器和功率放大器构成。

(1) 调制电路。调制电路主要是对数字基带信号进行调制。

(2) 上变频混频器。上变频混频器对调制好的信号进行混频,将频率搬移到射频频段。

(3) 带通滤波器。带通滤波器对射频信号进行滤波,滤除通带外的功率。

(4) 功率放大器。功率放大器对信号进行功率放大,放大后的信号将送到天线,由天线辐射出去。

2) 公共电路

公共电路是射频发送和射频接收共同涉及的电路,包括电源产生电路、限制幅度电路、时钟恢复电路和复位电路等。

(1) 电源产生电路。电子标签一般为无源标签,需要从读写器获得能量。电子标签的天线从读写器的辐射场中获取交变信号,该交变信号需要一个整流电路将其转化为直流电源。

(2) 限制幅度电路。交变信号整流转化为直流电源后,幅度需要限制,幅度不能高过三极管和MOS管的击穿电压,否则会损坏器件。

(3) 时钟恢复电路。电子标签内部一般没有设置额外的振荡电路,时钟由接收到的电磁信号恢复产生。时钟恢复电路首先将恢复出与接收信号频率相同的时钟信号,然后再通过分频器进行分频,得到其他频率的时钟信号。

(4) 复位电路。复位电路可以使电源电压保持在一定的电压值区间。电源电压首先有一个参考电压值,以这个参考电压值为基准,电源电压可以在一定的范围内波动。如果电源电压超出这个允许的波动范围就需要复位。

复位电路有上电复位和下电复位两种功能。当电源电压升高,但仍小于波动允许的范围时,复位信号仍然为低电平;当电源电压升高,而且超过波动允许的范围时,复位信号跳变为高,这就是上电复位信号。当电源电压降低,但仍小于波动允许的范围时,复位信号仍然为高电平;当电源电压降低,而且超过波动允许的范围时,复位信号跳变为低，这就是下电复位信号。上电复位和下电复位是针对系统可能出现的意外而设置的保护措施。

3）射频前端接收电路

接收电路的主要功能是对天线接收到的已调信号进行解调，恢复出数字基带信号，然后送到电子标签的控制部分。接收电路主要由滤波器、放大器、混频器和电压比较器构成，用来完成包络产生和检波的功能。

包络产生电路的主要功能是对射频信号进行包络检波，将信号从频带搬移到基带，提取出 ASK 调制信号包络。经过包络检波后，信号还会存在一些高频成分，需要进一步滤波，使信号曲线变得光滑，然后将滤波后的信号通过电压比较器，恢复出原来的数字信号，这就是检波电路的功能。

(1) 射频滤波电路。由天线接收的信号经过滤波器对射频频率进行滤波，滤除不需要的频率。

(2) 放大器。放大器对接收到的微小射频信号进行放大。

(3) 下变频混频器。下变频混频器对射频信号进行混频，将频率搬移到中频。

(4) 中频滤波电路。经过滤波器对中频频率进行滤波，滤除不需要的频率。

(5) 电压比较器。通过电压比较器，恢复出原来的数字信号。

### 5.3.2.2　控制电路

具有存储功能的电子标签，控制部分主要由地址和安全逻辑、存储器组成。具有存储功能的电子标签种类很多，包括简单的只读电子标签和高档的具有密码功能的电子标签。具有存储功能的电子标签结构框图如图 5-5 所示。

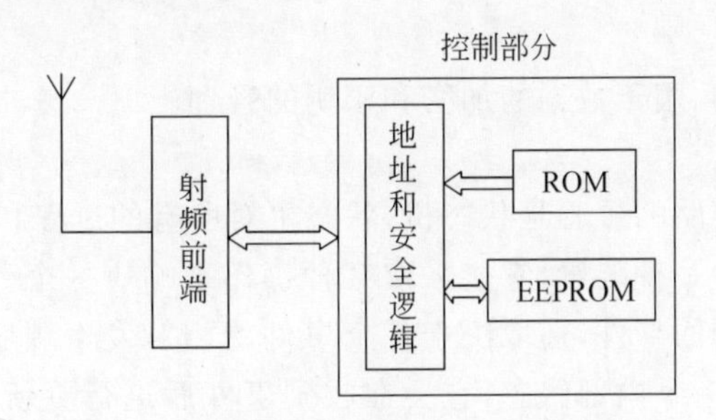


图 5-5　具有存储功能的电子标签结构框图

(1) 地址和安全逻辑。地址和安全逻辑是数据载体的心脏，控制着芯片上的所有过程。

(2) 存储器。该存储器用于存储不变的数据，如序列号等。

具有存储功能的电子标签的主要特点是利用自动状态机在芯片上实现寻址和安全逻辑。数据存储器采用只读内存、电可擦可编程只读存储器、铁电存储器(FRAM)或静止随机存取器(SRAM)等，用于存储不变的数据。数据存储器经过芯片内部的地址和数据总线，与地址和安全逻辑电路相连。

### 1. 地址和安全逻辑组成

地址和安全逻辑是具有存储功能电子标签的心脏,通过状态机对所有的过程和状态进行相关的控制。其主要由电源电路、时钟电路、I/O 寄存器、加密部件和状态机构成,如图 5-6 所示。

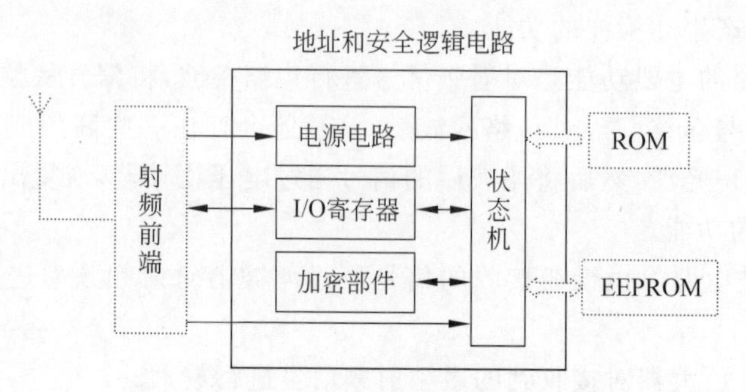


图 5-6 地址和安全逻辑电路结构示意图

1) 电源电路

当电子标签进入读写器的工作区域后,电子标签获得能量,并将其转化为直流电源,使地址和安全逻辑电路处于规定的工作状态。

2) 时钟电路

控制与系统同步所需的时钟由射频电路获得,然后被输送到地址和安全逻辑电路。

3) I/O 寄存器

专用的 I/O 寄存器用于同读写器进行数据交换。

4) 加密部件

加密部件是可选的,用于数据的加密和密钥的管理。

5) 状态机

地址和安全逻辑电路的核心是状态机,状态机对所有的过程和状态进行控制。

状态机可以理解为一种装置,它能采取某种操作来响应一个外部事件。具体采取的操作不仅取决于接收到的事件,还取决于各个事件的相对发生顺序。之所以能做到这一点,是因为装置能跟踪一个内部状态,它会在收到事件后进行更新。这样,任何逻辑都可以建模成一系列事件与状态的组合。

在数字电路系统中,有限状态机是一种十分重要的时序逻辑电路块,对数字系统的设计具有十分重要的作用。有限状态机,是指输出取决于过去输入部分和当前输入部分的时序逻辑电路。一般,除了输入和输出外,有限状态机还含有一组具有“记忆”功能的寄存器,这些寄存器的功能是记忆有限状态机的内部状态,它们常称为状态寄存器。

在有限状态机中,状态寄存器的下一个状态不仅与输入信号有关,而且还与该寄存器的当前输入有关,因此,有限状态机又可以认为是寄存器逻辑和组合逻辑的一种组合。其中,寄存器逻辑的功能是存储有限状态机的内部状态;组合逻辑可以分为次态逻辑和输出逻辑两部分,次态逻辑的功能是确定有限状态机的下一个状态,输出逻辑的功能是确定有限状态机的输出。

状态机可归纳为现态、条件、动作和次态四要素。这样的归纳，主要是出于对状态机的内在因果关系的考虑。

(1) 现态。现态，是指当前所处的状态。

(2) 条件。条件又称为“事件”。当一个条件被满足时，将会触发一个动作，或者执行一次状态的迁移。

(3) 动作。条件满足后执行的动作。动作执行完毕，可以迁移到新的状态，也可以仍旧保持原状态。动作不是必需的，当条件满足后，也可以不执行任何动作，直接迁移到新状态。

(4) 次态。条件满足后要迁往的新态。“次态”是相对于“现态”而言的，“次态”一旦被激活，就转变成新的“现态”了。

**2. 存储器**

电子标签常用的存储器器件有只读存储器 ROM、PROM、EEPROM、SRAM 或 FRAM。存储器器件的类型、存储空间的大小直接决定电子标签的性能、价格，以及使用范围。

一般，只读电子标签的存储器器件采用 ROM、PROM 或 EEPROM，可读写的电子标签的存储器器件采用 SRAM 或 FRAM。

### 5.3.3 含有微处理器的电子标签芯片

含有微处理器的电子标签芯片一般包含射频前端(模拟前端)和控制电路两部分。这类芯片的射频前端与具有存储功能的电子标签芯片相同，但控制电路部分有所不同，它主要由编/解码电路、CPU、存储器组成，如图 5-7 所示。

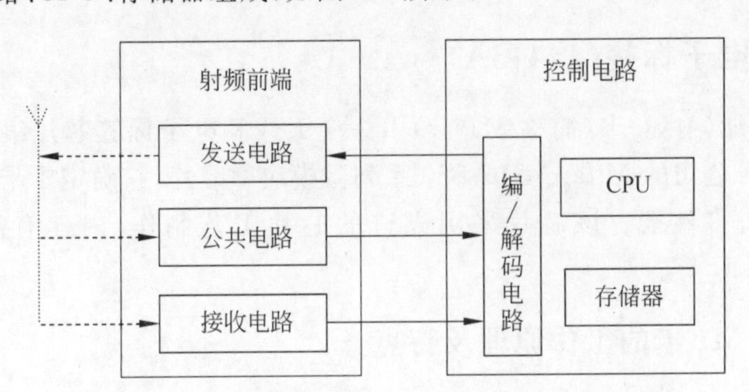


图 5-7 含有微处理器的电子标签芯片结构示意图

**1. 编/解码电路**

编/解码电路主要完成编码和解码的工作。当该电路工作在前向链路时，电子标签射频接收电路接收天线发送来的数字基带信号进行解码，并将解码后的信号传送给微处理器；当该电路工作在反向链路时，将电子标签微处理器发送来的已经处理好的数字基带信号进行编码，然后送给电子标签的射频发送电路，由发送电路加载到电子标签的天线上发射出去。

### 2. CPU

CPU是电子标签芯片的核心控制中心,主要对电子标签芯片的各个单元进行微操作控制,协调芯片工作,同时还对各种收发的数据进行算术运算处理,以及存储和读取等。

### 3. 存储器

存储器是记忆部件,用来存放程序和数据,例如标签UID、系统数据和用户数据等。数据存储器包含RAM、EEPROM,其中RAM是易失性的数据存储器,EEPROM是非易失性的数据存储器,在没有供电的情况下,数据不会丢失,存储时间可以长达十几年。

## 5.4 典型电子标签芯片

电子标签芯片的生产厂商主要包括美国的Impinj、Alien、Tego、Ramtron公司,荷兰的恩智浦公司,日本的Fujitsu公司,瑞士的EM公司,德国的Infineon公司,上海复旦微电子和上海贝岭等。各个厂家针对不同应用领域和场景,生产了许多不同系列型号的电子标签芯片。

目前,在国内应用比较普遍的有125kHz的低频电子标签、13.56MHz支持14443A协议的高频电子标签、13.56MHz支持15693协议的电子标签、915MHz的超高频电子标签。每款电子标签里面均有对应的电子标签芯片。下面介绍目前国内广泛应用的电子标签所使用的三种典型芯片存储结构。

### 5.4.1 高频电子标签(14443A)

Mifare 1智能(射频)卡(简称M1卡)由一个天线和电子标签芯片组成,其核心芯片采用的是Philips公司的Mifare 1 IC S50系列微模块微晶片,它确定了卡片的特性,以及卡片读写器的诸多性能。该芯片采用先进的芯片工艺制作,内建有高速的CMOS、EEPROM和MCU等。

#### 5.4.1.1 M1卡的工作原理及特点

M1卡的工作原理是读写器向M1卡发一组固定频率(13.56MHz)的电磁波,卡片内有一个LC串联谐振电路,其频率与读写器发射的频率相同,在电磁波的激励下,LC谐振电路产生共振,从而使电容内有了电荷,在这个电容的另一端,接有一个单向导通的电子泵,将电容内的电荷送到另一个电容内储存,当所积累的电荷达到2V时,此电容可作为电源为其他电路提供工作电压,将卡内数据发射出去或接收读写器的数据。

其主要特点归结如下。

(1) M1卡所具有的独特的Mifare射频接口标准已被制定为国际标准ISO/IEC 14443 Type A标准。

(2) M1 卡标准操作距离有 100mm 和 25mm 两种。其距离由读写器核心模块类型决定,例如 MCM500(Mifare Core Module)可达 100mm,MCM200 可达 25mm。卡片和读写器的通信速率高达 106kb/s。

(3) M1 卡上具有先进的数据通信加密和双向验证密码系统,而且具有防冲突功能,能在同一时间处理读写器天线的有效工作距离内冲突的多张卡片。

(4) M1 卡与读写器通信使用握手式半双工通信协议,卡片上有高速的 CRC 协处理器,符合 CCITT 标准。

(5) 卡片制造时具有唯一的系列号,没有重复的相同的两张 Mifare 卡片。

(6) 卡片上内建 $8\times2^{10}$ 位 EEPROM 存储容量,并划分为 16 个扇区,每个扇区划分为 4 个数据存储块,每个扇区可由多种方式的密码进行管理。

(7) 卡片上还内建有增值/减值的专项数学运算电路,非常适合公交、地铁等行业的检票、收费系统等典型的快捷交易,时间最长不超过 100ms。

(8) 卡片上的数据读写可超过 10 万次以上,数据保存期可达 10 年以上,且卡片抗静电保护能力达 2kV 以上。

### 5.4.1.2 M1 卡的芯片结构

M1 卡的芯片由射频接口电路和数字电路两部分组成,其结构如图 5-8 所示。

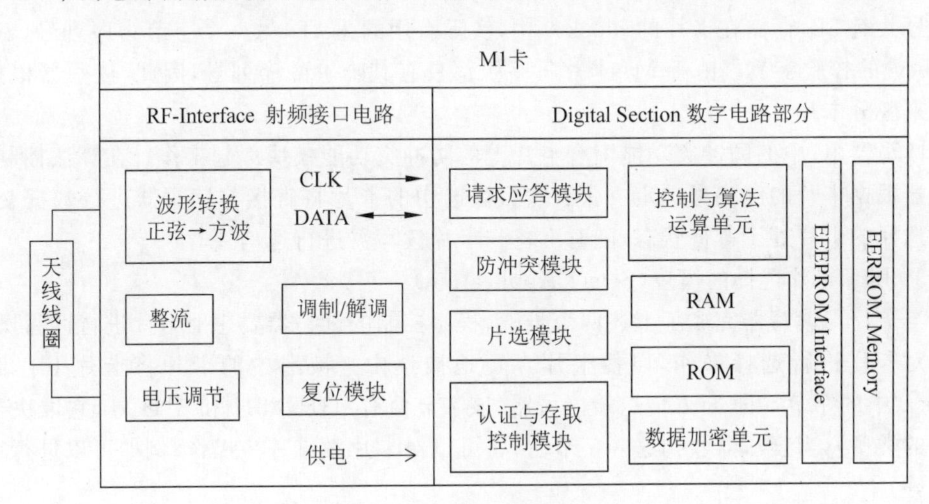


图 5-8 M1 卡内部结构示意图

#### 1. 射频接口电路

射频接口符合非接触智能卡 ISO/IEC 14443A 的标准。在卡内射频接口电路中,一方面,接收到的 13.56MHz 的无线电基波将被送到整流滤波模块,经电压调节模块输出,为 IC 卡供电。另一方面,波形转换模块把接收到的 13.56MHz 的无线电调制信号进行波形转换,将正弦波转换成方波,使之成为标准的逻辑电平;然后送调制/解调模块,解调得到其载波通信数据,在时钟的配合下经接口送至数字电路部分;对于从数字电路部分传来的数据,也是经调制解调模块使数据搭载于射频信号发射出去。复位模块对卡片上的各个电路进行上电复位,使各电路同步启动工作。

对于双向数据通信,在每一帧的开始只有一个起始位。每一个被发送的字节尾部都带有奇偶校验位(奇校验)。被选块的最低字节的最低位首先被发送。最大帧的长度是163位(即由16个数据字节、2个CRC字节和1个起始位组成)。

**2. 数字电路**

1) 请求应答(Answer to Request,ATR)模块

当一张M1卡片处在读写器的天线工作范围之内时,程序控制读写器向卡片发出Request all(或Request std)请求命令后,卡片的ATR将启动,并将卡片block 0中的卡片类型(Tag Type)号(共2B)传送给读写器,建立卡片与读写器的第一步通信联络。如果不进行第一步ATR工作,读写器对卡片的其他操作(Read/Write等)将不会进行。

Tag Type 2B含义,0002H表示Mifare pro;0004H表示Mifare one;0010H表示Mifare Light。

2) 防止卡片冲突功能(AntiCollision)模块

如果有多张M1卡处在读写器天线的工作范围之内时,AntiCollision模块的防冲突功能将被启动。按照预定的算法规则,各卡片发送序列号与读写器之间进行防冲突互动。序列号共有5B,存储在卡片的block 0中,实际有用的为4B;另一个字节为序列号(Serial number)的校验字节。由于M1卡片每一张都具有其唯一的序列号,因此,读写器根据序列号来区分卡片。

读写器IC中的防冲突功能配合卡片上的防冲突功能模块一起工作。在算法控制下,读写器根据卡片的序列号选定一张。然后被选中的卡片将直接与读写器进行数据交互。未被选择的卡片处于等待状态,随时准备与卡片读写器进行通信。

3) 用于卡片选择的模块(Select Application)

当卡片与读写器完成了上述两个步骤,程序控制的读写器要想对卡片进行读写操作,必须对卡片进行选择操作,以使卡片真正地被选中。被选中的卡片将卡片上存储在block 0中的字节5即Size传送给读写器(该字节值有08H、88H和81H等,它取决于所选卡的类型),当读写器收到这一字节后,将可以对卡片做进一步操作;例如可以进行密码验证等。

4) 认证与存取控制模块(Authentication & Access Control)

当成功完成上述三个步骤后,程序对被选卡片进行读写操作之前,必须对卡片上已经设置的密码进行认证。如果匹配,则允许读写器对卡片进行读写(Read/Write)操作,否则要重新认证。M1卡片上有一个扇区,每个扇区都可分别设置各自的密码,互不相关。因此,每个扇区可以独立地应用于一个场合,整个卡片可以设计成一卡多用的形式来应用。

M1卡的认证过程包括三次相互验证,其三次认证的令牌原理如图5-9所示,其认证过程如下。

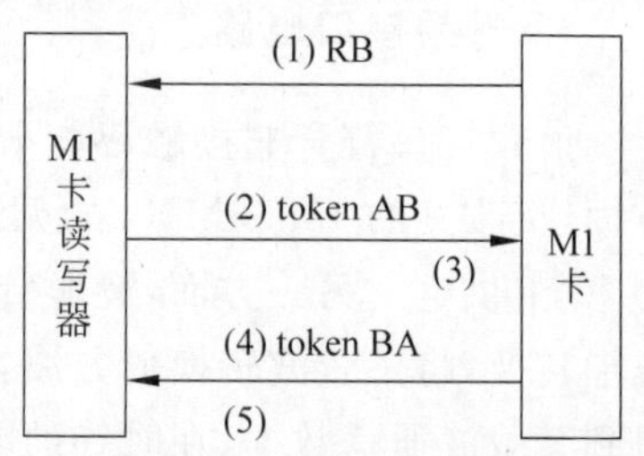


图5-9 三次认证令牌原理图

(1) 环：由 M1 卡向 M1 卡读写器发送一个随机数 RB。

(2) 环：M1 卡读写器收到 RB 后，向 M1 卡发送一个令牌数据 token AB，其中包含读写器发出的一个随机数 RA。

(3) 环：M1 卡收到 token AB 后，对它的加密部分进行解密，并校验有(1)环中 M1 卡发出的随机数 RB 是否与(2)环中接收到的 RA 相一致。

(4) 环：如果(3)环校验是正确的，则 M1 卡向 M1 卡读写器发送令牌 token BA。

(5) 环：读写器收到令牌 token BA 后，将对其中的随机数 RB 进行解密；并校验读写器在(2)环中发出的随机数 RA 是否与(4)环中接收到的 token BA 中的 RA 相一致。

如果上述的每一个环都为真，都能正确通过验证，则整个认证过程将成功。此后所有存储器的操作都被加密。读写器将能对刚刚认证通过的卡片上的整个扇区进行下一个操作，如读/写等。

卡片中的其他扇区由于有各自的密码，因此，如果想对其他扇区进行操作必须完成上述认证过程。认证过程中的任何一环出现差错，整个认证都将失败，必须重新开始。

上述充分说明 M1 卡片的高度安全保密措施，以及一张卡片可同时应用于多个不同项目的技术保障。

5) 控制与算术运算单元(Control & Arithmetic Unit)

控制与算术运算单元是整个卡片的控制中心，它主要对整个卡片的各个单元进行微操作控制，协调卡片的各个步骤，同时它还对各种收发的数据进行算术运算处理、递增/递减处理、CRC 运算处理等，是卡片中内建的微处理 MCU 单元。

6) RAM/ROM 单元

RAM/ROM 单元主要配合控制与算术运算单元，将运算的结果暂时存储。如果某些数据需要存储到 EEPROM，则由控制与算术运算单元取出，送到 EEPROM 存储器中。如果某些数据需要传送给读写器，则由控制及算术运算单元取出，经过 RF 射频接口电路的处理，通过卡片上的天线传送给读写器。RAM 中的数据在卡片失掉电源后(卡片离开读写器天线的有效工作范围)将被清除。同时 ROM 中还固化了卡片运行所必需的程序指令，由控制与算术运算单元取出，对每个单元进行微指令控制，使卡片能有条不紊地与卡片的读写器进行数据通信。

7) 数据加密单元(Encryption Unit)

数据加密单元完成对数据的加密处理和密码保护。加密的算法可以为 DES 标准算法或其他算法。

8) EEPROM 接口及其存储器单元(EEPROM Interface/EEPROM Memory)

EEPROM 接口及其存储器单元主要用于存储数据。EEPROM 中的数据在卡片失掉电源后(卡片离开读写器天线的有效工作范围)仍将被保持。用户所要存储的数据被存放在该单元中。

### 5.4.1.3 M1 卡芯片的存储结构

M1 卡采用 EEPROM 作为存储介质，其存储容量为 1024×8b，即 1K×8 位字长。整个存储器划分为 16 个扇区，编号为 0～15；每个扇区有 4 块(Block)，分别为块 0、块 1、块

2、块3,每块有16B,一个扇区共有64B,实际中,也可将16个扇区的64个块按绝对地址编号为0~63,存储器结构见表5-4所示。

表5-4 芯片的存储器结构

| 扇区号 | 块号 | 存储的内容 | 功能 | 块地址 |
| --- | --- | --- | --- | --- |
| 扇区0 | 块0 | 厂商代码 | 数据块 | 0 |
| | 块1 | 数据 | 数据块 | 1 |
| | 块2 | 数据 | 数据块 | 2 |
| | 块3 | 密码 Key A　存取控制　密码 Key B | 控制块 | 3 |
| 扇区1 | 块0 | 数据 | 数据块 | 4 |
| | 块1 | 数据 | 数据块 | 5 |
| | 块2 | 数据 | 数据块 | 6 |
| | 块3 | 密码 Key A　存取控制　密码 Key B | 控制块 | 7 |
| ⋮ | ⋮ | ⋮ | ⋮ | ⋮ |
| 扇区15 | 块0 | 数据 | 数据块 | 60 |
| | 块1 | 数据 | 数据块 | 61 |
| | 块2 | 数据 | 数据块 | 62 |
| | 块3 | 密码 Key A　存取控制　密码 Key B | 控制块 | 63 |

第0扇区的块0(即绝对地址0块)用于存放厂商代码,已经固化,不可更改。其中字节0~3为卡的序列号;字节4为序列号的校验码;字节5为卡片大小的数值;字节6和字节7为卡的类型号,即 Tag type 字节;其他字节由厂商另外定义。

每个扇区的块0、块1、块2为数据块(扇区0除外),可用于存储数据。数据块有两种应用:①用作一般的数据保存,可以进行读、写操作。②用作数据值,可以进行初始化值、加值、减值、读值操作。具体来说,对数据块的操作主要如下。

(1) 读 (Read):读一个存储块。

(2) 写 (Write):写一个存储块。

(3) 加(Increment):对一个存储块中的数据增值并存入内部数据寄存器。

(4) 减(Decrement):对一个存储块中的数据减值并存入内部数据寄存器。

(5) 恢复(Restore):将一个存储块中的内容读入数据寄存器中。

(6) 转移(Transfer):将数据寄存器中的内容写入一个存储块中。

(7) 中止(Halt):将卡置于暂停工作状态。

### 1. 控制块的结构

每个扇区的块3为控制块,包括密码A(6B)、存取控制(4B)、密码B(6B,可选,不用于密码时,也可用于数据字节),它是一个特殊的块。其余3块是一般的数据块(扇区0只有两个数据块和一个只读的厂商块0)。具体结构如下:

| $A_0$ $A_1$ $A_2$ $A_3$ $A_4$ $A_5$　$C_0$ $C_1$ $C_2$ $C_3$　$B_0$ $B_1$ $B_2$ $B_3$ $B_4$ $B_5$ |
|---|

密码 Key A(6B)　存取控制(4B)　密码 Key B(6B)

一般出厂时，密码 Key A 和密码 Key B 都默认为 FF，控制存取的 4B 默认为 0xFF 0x07 0x 80 0x69。

每个扇区的密码和存取控制都是独立的，可以根据实际需要设定各自的密码和存取控制。存取控制为 4B，共 32 位，扇区中的每个块(包括数据块和控制块)的存取条件是由密码和存取控制共同决定的，在存取控制中每个块都有相应的三个控制位，定义如下：

块 0：　$C_{10}$　$C_{20}$　$C_{30}$

块 1：　$C_{11}$　$C_{21}$　$C_{31}$

块 2：　$C_{12}$　$C_{22}$　$C_{32}$

块 3：　$C_{13}$　$C_{23}$　$C_{33}$

三个控制位以正和反两种形式存在于存取控制字节中，决定了该块的访问权限(如进行减值操作必须验证 Key A，进行加值操作必须验证 Key B，等等)。三个控制位在存取控制字节中的位置以块 0 为例，其控制位分布如图 5-10 所示。

| | 位 7 | 位 6 | 位 5 | 位 4 | 位 3 | 位 2 | 位 1 | 位 0 |
|---|---|---|---|---|---|---|---|---|
| 字节 6 | | | | $C_{20\_b}$ | | | | $C_{10\_b}$ |
| 字节 7 | | | | $C_{10}$ | | | | $C_{30\_b}$ |
| 字节 8 | | | | $C_{30}$ | | | | $C_{20}$ |
| 字节 9 | | | | | | | | |
| 注：$C_{10\_b}$ 表示 $C_{10}$ 取反。 | | | | | | | | |

**图 5-10　块 0 的控制位分布图**

存取控制的 4 字节中，字节 9 为备用字节，其结构如图 5-10 所示。

| | 位 7 | 位 6 | 位 5 | 位 4 | 位 3 | 位 2 | 位 1 | 位 0 |
|---|---|---|---|---|---|---|---|---|
| 字节 6 | $C_{23\_b}$ | $C_{22\_b}$ | $C_{21\_b}$ | $C_{20\_b}$ | $C_{13\_b}$ | $C_{12\_b}$ | $C_{11\_b}$ | $C_{10\_b}$ |
| 字节 7 | $C_{13}$ | $C_{12}$ | $C_{11}$ | $C_{10}$ | $C_{33\_b}$ | $C_{32\_b}$ | $C_{31\_b}$ | $C_{30\_b}$ |
| 字节 8 | $C_{33}$ | $C_{32}$ | $C_{31}$ | $C_{30}$ | $C_{23}$ | $C_{22}$ | $C_{21}$ | $C_{20}$ |
| 字节 9 | | | | | | | | |
| 注：_b 表示取反。 | | | | | | | | |

**图 5-11　存取控制字段的结构**

**2. 数据块的存取控制**

对数据块(块 0、块 1、块 2)的存取控制位进行编码见表 5-5。

表 5-5　对数据块的存取控制位进行编码

| 控制位($x$=0,1,2) | | | 访 问 条 件 (对数据块 0、1、2) | | | |
|---|---|---|---|---|---|---|
| $C_{1x}$ | $C_{2x}$ | $C_{3x}$ | Read | Write | Increment | Decrement, transfer,Restore |
| 0 | 0 | 0 | Key A\|B | Key A\|B | Key A\|B | Key A\|B |
| 0 | 1 | 0 | Key A\|B | Never | Never | Never |
| 1 | 0 | 0 | Key A\|B | Key B | Never | Never |
| 1 | 1 | 0 | Key A\|B | Key B | Key B | Key A\|B |
| 0 | 0 | 1 | Key A\|B | Never | Never | Key A\|B |
| 0 | 1 | 1 | Key B | Key B | Never | Never |
| 1 | 0 | 1 | Key B | Never | Never | Never |
| 1 | 1 | 1 | Never | Never | Never | Never |

注：KeyA|B 表示密码 A 或密码 B;Never 表示任何条件下不能实现。

例如,当块 0 的存取控制位 $C_{10}C_{20}C_{30}$ =1 0 0 时,验证 Key A 或 Key B 正确后可读;验证 Key B 正确后可写;不能进行加值、减值操作。

### 3. 控制块的存取控制

控制块块 3 的存取控制与数据块(块 0、1、2)不同,它的存取控制见表 5-6。

表 5-6　对控制块的存取控制位编码

| 编　码 | | | 密　码 A | | 存 取 控 制 | | 密　码 B | |
|---|---|---|---|---|---|---|---|---|
| $C_{13}$ | $C_{23}$ | $C_{33}$ | Read | Write | Read | Write | Read | Write |
| 0 | 0 | 0 | Never | Key A\|B | Key A\|B | Never | Key A\|B | Key A\|B |
| 0 | 1 | 0 | Never | Never | Key A\|B | Never | Key A\|B | Never |
| 1 | 0 | 0 | Never | Key B | Key A\|B | Never | Never | Key B |
| 1 | 1 | 0 | Never | Never | Key A\|B | Never | Never | Never |
| 0 | 0 | 1 | Never | Key A\|B | Key A\|B | KeyA\|B | Key A\|B | Key A\|B |
| 0 | 1 | 1 | Never | Key B | Key A\|B | Key B | Never | Key B |
| 1 | 0 | 1 | Never | Never | Key A\|B | Key B | Never | Never |
| 1 | 1 | 1 | Never | Never | Key A\|B | Never | Never | Never |

例如,当块 3 的存取控制位 $C_{13}C_{23}C_{33}$ =0 0 1 时,表示如下。

Key A：不可读,验证 Key A 或 Key B 正确后,可写(更改)。

存取控制：验证 Key A 或 Key B 正确后,可读、可写。

Key B：验证 Key A 或 Key B 正确后,可读、可写。

## 5.4.1.4　M1 射频卡的访问操作流程

在对 M1 卡进行访问操作时,需要首先进行初始化和密钥装载;然后发出请求应答命令，执行防冲突机制、卡片选择命令，在经过三次相互认证之后，再对M1卡执行具体的操作。其具体操作流程如图5-12所示。

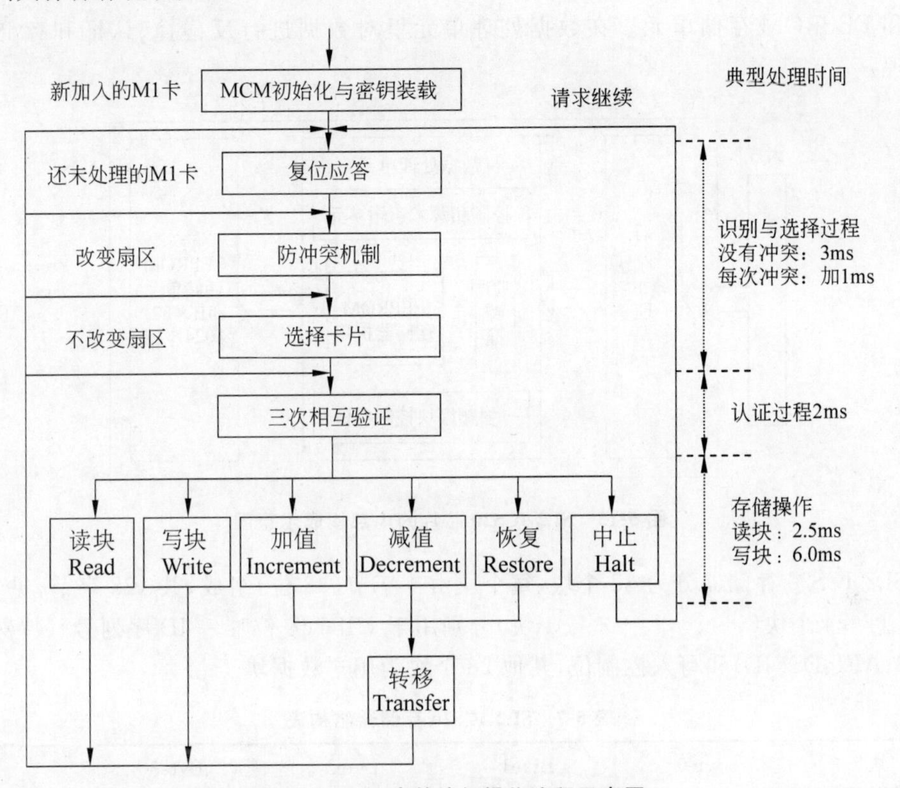


图5-12 M1卡的访问操作流程示意图

1）复位应答(Answer to request)

M1射频卡的通信协议和通信波特率是定义好的，当有卡片进入读写器的操作范围时，读写器以特定的协议与它通信，从而确定该卡是否为M1卡，即验证卡片的类型。

2）防冲突机制(Anticollision Loop)

当有多张卡进入读写器操作范围时，防冲突机制会从其中选择一张进行操作，未选中的则处于空闲模式等待下一次选卡，该过程会返回被选卡的序列号。

3）选择卡片(Select Tag)

选择被选中的卡的序列号，并同时返回卡的容量代码。

4）三次相互认证(3 Pass Authentication)

选定要处理的卡片之后，读写器就确定要访问的扇区号，并对该扇区密码进行密码校验，在三次相互认证之后就可以通过加密流进行通信。在选择另一扇区时，必须进行另一扇区密码校验。

## 5.4.2 高频电子标签(15693)

ISO/IEC 15693协议标准的高频RFID无源IC卡，专为供应链与运筹管理应用所设计，具有高度防冲突与长距离运作等优点，适合于高速、长距离应用。包括ICODE

SLI-S、SL2-S等多系列产品，目前ICODE是高频RFID标签方案的业界标准。ICODE SLI-S系列SL2 ICS20芯片的内部构成如图5-13所示，可分为射频处理单元、数据处理单元和EEPROM存储单元。在数据处理单元里对数据进行反碰撞、认证和存储控制等处理。

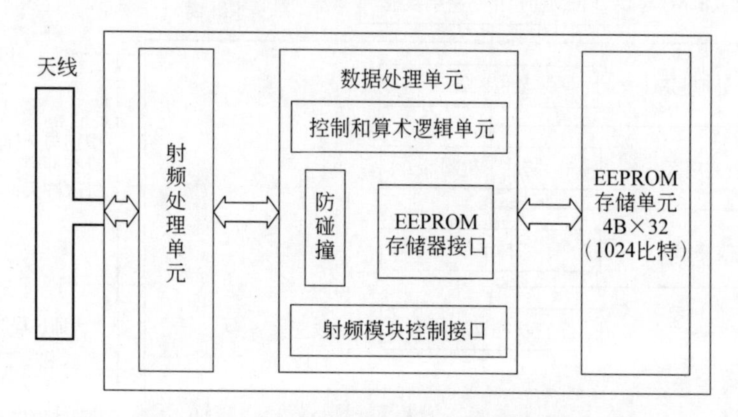


图5-13 SL2 ICS20芯片的内部构成示意图

SL2 ICS20存储器分为32个块、每个块由4字节(32位)组成，共128字节，见表5-7所示，上部4个块(−4、−3、−2、−1块)分别用于UID(64位唯一ID序列号)、特殊功能(EAS、AFI、DSFID)和写入控制位，其他28个块为用户数据块。

表5-7 SL2 ICS20存储器结构表

| 块 | Byte0 | Byte1 | Byte2 | Byte3 | |
|---|---|---|---|---|---|
| −4 | UID0 | UID1 | UID2 | UID3 | UID |
| −3 | UID4 | UID5 | UID6 | UID7 | |
| −2 | × | EAS | AFI | DSFID | 特殊功能 |
| −1 | 00 | 00 | 00 | 00 | 写入控制位 |
| 0 | × | × | × | × | 数据块 |
| 1 | × | × | × | × | … |
| 2 | × | × | × | × | … |
| 3 | × | × | × | × | … |
| ⋮ | ⋮ | ⋮ | ⋮ | ⋮ | ⋮ |
| 25 | × | × | × | × | … |
| 26 | × | × | × | × | … |
| 27 | × | × | × | × | 数据块 |

UID占用块-4和块-3共8字节(64位)，是厂商写入的世界唯一标签识别序列号，用户不可更改，在UID中包含厂商代码、产品分类代码和标签芯片生产序列代码，UID的代码构成见表5-8。

表 5-8　UID 的代码构成含义

| MSB | | | | | | | LSB |
|---|---|---|---|---|---|---|---|
| 64　57 | 56　49 | 48　41 | 40 | | | | 1 |
| E0 | 04 | 01 | 标签芯片生产序列代码 | | | | |
| UID7 | UID6 | UID5 | UID4 | UID3 | UID2 | UID1 | UID0 |

UID7(64～57)：固定为 E0
UID6(56～49)：厂商代码，04 代表飞利浦
UID5(48～41)：产品分类代码，01 代表 ICODE SLI
UID4-UID0(40～1)：标签芯片生产序列代码

块-1 是写入控制位，具体控制分配见表 5-9，它可以控制每个数据块的写入和块-2(特殊功能块)每个字节的写入。写入位 1 代表写入保护，且不可再修改控制位。

表 5-9　块 1 数据位信息表

| | 块-1(-1 块) | | | | | | | | | | | | | | | |
|---|---|---|---|---|---|---|---|---|---|---|---|---|---|---|---|---|
| | Byte0 | | | | | | | | Byte1 | | | | | | | |
| | MSB | | | | | | | LSB | MSB | | | | | | | LSB |
| 控制位 | 0 | 0 | 0 | 0 | 0 | 0 | 0 | 0 | 0 | 0 | 0 | 0 | 0 | 0 | 0 | 0 |
| 保护数据块号(字节) | 3 | 2 | 1 | 0 | −2(3) | −2(2) | −2(1) | −2(0) | 11 | 10 | 9 | 8 | 7 | 6 | 5 | 4 |
| | 块-1(-1 块) | | | | | | | | | | | | | | | |
| | Byte2 | | | | | | | | Byte3 | | | | | | | |
| | MSB | | | | | | | LSB | MSB | | | | | | | LSB |
| 控制位 | 0 | 0 | 0 | 0 | 0 | 0 | 0 | 0 | 0 | 0 | 0 | 0 | 0 | 0 | 0 | 0 |
| 保护数据块号(字节) | 19 | 18 | 17 | 16 | 15 | 14 | 13 | 12 | 27 | 26 | 25 | 24 | 23 | 22 | 21 | 20 |

注：Byte0 的灰色部分用来控制-2 块(特殊功能)的字节写入保护。

特殊功能电子防盗系统 EAS 主要用来防止物品被盗，标签管理者可以设置(EAS=1)和清除(EAS=0)EAS 标识，当设置有 EAS 标识的标签通过读写器的作用范围时，读写器会识别 EAS 标识，发出警报。块-2 字节 1 数据位含义见表 5-10。EAS 的 LSB 的第一位(e 位)写 1 代表 EAS 标识有效，写 0 代表清除 EAS 标识，其他位无效。

表 5-10　块-2 字节 1 数据位信息

| 块-2　Byte1 | | | | | | | |
|---|---|---|---|---|---|---|---|
| MSB | | | | | | | LSB |
| × | × | × | × | × | × | × | e |
| | | | | | | | EAS |

特殊功能应用族标识符(Application Family Identifier，AFI)，可事先规定应用族代

码并写入AFI字节,在处理多个标签时进行分类处理。例如,在物流中心处理大量货物时,可根据标签上的AFI应用族标识符来区分是出口货物还是内销货物。AFI被编码在一字节里,由两个半字节组成。AFI的高位半字节用于编码一个特定的或所有应用族,AFI的低位半字节用于编码一个特定的或所有应用子族。子族不同于0的编码有其自己的所有权。表5-11是AFI的族编码定义。

**表5-11 AFI的族编码定义**

| AFI高位半字节 | AFI低位半字节 | 定 义 | 举例/注释 |
|---|---|---|---|
| '0' | '0' | 所有的族和子族 | 无特定应用 |
| X | '0' | X族的全部子族 | |
| X | Y | X族的仅第Y个子族 | |
| '0' | Y | 仅子族Y所有 | |
| '1' | '0',Y | 运输 | 陆运、海运、航运 |
| '2' | '0',Y | 金融 | 银行、零售 |
| '3' | '0',Y | 标识 | 控制 |
| '4' | '0',Y | 电信 | 电话、移动通信 |
| '5' | '0',Y | 医疗 | |
| '6' | '0',Y | 多媒体 | |
| '7' | '0',Y | 游戏 | |
| '8' | '0',Y | 数据存储 | |
| '9' | '0',Y | 物品管理 | |
| 'A' | '0',Y | 快递包裹 | |
| 'B' | '0',Y | 邮政服务 | |
| 'C' | '0',Y | 航空包裹 | |
| 'D' | '0',Y | 备用 | |
| 'E' | '0',Y | 备用 | |
| 'F' | '0',Y | 备用 | |

标签支持的AFI是可选的。

假如标签不支持AFI,并且假如AFI标志已设置,标签将不应答任何请求中的AFI值;假如标签支持AFI,标签将根据表5-11中匹配的规则做出应答。

特殊功能数据存储格式标识符(Data Storage Format Identifier,DSFID)可用来表示数据在存储器中的存储结构,具体内容请自己查阅相关文档。

数据存储格式标识符指出了数据在内存中是怎样构成的。

DSFID被相应的命令编程和锁定。DSFID被编码在一字节里。DSFID允许即时知道数据的逻辑组织。假如标签不支持DSFID的编程,标签将以值0作为应答。

## 5.4.3 超高频电子标签

目前,国内超高频电子标签所使用的芯片主要有美国 Alien 公司生产的 Higgs-3、Impinj 公司生产的 Monza 4QT,它们都支持 EPC Class 1 Gen 2 协议,均符合 EPC G2 UHF 相关无线接口性能的标准,其工作频段为 860～960MHz。

对于每个厂商生产的不同型号的电子标签芯片,其存储器的结构是相同的,但会存在容量大小的差别。下面以 Alien 公司生产的 Higgs-3 芯片为例,详细介绍其存储结构。

### 5.4.3.1 存储器结构

Alien Higgs-3 使用了低成本的 CMOS 工艺和 EEPROM 技术,在极低功率下仍然可以提供足够的反射信号,在更大范围内读取标签。同时,它提供了灵活的存储架构,用来优化配置不同情况下的 EPC 编码区和用户存储区。用户存储区能以 64 位块为单位进行读取和写入,支持多种公开和私有的使用模式。

在逻辑上来说,Alien Higgs-3 芯片的存储器分为 4 个存储区,每个存储区可以由一个或一个以上的存储器字组成,其结构见表 5-12。

表 5-12 Higgs-3 芯片存储器的结构

| 存储区 | 地址 | 说明 | 存储器类型 | 位数 |
|---|---|---|---|---|
| User | 00h～1Fh | 用户存储区 | 非易失存储器(NVM) | 512 |
| TID | 60h～BFh | 设备管理 | 只读-非易失存储器(ROM-NVM) | 96 |
| | 20h～5Fh | 唯一标签识别码,不可改写 | 非易失存储器(NVM) | 64 |
| | 00h～1Fh | TID EPC/TMD/TMDID/TMN | 只读存储器(ROM) | 32 |
| EPC | 20h～7Fh | EPC 编码 | 非易失存储器(NVM) | 96 |
| | 10h～1Fh | EPC-PC | 非易失存储器(NVM) | 16 |
| | 00h～0Fh | EPC-CRC | 随机存储器(RAM) | 16 |
| Reserved | 20h～3Fh | RES-Access Pwd,EPC optional | 非易失存储器(NVM) | 32 |
| | 00h～1Fh | RES-Kill Pwd | 非易失存储器(NVM) | 32 |

所有存储区的逻辑地址都以 00h 开始。存储映射均由厂商指定。访问存储区的命令含有一个可选择的 MemBank 参数和一个地址参数,在指定的存储区中选择一个特定的存储单元时,通过可扩充位向量(Extensible Bit Vectors,EBV)格式指定。在一个逻辑存储区中进行的访问操作不能访问其他存储区,MemBank 参数定义：$(00)_2$ 为保留存储区,$(01)_2$ 为 EPC 区,$(10)_2$ 为 TID 区,$(11)_2$ 为 User 区,如图 5-14 所示。

#### 1. 保留存储区(Reserved)

保留存储区主要用于保存电子标签密码(口令),包括灭活密码(Kill Password)和访

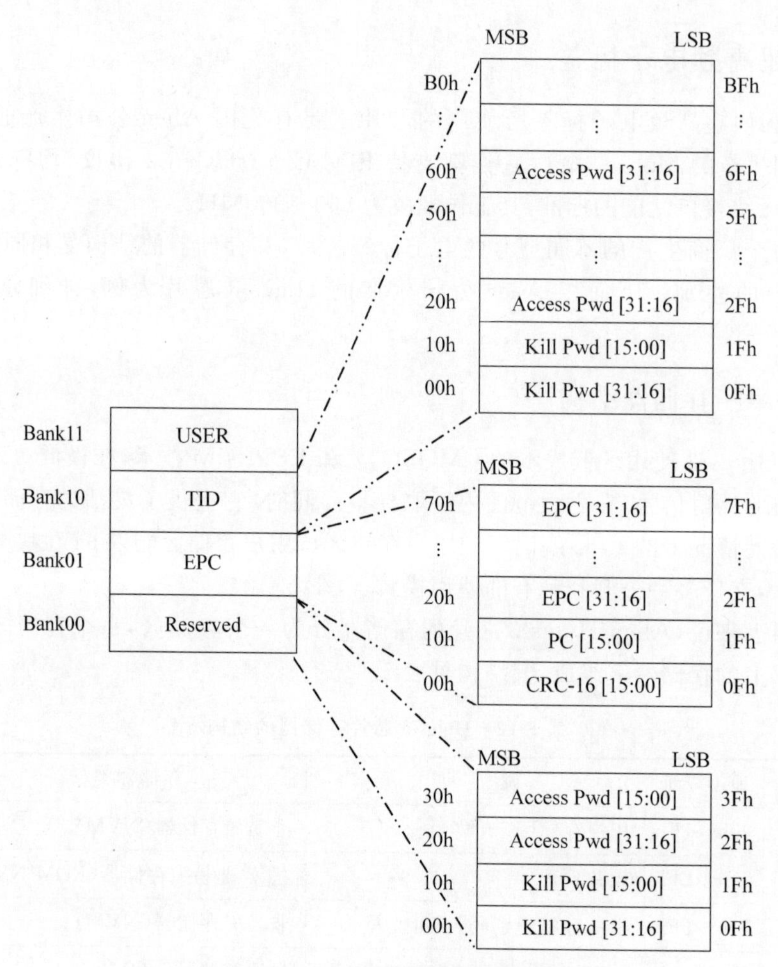


**图 5-14　EPC 电子标签存储器结构图**

问密码(Access Password)。

灭活密码是一个保存在保留存储区地址从00h～1Fh的32位数据(4B),高位在前,如图5-14所示。在默认状态下(未编程状态)其数值为0。使用一次标签灭活(Kill)密码来灭活标签后,标签将不再进行任何响应。如果标签的灭活密码为0,它将不能进行灭活操作。未实现灭活命令操作的标签如同具有一个零值的灭活密码,标签被锁定为永久的可读或可写。

访问密码是一个保存在保留存储区地址从20h～3Fh的32位数据(4B),高位在前,如图5-14所示。在默认状态下(未编程状态)其数值为0。具有非0访问密码的标签需要读写器发出这个密码后才能转入"安全(Secured)"的状态,没有设置访问密码的标签如同具有一个零值的访问密码,标签被锁定为永久的可读或可写。

保留存储区采用的是非易失存储器(Non-Volatile Memory,NVM)。

### 2. EPC 存储区

EPC存储区又称为物品唯一标识区(Unique Item Identifier,UII),用于存储电子标签的 EPC 号、协议控制字(Protocol Control,PC),以及这部分的 CRC-16 校验码。

1) CRC-16

CRC-16 校验码是一个存储在 EPC 存储区地址从 00h～1Fh 的 16 位数据(2B),高字节在前,如图 5-14 所示,其校验码生成多项式为 $x^{16}+x^{12}+x^{5}+1$。上电时,标签应通过 PC 前五位指定的字数(PC+EPC),而不是整个 EPC 存储器长度计算 CRC-16。

2) 协议控制字

电子标签的 PC 包含物理层的信息,标签在每一次存盘操作中通过它的产品电子代码(EPC)返回这些信息。它是存储在 EPC 存储区地址从 10h～1Fh 单元中的 16 位数据,其中,每一位的含义描述见表 5-13。默认 PC 值应为 0000h。

表 5-13　协议控制字含义描述

| PC(10h～1Fh) | 值(二进制) | 含义描述 |
|---|---|---|
| 10h～14h | 00000 | 标签返回的(PC+EPC)长度为单字,EPC 存储区地址为 10h～1Fh |
| | 00001 | 标签返回的(PC+EPC)长度为双字,EPC 存储区地址为 10h～2Fh |
| | 00010 | 标签返回的(PC+EPC)长度为 3 字,EPC 存储区地址为 10h～3Fh |
| | ⋮ | ⋮ |
| | 11111 | 标签返回的(PC+EPC)长度为 32 字,EPC 存储区地址 10h～20Fh |
| 15h～17h | 000 | RFU(Reserved for Future Use)(对于 Class1 标签,将被设置为 000) |
| 18h～1Fh | 00000000 | 默认值为 0000000,且可以包括如 ISO/IEC 15693 定义的 AFI 在内的编号系统标识符(NSI),NSI 的高字节 MSB 在 18h 的存储位置 |

3) 产品电子编码 EPC

EPC 为识别标签对象的电子产品编码,由若干个字组成,其长度由 PC 值指定。EPC 存储在以 20h 存储地址开始的 EPC 存储器内,采用先高后低的顺序。每类电子标签(不同厂商或不同型号)的 EPC 号长度可能会不同。用户通过读该存储器内容命令读取 EPC 号。

### 3. TID 存储区

TID 存储区,是指电子标签的产品类识别号,每个生产厂商的 TID 号都不同。用户可以在该存储区中存储其自身的产品分类数据和产品供应商的信息。一般,TID 存储区的长度为 4 字,8 字节。但有些电子标签的生产厂商提供的 TID 区会为 2 字或 5 字。用户在使用时,根据需要选用相关厂商的产品。

根据 ISO 18000—6B 协议标准,TID 存储器应包含 00h～07h 存储位置的 8 位 ISO 15963 分配类识别[对于 EPCglobal 为$(11100010)_2$]、08h～13h 存储位置的 12 位任务掩模设计识别(EPCglobal 成员免费)和 14h～1Fh 存储位置的 12 位标签型号。标签可以在 1Fh 以上的 TID 存储器中包含标签指定数据和提供商指定数据(如标签序号)。

### 4. 用户存储区

该存储区用于存储用户自定义的数据。用户可以对该存储区进行读、写操作。

该存储区的长度由各个电子标签的生产厂商确定。每个生产厂商提供的电子标签不同,其用户存储区的长度也会不同。存储长度长的电子标签价格高。用户应根据需要选择相关长度的电子标签,以降低标签的成本。

#### 5.4.3.2 存储器的操作

由电子标签供应商提供的标签为空白标签,用户首先会在电子标签的发行时,通过读写器将相关数据存储在电子标签中(发行标签);然后在标签的流通使用过程中,通过读取标签存储器的相关信息,或将某状态信息写入电子标签中以完成系统的应用。

对于电子标签的4个存储区,读写器提供的存储命令都能支持对其的读写操作。但有些电子标签在出厂时就已由供应商设定为“只读”,而不能由用户自行改写,因此在选购电子标签时需特别注意。

#### 5.4.3.3 电子标签的操作命令和状态

在对电子标签的操作中,有选择、盘存和访问三组命令集用于完成相关的操作。这三组命令集分别由一条或多条命令组成。具体操作命令可以查阅ISO 18000—6C协议标准。

标签在使用过程中会根据读写器发出的命令处于不同的工作状态,在各状态下,可以完成各自不同的操作,即标签只有在相关的工作状态下才能完成相应的操作。标签也是按照读写器命令将其状态转换到另一个工作状态。

标签的状态包括就绪状态、仲裁状态、应答状态、确认状态、开放状态、保护状态、灭活状态。

**1. 就绪状态**

标签在进入读写器天线有效激励射频场后,未灭活的标签就进入就绪状态。在此状态下,标签等待选择命令,按照其参数进入相应的工作区域(通话),并设置其初始已盘标记(A、B、SL或SL),并等待某盘存命令,当一个盘存命令中的参数符合当前标签所处于工作区域(通话)和已盘标记,则匹配的标签就进入一个盘存周期。标签会从其随机数发生器中抽出$Q$位数,将该数字载入其槽计数器内,若该数字不等于零时,标签转换到仲裁状态;若该数字等于零,则标签转换到应答状态。

对于掉电后的标签,当其电源恢复后,即进入就绪状态。

**2. 仲裁状态**

在一个盘存周期中,各个标签的槽计数器值是不同的。所有标签会根据当前盘存扫描周期中的命令完成其计数器的减1。当某个标签的槽计数器等于零时,表明该标签进入应答状态。

其他的标签仍然会处于仲裁状态。通过这种方式就会分别使所有的标签进入应答状态,从而完成对标签的更进一步操作。

**3. 应答状态**

标签进入应答状态后，标签会发回(实际上是反向散射，但为叙述简便，在后面的描述中会说成是标签的响应或发射)一个16位的随机数RN16。读写器在收到标签发射的RN16后，会向该标签发送一条含有该RN16的ACK命令。若标签收到有效的ACK命令，则该标签会转换到确认状态，并发射标签自身的PC、EPC和CRC-16值。

若标签未能接收到ACK，或收到无效ACK，则应返回仲裁状态。

**4. 确认状态**

标签进入确认状态后，读写器可以发出访问命令使标签进入以后的开放状态或保护状态。

**5. 开放状态**

如果该标签的访问口令不等于零，标签在读写器发出访问命令后，会进入开放状态。

在此状态下，读写器需进一步发出访问口令的校验命令，当该命令有效时，标签进入保护状态。

**6. 保护状态**

如果标签的访问口令等于零，则标签在确认状态下，接收到访问口令后，即进入保护状态。

如果标签的访问口令不等于零，标签在开放状态下，接收到读写器的校验访问口令的命令后，如果该命令有效，则标签进入保护状态。

标签在保护状态下，读写器可以完成对标签的各项访问操作，包括读标签、写标签、锁定标签和灭活标签等。

**7. 灭活状态**

标签在开放状态或保护状态下，接收到读写器的灭活标签命令，会使其进入灭活状态。表明该标签已被杀灭，不能再被使用。

灭活操作具有不可逆性，即一个标签被灭活后不能再用。

#### 5.4.3.4 数据锁存/解锁

为了防止未授权的写入和杀死操作，ISO 18000—6C标签提供锁存/解锁操作。32位的访问口令保护标签的锁存/解锁操作，而32位杀死口令保护标签的杀死操作。用户可以在电子标签的保留内存设定杀死口令和访问口令。

**1. 数据操作的两个状态**

当标签处于开放或保护状态时，可以对其进行数据操作(读、写、擦、锁存/解锁、杀死)。当标签的访问口令为全零，或用户正确输入访问口令时，标签处于保护状态。当标签的访问口令不为零，且用户没有输入访问口令或输入的访问口令不正确时，标签处于开放状态。对标签的锁存/解锁操作只能在保护状态下进行。

当用户进行锁存/解锁操作时需要满足下列两种条件之一：标签的访问口令全为零或者提供正确的访问口令。

### 2. 各个存储区的锁存/解锁操作

对保留内存区进行锁存后，用户对该存储区不能进行读写，这是为了防止未授权的用户读取标签的杀死口令和访问口令。而对其他三个存储区(EPC 存储区、TID 存储区和用户存储区)进行锁存后，用户对相应存储区不能进行写入，但可以进行读取操作。

### 3. 锁定类型

标签支持三种锁定类型。

(1) 标签被锁定后只能在保护状态下进行写入(对保留内存时为读写)，而不能在开放状态下进行写入(对保留内存时为读写)。

(2) 标签可以在开放和保护状态下都可以进行写入(对保留内存时为读写)，且锁定状态永久不能被改写。

(3) 标签在任何状态下都不能进行写入(对保留内存时为读写)，且永久不能被解锁。此操作慎用，一旦永久锁存某个存储区，该存储区数据将不可再读写。

### 4. LOCK 指令

本节简单描述 LOCK 指令。LOCK 指令包含如下定义的 20 位有效负载。

前 10 个有效负载位是掩模位。标签应对这些位值进行如下解释。

掩模=0：忽略相关的动作字段，并保持当前锁定设置。

掩模=1：执行相关的动作字段，并重写当前锁定设置。

最后 10 个有效负载位是动作位。标签应对这些位值进行如下解释。

动作=0：取消确认相关存储位置的锁定。

动作=1：确认相关存储位置的锁定或永久锁定。

LOCK 指令的有效负载和掩模位描述如图 5-15 所示。各个动作字段的功能见表 5-14。

LOCK指令有效负载

| 0 | 1 | 2 | 3 | 4 | 5 | 6 | 7 | 8 | 9 | 10 | 11 | 12 | 13 | 14 | 15 | 16 | 17 | 18 | 19 |
|---|---|---|---|---|---|---|---|---|---|---|---|---|---|---|---|---|---|---|---|
| 杀死掩模 | | 访问掩模 | | EPC 掩模 | | TID 掩模 | | 用户掩模 | | 杀死动作 | | 访问动作 | | EPC 动作 | | TID 动作 | | 用户动作 | |

掩模和相关动作字段

| 杀死口令 | | 访问口令 | | EPC 存储区 | | TID 存储区 | | 用户存储区 | |
|---|---|---|---|---|---|---|---|---|---|
| 0 | 1 | 2 | 3 | 4 | 5 | 6 | 7 | 8 | 9 |
| 跳过/写入 | 跳过/写入 | 跳过/写入 | 跳过/写入 | 跳过/写入 | 跳过/写入 | 跳过/写入 | 跳过/写入 | 跳过/写入 | 跳过/写入 |
| 10 | 11 | 12 | 13 | 14 | 15 | 16 | 17 | 18 | 19 |
| 读/写口令 | 永久锁定 | 读/写口令 | 永久锁定 | 写入口令 | 永久锁定 | 写入口令 | 永久锁定 | 写入口令 | 永久锁定 |

图 5-15 LOCK 有效负载和使用

表 5-14 LOCK 动作—字段功能

| 写入口令 | 永久锁定 | 描述 |
| --- | --- | --- |
| 0 | 0 | 在开放状态或保护状态下可以写入相关存储体 |
| 0 | 1 | 在开放状态或保护状态可以永久写入相关存储体,或者可以永远不锁定相关存储体 |
| 1 | 0 | 在保护状态下可以写入相关存储体但在开放状态下不行 |
| 1 | 1 | 在任何状态下都不可以写入相关存储体 |
| 读(取)/写(入)口令 | 永久锁定 | 描述 |
| 0 | 0 | 在开放状态或保护状态下可以读取和写入相关口令位置 |
| 0 | 1 | 在开放状态或保护状态下可以永久读取和写入相关口令位置,并可以永远不锁定相关口令位置 |
| 1 | 0 | 在保护状态下可以读取和写入相关口令位置但在开放状态下不行 |
| 1 | 1 | 在任何状态下都不可以读取或写入相关口令位置 |

## 5.5 双频标签和双频系统

RFID 系统的工作频率对系统的工作性能具有很强的支配作用,也就是说,从识别距离和穿透能力等特性来看,不同工作频率的表现存在较大的差异,特别是在低频和高频两个频段的特性上具有很大的对比性。

具体来说,低频具有较强的穿透能力,能够穿透水、金属、动物(包括人)的躯体等导体材料,但是在同样功率下,传播的距离很近。由于频率低,可以利用的频带窄,数据传输速率较低,并且信噪比低,容易受到干扰。

相对低频段而言,得到相同传输效果,高频系统发射功率较小,设备较简单,成本较低,且具有较远的传播距离。与低频相比,高频系统数据传播速率较高,不存在低频的信噪比限制。但是,其绕射或者穿透能力较差,很容易被水等导体媒介所吸收,因此对于可导媒介物很敏感。

基于以上原因,如何利用高频和低频各自的优点来设计识别距离较远又具有较强穿透能力的产品呢?目前普遍采用混频和双频(Dual Frequency,DF)技术。特别是双频产品,既具有低频的穿透能力,又有高频的识别距离,能够广泛地运用在动物识别、有导体材料干扰和潮湿的环境中。

根据 RFID 系统的标签能源特性和目前市场上所能见到的产品,混频或双频系统可划分为有源系统和无源系统两种工作形式。

### 5.5.1 有源系统

在电子标签与读写器通信过程中,电子标签向读写器发送数据称为上行;电子标签接收读写器发送来的数据称为下行。在有源系统中,上行和下行采用不同的工作频率。有源系统一般由发射天线、接收天线、读写器和双频电子标签组成,其原理结构如图 5-16

所示。

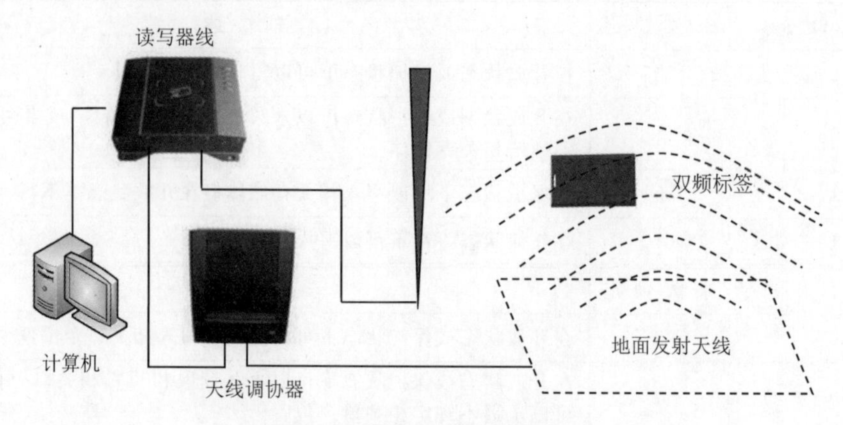


图 5-16 有源双频系统原理图

**1. 发射天线和接收天线**

图 5-16 中的发射天线(俗称路标)发射低频无线电信号激活工作区中的双频电子标签;接收天线接收来自双频标签发出的高频无线电信号。

**2. 读写器**

读写器则不断产生低频编码电磁波信号并经发射天线发射出去,用来激活进入该有效区域范围内的双频标签;同时把接收天线接收来自双频标签的高频载波信号放大,再经过解调、解码后获取有效的数字信号(即数据),并将数据做进一步处理或上传到计算机应用系统中。

**3. 双频电子标签**

双频电子标签由嵌入式处理器和软件、卡内发射和接收天线、收发电路和高能电池组成。双频电子标签工作在两个频点上,平时处于睡眠状态,当进入系统工作区后,被发射天线(路标)发出的低频无线电信号激活,发射出唯一的加密识别码无线电信号。卡内高能电池为双频电子标签正常工作和发射高频电磁波提供能量。图 5-17(a)是上海仁微电子科技有限公司生产的 RW-T737 型双频防盗电子标签。

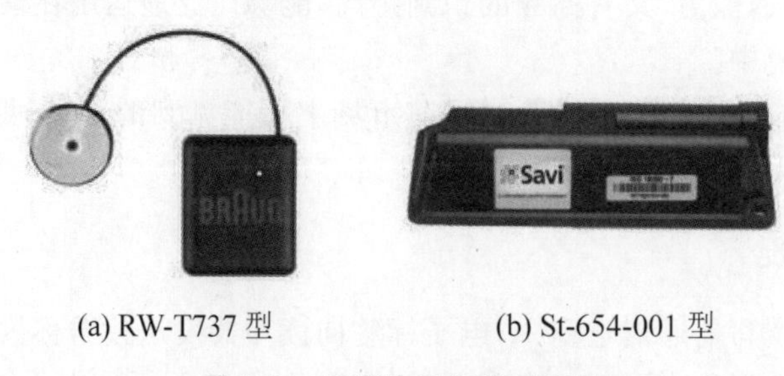


(a) RW-T737 型　　(b) St-654-001 型

图 5-17 双频电子标签示意图

其存储容量为 176B 或 1KB,可更换的 3.3V 扣式锂锰电池,其工作频率为 2.4GHz 和 125kHz,最大读写范围为 120m。图 5-17(b)是美国 Savi Technology 公司生产的 St-654-001 型双频电子标签,其存储容量为 128KB,可更换的 3.5V 锂电池,其工作频率为 433MHz 和 123kHz,最大读写范围超过 300ft(91.44m)。

#### 4. 有源双频系统工作原理

读写器将低频的加密数据载波信号经发射天线向外发送;双频电子标签进入低频的发射天线工作区域后被激活,同时将加密的载有目标识别码的高频加密载波信号经双频电子标签内高频发射模块发射出去;接收天线接收到双频电子标签发来的载波信号,经读写器接收处理后,提取出目标识别码送至计算机,完成预设的系统功能和自动识别,实现目标的自动化管理。

#### 5. 有源双频系统产品

1) 美国 Savi Technology 公司的 EchoPoint(反射点)双频产品

EchoPoint 采用了多频率设计和三元素系统结构来同时实现可靠的远距离通信与短距离定位功能。与传统的标签、读写器两元素系统相比较,EchoPoint 增加了第三个元素——路标(Signpost)。由路标在 123kHz 激活电子标签,发现电子标签,电子标签和读写器之间在长距离的 UHF 频段(433.92MHz)进行通信,发送其位置信息和特殊标识。路标可以固定地安放在某个地点,可以移动,也可以手持。当标识物的标签通过路标标识区域时,路标可以识别标签的位置。EchoPoint 能够有效跟踪货物,能够获取远距离的准确定位效果。

2) 上海仁微电子科技有限公司的 RW-T737 型双频产品

RW-T737 型双频电子标签平时进入休眠模式,当收到某激活器的激活信号时,该标签的低频芯片将实时解析出该激活器编号,同时检测出该低频信号的接收信号的强度指示(Received Signal Strength Indicator,RSSI)值,然后唤醒并传入 MCU 单片机,接着打开板载的 2.4GHz 无线射频芯片进行一次强信号发射(无线发射的数据包中含标签 ID、激活器编号和 RSSI 值)。

有效识别范围内的 2.4GHz 读写器将收到该标签以 2.4GHz 频段发射的数据包,解析出该数据包中的标签 ID 号和激活器编号,以及 RSSI 值后立刻上传到上位机计算机。使用时只需将其安装到指定位置,供上电就能进入正常工作,无须进行通信设置和调试。

其广泛应用于通道和边界控制,可判断该标签通过了哪些位置(激活器所在的物理位置);门禁控制,门禁内外各安装了一台激活器时,可以根据标签被激活的先后顺序做出精确的进出判断;楼层判定,可进行精确楼层判定;实时定位,可在一台或多台激活器覆盖范围内根据标签实时检测并上传的场强值做精确位置判定,精度可达 10cm 级别。

### 5.5.2 无源系统

无源电子标签由于内部少了一块电池和相关电路,其体积可以制造得很小,可广泛应用于人员管理、运动计时、动物识别、矿井、有干扰的环境(如金属物品识别)等场合。与有源系统相比,无源系统具有体积小、系统紧凑和成本低廉等特点。

目前,iPico公司是世界上主要的无源RFID双频技术与产品提供商,其专利产品无源系统采用低频和高频两个频率进行工作,将两个频率特性集成到单一的双频标签和双频读写器构成双频无源系统。iPico公司的双频读写器和双频标签如图5-18所示。

(a) 双频读写器

(b) 双频标签

**图5-18 无源双频系统设备**

采用双频技术的RFID系统同时具有低频和高频系统各自的优点,即具有较强的穿透能力、较远的识别距离和高速的识别能力。

双频标签包括天线线圈和单芯片集成电路,属于无源标签,从读写器的能量场中获取能量,并回送自身ID等数据。其主要特性包括如下。

(1) 从读写器到标签的能量传递,采用低频电感耦合方式,低频电磁波经整流和滤波后为芯片提供工作能量。

(2) 从标签到读写器传送ID和数据,一般采用高频电感耦合方式,经高频接收机接收、滤波、放大后送到解码电路进行解码。根据约定的协议,解码器对双频标签返回的数据进行解码处理后将结果发送到主机。

(3) 系统防碰撞方式采用和超高频系统相同的防碰撞协议(iP-X协议),每秒可识别200个标签,具有良好的多卡识别能力和较高的识别速度。

(4) 双频产品的作用距离取决于读写器输出功率和设置,并与标签的封装形式有关,识别距离为20cm~2.5m。

## 5.5.3 双频RFID系统的应用

由于双频RFID系统同时具有低频系统的穿透特性和高频系统的远距离特性,同时兼顾了低频和高频的系统特征,扬长避短,因此,双频系统的应用范围也大大扩展。特别是无源双频系统的问世,使得双频系统的应用无论是在技术上还是在范围上又提高了一个层次。双频产品主要应用在可导媒介物要求远距离,多卡识别和高速识别的场合。

### 1. 供应链管理包括木质托盘、集装箱、水果箱、纸卷跟踪等方面

由于木质托盘的吸水性、集装箱箱体的金属特性,加之水果本身就具有很好的可导性,因而这些物质都属于可导媒介,这样,超高频系统在这些领域的应用就受到很大程度的制约,而双频系统(特别是无源双频系统)在这些领域的应用就不会受到这种环境的制约。

**2. 人员自由流跟踪与个性化身份认证**

人体本身是导体，将超高频用于身份识别会带来很多不便，特别是多标签同时识别。目前普遍采用的低频门禁系统识别距离很短，要求被识别者近距离划卡，给使用带来诸多限制。无论是低频还是高频门禁系统，都要求被识别者采取相应的动作来确保系统能够准确识别。而双频系统则无须被识别者采取任何动作即可以实现多标签无遗漏准确识别。

**3. 动物跟踪与识别包括羊群、牛群、猪、马和野生动物的跟踪与识别**

与人员的跟踪和管理一样，双频系统在动物识别领域具有非常广泛的应用前景。由于动物的不自觉性，更加限制了低频和超高频系统的应用，因而双频系统是最适用于该领域的无线识别系统。

**4. 采矿作业与地下路网管理**

在这些领域，工作媒介(包括大地这个最大的导体)制约了其他系统的应用，而双频系统则可以穿透土壤完成自动识别的功能。

**5. 运动计时**

体育竞技的最高原则就是公平、公正，对于运动计时来说，多年来一直是一个研究的课题。射频识别技术对体育计时来说，是最值得信赖的技术之一，特别是无源双频技术更是运动计时的最佳选择。2004 年，新西兰的马拉松运动会上采用了双频系统进行计时，取得了良好的应用效果。

## 5.6 电子标签的封装和加工

为了保护标签芯片和天线，方便用户使用，便于读写器读写，提高识别准确率和效率，电子标签需要使用不同的材料和不同的形式进行封装。

### 5.6.1 电子标签的封装

根据 RFID 系统不同的应用场合和技术性能参数，以及电子标签成本、环境要求等，电子标签往往采用不同的封装形式和封装材质。封装成不同厚度、不同大小、不同形状的标签，有圆形、线形、信用卡形、半信用卡形等。根据标签封装材质的不同，可以将标签制成以纸、聚丙烯(Polypropylene，PP)、聚对苯二甲酸乙二酯(Polyethylene Terephthalate，PET)、聚氯乙烯(Polyvinyl Chloride，PVC)、聚苯乙烯(Polystyrene，PS)等材料作为封装材质的标签。

**1. 不同封装材质的标签**

为了保护标签芯片与天线，也便于用户使用，电子标签必须利用某种基材进行封装，不同封装形式的标签针对不同的应用场合。按照不同的标签封装材质,可以将电子标签分成不同种类。

1) 纸标签

纸标签可以做成带有自黏功能的标签,用来黏在被识别物品上,如图 5-19(a)所示。这种标签价格比较低,一般由面层、芯片线路层、胶层和底层组成。面层一般由纸构成,纸面上可以印刷公司或用户的信息,也可以不印刷。芯片线路层和胶层黏合在一起。胶层起到固定芯片和天线的作用,同时也将标签黏到被识别物体的表面上。底层则是电子标签在使用前的保护层。

成品的纸标签可以是单张的,也可以是连续的纸卷形式。在使用中,将底层撕下,将标签黏在被识别物体的表面上。在巴西,全国智能交通系统(Intelligent Traffic System, ITS)项目中用于车辆识别的标签就是这种形式的纸标签,这种标签一般贴在汽车的挡风玻璃上。

2) 塑料标签

塑料标签是采用特定的工艺,将芯片和天线用特定的塑料基材封装成不同的标签形式,如博彩筹码、钥匙牌、手表形标签、狗牌、信用卡等,如图 5-19(b)所示。常用的塑料基材包括 PVC 和保利龙珍珠板(Polystyrene Paper,PSP)基材。塑料标签结构包括面层、芯片层和底层。

3) 玻璃标签

人类研制玻璃标签的初衷是将其植入动物的皮下组织以用来识别动物,如图 5-19(c)所示。

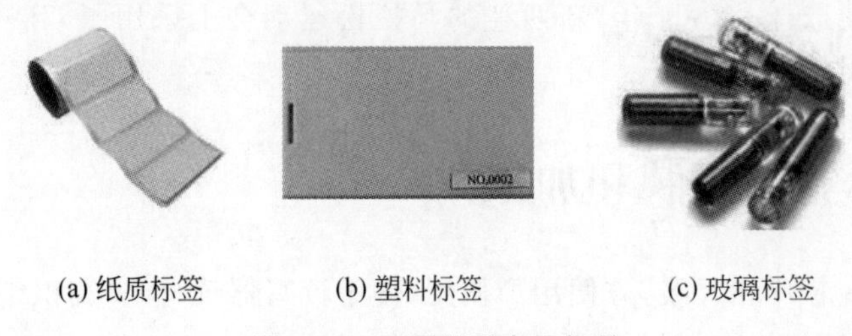


(a) 纸质标签　　(b) 塑料标签　　(c) 玻璃标签

**图 5-19　不同材质电子标签**

在这个只有 12～32mm 长的小玻璃管里面,有一个装在印制电路板(Printed-Circuit Board,PCB)上的微芯片和用于稳定所获得的供应电压的芯片电容器。标签线圈由 0.03mm 粗的线材绕在铁氧体磁芯上。为了保持机械稳定,其内部组成部分都嵌入一种软黏胶剂,其机械结构如图 5-20 所示。

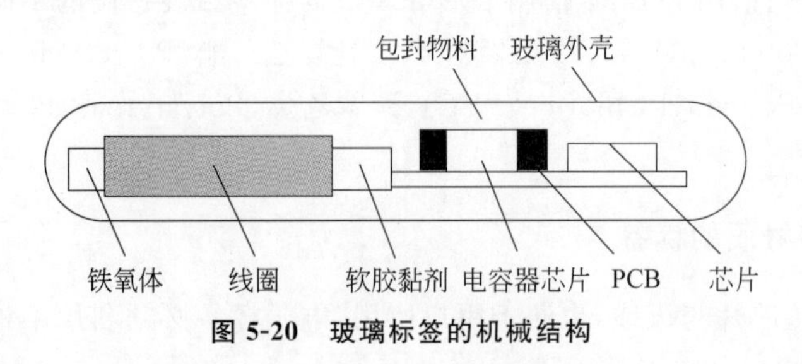


**图 5-20　玻璃标签的机械结构**

**2. 不同封装形状的标签**

根据电子标签不同的应用场合，可以将标签封装成不同的形状，具有不同的应用特性，可以满足不同的应用需求，各种不同形状的电子标签如图 5-21 所示。

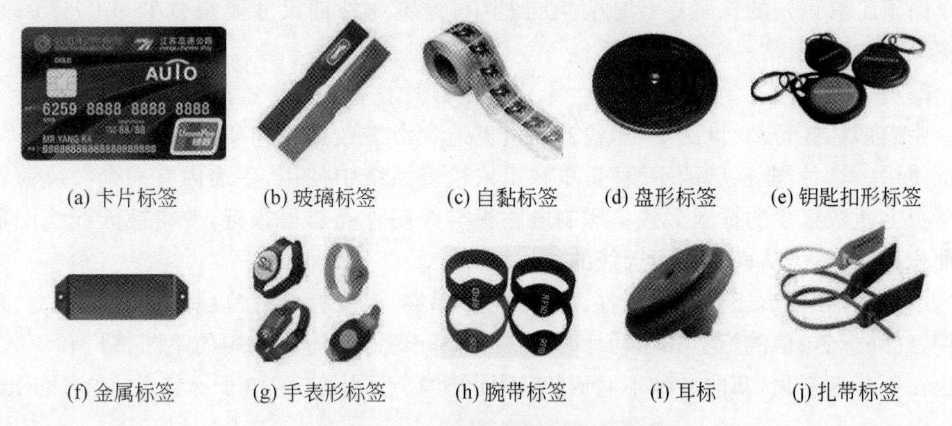


(a) 卡片标签　(b) 玻璃标签　(c) 自黏标签　(d) 盘形标签　(e) 钥匙扣形标签

(f) 金属标签　(g) 手表形标签　(h) 腕带标签　(i) 耳标　(j) 扎带标签

图 5-21　不同形状的电子标签

1）信用卡与半信用卡标签

信用卡标签是电子标签常见的形式，其大小等同于信用卡，厚度一般不超过 3mm。

2）线性标签

线性标签包括物流线性标签和车辆用线性标签。物流线性标签主要应用于供应链管理、配送中心、产品仓库、集装箱运输、货物跟踪和零售超市等领域。车辆用线性标签主要是为了加强车辆在高速行驶中的识别能力，提高车辆识别距离和准确度，将 RFID 电子标签封装成特殊的车用电子标签，用铆钉等装置将其固定在卡车的车架上。这种标签也适合用在集装箱等大型货物的识别上。

3）自黏标签

自黏标签既薄又灵活，通过丝网印刷或蚀刻技术将标签芯片和天线安放在只有 0.1mm 厚的塑料膜上。具有自黏能力的标签可以方便地附着在需要识别的物体上，可以做成具有一次性粘贴或者可多次粘贴等不同应用需求的标签。

4）盘形标签

最常见的电子标签构造形式是盘形。标签放在一个圆形的丙烯脂丁二烯苯乙烯喷铸的外壳里，直径从几毫米到 10cm。在中心处大多有一个用于固定螺钉的圆孔。也可以使用聚苯乙烯或者环氧树脂代替丙烯脂丁二烯苯乙烯，前者适用于更大的温度范围。

5）钥匙扣形标签

钥匙扣形标签可以集成到用于自动停车的号码器或安全要求很高的门锁系统的机械钥匙中。这些应用通常都是使用塑料外壳标签，它们被浇注或者嵌入钥匙扣里。这种钥匙扣式标签的设计非常适用于办公室或者工作间的出入系统。

6）金属标签

要将电感耦合的标签安装在金属外壳里，需要开发特殊形式的结构。这就是将标签线圈绕在铁氧体的壳式铁心上，然后将线圈浇注在凹形塑料壳中(装入时壳式铁心的开口向上)标签芯片装在铁氧体壳式铁心的背面，并与标签线圈触点接通。

为了获得足够的机械稳定、耐振动和耐热性能，可将标签芯片和铁氧体壳式磁芯用环氧树脂浇注在一个聚苯硫醚(Polyphenylene Sulfide，PPS)的凹形壳中。为了将标签装入一个用于工具识别的拉紧螺栓或者突锥柄中，标签的外部尺寸要符合ISO 69873标准。如图5-21(f)所示是一个金属标签。

7) 手表形标签

手表形标签是20世纪90年代初期由奥地利滑雪数据公司研制成功的，作为滑雪通行证使用。这种“非接触的手表”最早在出入检查系统中使用，手表内有一个一块薄印制电路板上匝数很少的框式天线。印制电路板与线圈外壳靠得很近，使得被天线线圈覆盖的面积尽可能大，从而增加了天线的作用距离。

结合功能来看，还有腕带标签、耳标、扎带标签、温度标签、湿度标签、智能标签、片上线圈、红外标签、信鸽标签和运动计时用的“冠军卡”等。随着应用的不断推广和深入，需求也在不断地变化，新的各种不同形状、不同结构、不同大小的电子标签也将会不断出现。

### 5.6.2 电子标签的封装工艺

RFID的产业链主要由芯片设计、标签封装、读写设备的设计和制造、系统集成、中间件、应用软件等环节组成。从硬件的角度看，封装在标签成本中占据了2/3的比重，在RFID产业链中占有重要的地位。随着RFID技术在社会各行各业应用推广的不断深入，它所涉及的应用领域也越来越多，不同的应用场所和项目环境对RFID电子标签设计和生产工艺提出了各种不同的要求。

电子标签的外观看似简单，其实设计以及调试还是比较烦琐的，目前还不能形成一步到位的设计，特别是标签天线的设计以及配合芯片后的进一步性能优化，必须经过反复多次调整；生产过程也比较繁多，各工艺环节必须严格控制，才能使成品标签满足设计要求和客户使用需要。那么如何使用现有设备制作RFID标签呢？下面介绍几种方法。

#### 1. 湿式嵌入法

在这个工作流程中，先在标签面材上印刷图像，然后剥离标签底纸。通过标签面材背面的胶黏剂，湿式内嵌(由于内嵌上涂布有胶黏剂，并使用剥离底纸，所以称为湿式内嵌)可以被固定在标签面材的背面。再把标签面材与底纸层合。经过模切、收卷、排废，完成电子标签的加工。

在此制作流程中，标签加工企业可以根据平常生产标签的工艺来控制整个加工过程的速度。由于只能使用湿式内嵌，生产成本比较高。

#### 2. 干式嵌入法

干式嵌入法需要很精确的嵌入系统。在此工作流程中，标签图像先印刷到标签面材上，然后将标签底纸剥离。利用一个伺服驱动的裁切辊，把干式内嵌(由于内嵌上没有涂布胶黏剂，不使用底纸，所以称为干式内嵌)裁切为单个的嵌体。再通过标签面材背面的胶黏剂，将其固定在标签面材的背面。最后，带有内嵌的标签面材与经过二次涂布热熔胶的标签底纸层压，经过模切、收卷、排废，完成电子标签的加工。在标签面材与标签底纸层压时，胶黏剂就已经冷却。

### 3. 签带粘贴法

制作超高频电子标签，一般使用签带粘贴法，该方法可以直接把导电油墨印刷在电子标签面材的背面，但还有以下两种不同的形式。

1）没有涂布胶黏剂的标签面材作为主要的卷筒材料

在签带粘贴过程中，需要用导电油墨在标签面材的背面印刷天线。但是导电油墨很难在标签的胶黏剂层上印刷。解决方法就是标签面材与标签底纸单独放卷。此时，标签面材上还没有胶黏剂，可以顺利印刷导电油墨。然后使用喷胶头向标签面材的背面喷涂导电胶黏剂。同时，用胶带粘贴的签带被由伺服电机控制的签带裁切辊切割成单独的个体，然后借助层压辊将其粘贴到背面涂布导电胶黏剂的标签面材上。紧接着，标签面材通过一条热风干燥烘道，对之前涂布的导电胶黏剂进行干燥。此时，一个宽幅的连续热熔胶涂布喷头对单独放卷的底纸喷涂胶黏剂，然后底纸与标签面材进行层合，经过模切、收卷、排废，完成 RFID 标签的加工。

2）不干胶材料作为主要卷筒材料

此工艺是先将标签图像印刷在不干胶标签面材上，然后底纸剥离。此时，标签面材的背面由于有胶黏剂层，不利于导电油墨的印刷。所以先在胶黏剂层上局部涂布一层底漆并进行干燥，然后用导电油墨印刷天线并进行干燥。此时，使用喷胶头向标签面材的背面喷涂导电胶黏剂，以便黏结签带。同时，用胶带粘贴的签带被由伺服电机控制的裁切辊裁切成单独的个体，然后粘贴到背面涂布导电胶黏剂的标签面材上。紧接着，标签面材通过一条热风干燥烘道，对之前涂布的导电胶黏剂进行干燥。而被剥离的标签底纸经过热熔胶涂布，再次与标签面材层合，最后经过模切、收卷、排废，完成 RFID 标签的加工。

### 4. 电子标签的印刷方式

电子标签的印刷与传统标签的印刷有很大的区别。从 RFID 的定义来看，智能是指由芯片、天线等组成的射频电路；而电子标签是由电子标签印刷工艺使射频电路具有商业化的外衣。从印刷的角度来看，电子标签的出现会给传统标签的印刷带来更高的含金量。电子标签的芯片层可以用纸、PE、PET，甚至纺织品等材料封装并进行印刷，制成不干胶贴纸、纸卡、吊标或其他类型的电子标签，芯片是电子标签的关键，由其特殊的结构决定，不能承受印刷机的压力，所以，除喷墨印刷外，一般是采用先印刷面层，再与芯片层复合、模切的工艺。而天线则有蚀刻法、线圈绕制法和印刷天线三种制作技术。其中，电子标签导电油墨印刷天线为近年来发展的一种新技术。

1）天线的印刷方式

印刷天线是直接用导电油墨在绝缘基板上印刷导电线路，形成天线和电路，又称为添加法制作技术。主要的印刷方法已从只用丝网印刷扩展到胶印、柔性版印刷、凹印等制作方法，较为成熟的制作工艺为网印与凹印技术。印刷技术的进步及其进一步应用于电子标签天线的制作使电子标签的生产成本大幅度降低,从而促进了电子标签的应用。

2) 丝网印刷电子标签

电子标签的印刷主要是以网版印刷为首选,在智能标签印刷中,要使用导电油墨,而印刷导电油墨较好的丝网是镍箔穿孔网。它是一种高技术丝网,而不是由一般的金属或尼龙等丝线编织成的丝网,是由镍箔钻孔而成的箔网,网孔呈六角形,也可用电解成形法制成圆孔形。整个网面平整匀薄,能极大地提高印迹的稳定性和精密度,用于印刷导电油墨、晶片和集成电路等高技术产品,效果较好,能分辨0.1mm的电路线间隔、定位精度可达0.01mm。还可以选择61~100T/mm丝网制溶剂印版印刷,印刷导电油墨可在60℃下烘干。

3) 胶版印刷RFID标签

胶版印刷是应用最为普遍的方法。其承印材料广泛,速度快,效率高。胶版印刷应用于线圈印刷在效率、精度和分辨率方面有优势,但是胶版印刷墨膜厚度较小,不符合线路印刷的要求。当然这一点可以通过反复印刷来完成,但是这对于精细线路的套准控制又提出了新的挑战。新型的、导电能力更好的油墨也可以在较小的厚度下达到需要的阻抗性能。

4) 柔版印刷RFID标签

柔版印刷是一种直接印刷方式,用1~5mm厚的柔性感光树脂制版,采用卷筒纸印刷,速度快,效率高。油墨黏度在0.01~0.1Pa·s(帕·秒),可采用水基油墨,溶剂型油墨及UV固化油墨。但柔版印刷分辨率较低,分辨率通常在60L/cm(线/厘米)左右,精细印刷可达80L/cm,墨膜厚度在6~8μm,适合于天线印刷的要求。

随着薄版技术的发展,柔版印刷的分辨率和印刷精度也不断提高。其不足之处在于:印迹的边缘部分有印纹出现,这是由印刷过程的压力使印版变形所致。印纹的出现使得线路边缘印迹不规则,会影响到油墨附着的精度和线路的阻抗,容易生产出废品。

5) 凹版印刷RFID标签

凹版印刷耐印力大,承印材料广泛。油墨黏度为10~50mPa·s,主要用溶剂型油墨。分辨率与网纹穴的雕刻有关,采用激光雕刻,可达1000L/cm,墨膜厚度在8~12μm。但是由于其印刷压力太大,在RFID的天线印刷中存在难度。

6) 喷墨印刷RFID标签

喷墨印刷是近年来发展最快的一种印刷方式,其多功能性是其他印刷方式无法相比的。这种无压力的方式可将计算机中的数字信息直接喷涂到任何形状的材料上。其油墨系统较为复杂,使用的油墨可以是水基的,热熔型的,或是UV固化型的,其黏度在10mPa·s左右。但是喷墨印刷存在喷墨位置的偏差,影响印刷质量的小墨滴会出现在空白部分,产生边缘效应。

7) 综合印刷RFID标签方式

利用印刷技术与镀金相结合的方式生产无线电子标签天线图案。不使用蚀刻,也就是说可以避免将材料切掉,因此能以更低的成本生产无线标签天线。

无线电子标签天线的制造工序如下。

(1) 使用水溶性特殊墨水,利用印刷技术或喷墨技术,在采用PET等方法形成了天线图案的柔性底板上绘制出天线图案。

(2) 将柔性底板放入镀液中镀铜。经过上述处理后，就能在利用特殊墨水绘制的布线图案上形成铜膜。这里使用的特殊墨水是指将两种金属形成粒径数十纳米的微粒后溶于水而制成的溶液。

这种方式没有对铜箔进行蚀刻，即"减法"工序，只是将材料置于底板上，因此通常称为"加法"方式。而且铜布线本身是利用电镀技术形成的，不用热处理等高温烧结。因此，可使用低耐热性的柔性底板材料。天线两端之间的电阻小于0.4Ω。尽管从块状铜来说非常大，但作为无线标签天线完全没有问题。对于布线的加工精度，在开始的工序中就使用印刷技术，将能够实现80μm的布线间隔。但喷墨技术有飞沫产生，因此精度略有下降，布线间隔稍宽。

RFID标签的印刷既是标签印刷的范畴，也属于线路印刷的一种。生产过程对印刷要求比较严格，印刷位置要精确，严格的油墨附着量，如对导电浆料膜的厚度和导电微粒的数量都有严格控制，并且要考虑印刷分辨率的大小。选择印刷工艺时，可从印刷量的大小，承印材料的表面性能，油墨或印料的附着性质、成本、工艺过程的特点等方面综合考虑。

### 5.6.3　电子标签信息的写入方式

电子标签作为标识对象的核心部件，其内部的信息要在使用前或者使用过程中通过一定的方式写入标签的存储芯片。其信息的写入方式大致可以分为以下三种类型。

1) 电子标签在出厂时即已将完整的标签信息写入标签

这种情况下，应用过程中，电子标签一般具有只读功能。只读标签信息的写入，在更多的情况下是在电子标签芯片的生产过程中即标签信息写入芯片，使得每一个电子标签拥有一个唯一的标识UID(如64位)。应用中，需再建立标签唯一UID与待识别物品的标识信息之间的对应关系(如车牌号)。只读标签信息的写入也有在应用之前，由专用的初始化设备将完整的标签信息写入。

2) 电子标签信息的写入采用有线接触方式实现

一般称这种标签信息写入装置为编程器。这种接触式的电子标签信息写入方式通常具有多次改写功能。例如，目前在用的铁路货车电子标签信息的写入即为这种方式。标签在完成信息注入后，通常需将写入口密闭，以满足应用中对其防潮、防水、防污等要求。

3) 电子标签在出厂后，允许用户通过专用设备以无接触的方式向电子标签中写入数据信息

这种专用写入功能通常与电子标签读取功能结合在一起形成电子标签读写器。具有无线写入功能的电子标签通常也具有其唯一的不可改写的UID。这种功能的电子标签趋向于一种通用电子标签，应用中，可根据实际需要仅对其UID进行识别或仅对指定的电子标签内存单元(一次读写的最小单位)进行读写。

应用中，还广泛存在着一次写入多次读出(Write Once Read Many，WORM)的电子标签。这种WORM概念既有接触式改写的电子标签存在，也有无接触式改写的电子标签存在。这类WORM标签一般大量用在一次性使用的场合，如航空行李标签、特殊身份

证件标签等。

无论什么情况,对电子标签的写操作均应在一定的授权控制之下进行。否则,将失去电子标签标识物品的意义。

## 5.7 电子标签的性能

### 5.7.1 电子标签的性能因素

电子标签的性能测量使用许多不同的指标,包括读取速率、读取距离、读取一致性。这些指标受很多因素的影响,主要的因素有能量来源、电子标签的方向和位置、电子标签的放置、标签堆垛、标签的极化方向、标签的移动速度、环境因素、读取和写入等。

**1. 能量来源**

电子标签的供电电源来源于板载电池或者是外部的能量来源。外部能量通常是通过磁通势或者无线电波释放的。磁通势产生一个均衡的密度区域,使得标签能够在这个区域内持续不断地获得能量。超高频标签和微波标签使用无线电波产生一个射频信号区域,在这个区域场密度的变化是无法预测的。因此,根据标签在这个区域的位置,标签有可能接收不到足够的电磁波来驱动它本身。

拥有板载电池的主动式标签发射的无线电波强度是固定的,除非电池电量降低。由于正常的耗电或者气温降低,电池的功率会降低,这将导致主动式标签发射的信号强度降低,则读写器就接收不到足够强度的信号使得标签无法读取。

**2. 电子标签的方向和位置**

电子标签相对于读写器天线的方向会影响电子标签的性能。当标签平面与读写器天线平面互相平行时标签能够接收到最强的能量。当电子标签旋转一定的角度后,对无线电波而言,电子标签的有效区域面积就减小,吸收的能量也就减少了,电子标签的读取范围也就相应地缩小了。

另外,电子标签在读写器的读取范围内的位置也会影响标签的性能。当电子标签背离读写器移动时,它接收到的能量越来越弱,反射信号与原始信号互相干扰进一步减弱了标签的可用能量。在读取区域的外部边缘,信号强度减弱到很低的程度以至于标签无法被驱动。

**3. 电子标签的放置**

电子标签放置在物体中的位置也会影响多种标签的性能。这种影响对于液体产品(如酒瓶、洗发水瓶、液态药品等)特别明显,原因是电磁波会被液体吸收。当被动式电子标签和微波标签用在液体产品中时,为了能够更好地读取电子标签中的信息,电子标签和液体之间必须留有一定的空隙。可以设计标签的天线始终指向背离液体的方向,可以将液体包装起来,总之,标签最好远离液体。

由此可见，在实际的应用环境中，为了获得电子标签的最佳读取性能，最好在将电子标签固定在物体对象上之前，对各个不同的位置读取性能进行周密地测试和实验。

#### 4. 标签堆垛

标签堆垛(Tag Stacking)发生在几个电子标签非常靠近、几乎位于同一方向的情况。例如当很多细小的物品贴上电子标签，然后一并放到一个箱子里时，有可能几个电子标签相互接触在一起。在这种情况下，箱子周边离读写器天线比较近的电子标签，吸收和反射了绝大多数的射频能量，这样箱子中间的电子标签接收的信号非常微弱，无法驱动电子标签，也就无法被读取。为了避免这个问题，可以改变包装方式或者把箱子放置在许多与箱子构成不同角度的天线中，然后，翻转箱子，达到全部读取的目的。

#### 5. 标签的极化方向

读写器天线被设计成线性极化或者圆极化。线性极化天线能够安装在一个水平极化或者垂直极化位置上，圆极化天线可以是右旋圆极化，也可以是左旋圆极化。对于一个线性极化天线来说，它的极化方向必须和电子标签的方向吻合。圆极化天线可以在任意方向上读取电子标签，但是要消耗很多的能量。圆极化天线将发射的能量分解成两个互相垂直的平面。因此，电子标签接收到圆极化天线的能量相对于线性极化天线的能量来说只有一半，这样降低了电子标签的读取范围。电子标签方向性的获取是通过损失读写范围为代价的。

#### 6. 标签的移动速度

电子标签通过读取区域的速度会影响在一个特定的时间内读取电子标签的数量。当在读写器的读取区域中有多个电子标签时，读写器在读取它们之前会使用防碰撞算法进行分析，防碰撞算法所需要的时间会随着电子标签数量的增加而增加。所以电子标签的移动速度也会影响标签的工作性能。

#### 7. 环境因素

环境因素(如无线电干扰和湿度等)都会对标签的性能产生影响。

无线电干扰可能是持续的，也可能是随机的，其来源可能是内部，也可能是外部。外部干扰来源可能是由于设备的地理位置和设备附近的其他无线电设备的影响。外部干扰可以通过在读取区域安装无线电能量屏蔽材料来解决。内部干扰通常是因为装置不合理，或者是附近物体的反射，合理的装置和调整有助于消除或减小这些内部干扰。随机发生的干扰是最难解决的，这需要反复试验、仔细分析和研究，寻找产生随机干扰的原因，然后，有针对性地预防和消除影响。

空气湿度不会对标签的性能产生直接影响。但是，当电子标签黏附到会吸收湿气的物体上时，电子标签的性能就有可能因为湿度的变化而变化。冰冷的电子标签通过湿度高的区域时会产生水汽凝结，这样会降低电子标签的性能。

**8. 读取和写入**

所有的电子标签在写入数据时都会比读取数据时需要更多的能量,有时甚至需要2倍的能量,这将缩小电子标签的写入区域范围。在读写器最大的读取范围的边界附近,电子标签是无法被写入的。因此,必须单独设置电子标签的写入区,而这个写入区与读取区不同,写入区要比读取区小。此外,读写器将数据写入电子标签花费的时间要比读取的时间长。一个读写器每秒可能读取500个电子标签,但是每秒只能写入5个电子标签。电子标签写入设备在设计时必须考虑标签读写速度的不同。

### 5.7.2 电子标签性能测试

电子标签性能测试的主要原理是模拟标签在实际应用中的各种情形,从而在实验室统一标准环境中来测试不同厂商RFID标签的性能,为标签的正式商业应用提供可靠性保证。

RFID标签在实际应用中有许多具体应用情形,如应用在复杂电磁环境背景中,粘贴在高速运动的物品上,以及各种物体在读写器天线和标签之间的直接阻挡或间接反射。这些复杂应用环境都对标签能否正常工作提出了考验。因此从电子标签性能测试的角度应该予以考虑。

早期的电子标签性能测试主要从简单的读写距离等角度入手。但电子标签的测试环境即电波暗室的尺寸有限制,因此对远距离识别的电子标签,很难测量其实际读写距离。测试移动中的电子标签时,传送带的电磁辐射会干扰读写器天线的工作,其同样也受制于电波暗室的尺寸。

目前,大多采用测量其读写电场强度值的方法来检测电子标签的性能。改变读写器天线的发射功率,从而改变电子标签所在位置的电场强度值,这样就可以模拟电子标签随其空间位置改变的实际情况。这种方法不仅对电波暗室的尺寸要求降到最低,而且更具有准确性和可比较性。

但这种方法同时也要求模拟读写器的可控性很高,不仅控制发射天线的功率,也要控制其频率,并要实现二次调制以模拟电子标签的移动操作,而且对应的测量电场强度的仪器精度高。

## 5.8 电子标签的发展趋势

随着社会的发展和科技的进步,以及RFID技术的不断应用和推广,在电子标签方面,将会使用新的生产工艺,呈现出体积更小、价格更低、所需的功耗越来越低的发展趋势,无源电子标签、半无源电子标签等相关技术也会更加成熟。具体来说,未来的电子标签将呈现以下发展趋势。

**1. 标签芯片功耗更低,作用距离更远**

电能是电子标签正常工作的基础,直接影响电子标签与读写器的通信距离。电子标签作为一个受限资源最大限度地降低电子标签功耗是一个永恒的发展趋势,低功耗的标签芯片设计与制造技术是关键。随着低功耗IC设计技术的发展,电子标签的工作电压进一步降低,所需功耗可以降到小于54μW甚至更低,这就使得无源系统的作用距离进一步加大,在某些应用环境下,作用距离甚至可以达到几十米以上。

**2. 无线可读写性能更加完善**

不同的数据管理系统对电子标签的读写性能和作用距离有不同的要求,为了适应需要多次改写电子标签数据的场合,需要更加完善的电子标签读写性能,研究和发展适合标签芯片的新型存储技术,使误码率和抗干扰性能达到可以接受的程度。

**3. 适合高速移动物品的识别**

针对高速移动物体(如火车、地铁列车、高速公路上行驶的汽车)的准确快速识别需要,电子标签与读写器之间的通信速率会提高,使高速物体的识别在"不知不觉"中进行。目前,单标签识别速度已达到500次/秒以上。

**4. 快速多标签读写功能**

在物流领域,由于涉及大量物品需要同时识别,所以必须采用适合这种应用系统的通信协议,研究性能更优的防冲突算法和电路实现技术,实现快速的多标签读写功能。目前,多标签读取率每秒已达数百张。

**5. 一致性更好**

目前,由于受电子标签加工工艺的限制,电子标签制造的成品率和一致性并不令人满意。但是,随着基于低温热压的封装工艺、精密机构设计优化、多物理量检测与控制、高速高精运动控制、装备故障自诊断与修复、在线检测技术和标签天线匹配技术的发展,电子标签加工工艺将进一步完善和提高,电子标签加工过程中的一致性技术也将得到提高。

**6. 强场强下的自保护功能更完善**

电子标签处于读写器发射的电磁辐射场中,有可能距离读写器的发射天线很近,这样电子标签将会接收到很强的电磁能量,在电子标签上产生很高的电压。为了保护标签芯片不受损害,必须加强电子标签在强场强下的自保护功能。

**7. 智能性更强,加密特性更完善**

在某些对安全性要求较高的应用领域,需要对电子标签的数据进行严格加密,并对通信过程进行加密。这样就需要智能性更强、加密特性更为完善的电子标签,使电子标签在入侵者出现时能够更好地隐藏自己不被发现,并且数据不会因未经授权而被获取。

**8. 带有传感器功能的标签**

将传感器技术集成到电子标签中,将大大扩展电子标签的功能和应用领域。目前,具有温度测量、湿度测量、水平测量功能的温/湿度电子标签、防盗标签已获得广泛应用。

**9. 带有其他附属功能的标签**

在某些应用领域,需要准确寻找某一个标签时,标签上具有附属功能(如蜂鸣器或指示灯)。当给特定的标签发送指令时,电子标签便会发出声光指示,这样就可以在大量的目标中寻找特定的标签了。

**10. 具有杀死功能的标签**

为了保护隐私,在标签的设计寿命到期或者需要终止标签的使用时,读写器发送杀死命令,或者电子标签自行销毁。

**11. 新的生产工艺**

为了降低标签天线的生产成本,人们开始研制新的天线印制技术。其中,导电墨水的研制是一个新的发展方向。利用导电墨水,可以将 RFID 的天线以接近于零的成本印制到产品包装上。通过导电墨水在产品的包装盒上印制天线,比传统的金属天线成本低、印制速度快、节省空间,并且利于环保。

**12. 体积更小**

由于实际应用的限制,一般要求电子标签的体积比被标识的商品小。这样,对于体积非常小的商品和其他一些特殊的应用场合,对电子标签体积就提出了更小巧、更易于使用的要求。有些公司制造出了带有内置天线的最小射频识别芯片,其芯片厚度仅有 0.1mm 左右,可以嵌入纸币中。

**13. 成本更低**

从长远来看,低成本始终是电子标签的发展方向。随着电子标签成本的下降,电子标签(特别是高频远距离电子标签)的市场在未来几年内将逐渐成熟,成为 IC 卡领域继公交、手机、身份证之后又一个具有广阔市场前景和巨大容量的市场。

**14. 片上天线技术**

片上天线技术是近期研究的热点问题。目前的 RFID 标签仍然使用片外独立天线,其优点是天线品质因素值较高、易于制造、成本适中。缺点是体积较大、易折断,不能胜任防伪或以生物标签形式植入动物体内等任务。若能将天线集成在标签芯片上,不用任何外部器件即可进行工作,将会使整个标签体积更小、使用更方便,这就引发了片上天线技术的研究。

把天线集成到片上,不仅简化了原有的标签制作流程,降低了成本,还提高了可靠性。片上天线作为能量接收器和信号传感器决定了整个系统的性能,它的基本出发点是利用法拉第电磁感应原理,把外界变化的磁场能量转化为片上的电源电压,作为整个芯片的工作电源,同时利用电磁场变化引起的片上电流或电压的变化来鉴别接收信号。通过改变由于自身输出阻抗导致的外界磁场变化而把信号传输至接收端。目前,在标准CMOS工艺上实现的片上天线仍然以硅基集成螺旋电感作为主要结构。

另外,在其他一些方面,如新型的防损、防窃标签,可以在生产过程中将电子标签隐藏或嵌入到物品或其包装中,用来解决超市中物品的防窃问题。

# 思考与练习

5-1 什么是电子标签?电子标签由哪几部分组成?各部分有哪些功能?

5-2 根据能量来源来分,电子标签分为哪几类?简述各类电子标签的工作过程。

5-3 根据工作频率来分,电子标签分为哪几类?各类电子标签有何优缺点?

5-4 简述一位电子标签的工作原理。

5-5 简述声表面波标签的工作原理,它由哪几部分组成?各部分的主要功能是什么?

5-6 简述双频RFID有源系统和无源系统的工作原理,并说明各自的主要应用场合和应用方法。

5-7 电子标签的射频电路有哪几种工作方式?

5-8 电子标签天线应满足哪些要求?如何衡量天线性能的好坏?

5-9 常用电子标签天线有哪几种?

5-10 比较分析支持14443A协议、15693协议,以及180006C协议的电子标签存储结构差别,并简要介绍各自的应用领域。

5-11 如何衡量电子标签性能的好坏?

5-12 分析当前RFID电子标签的发展趋势。

# 第6章

# 读写器

## 6.1 读写器概述

读写器(Reader and Writer),一般认为是RFID系统的读写终端设备,可以是单独的个体,也可以以部件的形式嵌入到其他系统设备中。读写器通过其天线与电子标签进行无线通信,不仅可以实现对电子标签识别码和内存数据的读取或写入操作,还可以通过命令实现对电子标签的控制,例如,锁定电子标签数据;杀死电子标签,使之失效;修改电子标签的数据存取控制方式等。同时,通过读写器与上位机进行交互通信,可以实现操作指令的下发和数据的上传。

通常情况下,读写器应根据电子标签的工作频率、读写要求,以及实际应用需求来设计。因此,不同的工作频率、不同的读写要求,以及不同的应用场合,读写器的功能有较大的差异,其名称也不一样。

从功能角度来说,单纯实现无接触读取电子标签信息的设备称为读头、阅读器(Reader)、读卡器、读出装置、扫描器(Scanner)、查询器(Interrogator)、读出设备(Reading Device)、便携式读出器(Portable Readout Device)、自动设备识别装置(Automatic Equipment Identification Device)等。

单纯实现向电子标签内存中写入信息的设备称为编程器(Programmer)、写入器等。综合具有无接触读取与写入电子标签内存信息的设备称为读写器、射频识别器、通信器(Communicator)等。本书为了简便起见,统称为读写器。

## 6.2 读写器的工作原理及流程

读写器与电子标签之间通过耦合元件实现射频信号的空间(无接触)耦合,在耦合通道内根据时序关系实现的传递、数据的交换。

具体来说,读写器将待发送信号经过编码后加载特定频率的载波信号,再经天线向外发送,电子标签进入读写器天线覆盖区域后,一旦接收到RFID读写器发出的特殊射频信号,就能凭借感应电流所获得的能量发送出存储在芯片中的产品信息(即无源标签或被动标签),或者主动发送某一频率的信号(即有源标签或主动标签),读写器对接收到的返回信号进行解调、解码和解密处理后,再传送给上位机进行有关的数据处理。

RFID 系统数据采集一般有两种工作模式：一是以读写器为主的工作模式，多用于无源标签；二是以标签为主的工作模式，必须是有源标签。本书中无特殊说明，电子标签都是无源标签。

以读写器为主的工作模式下，主机软件启动之后，连接读写器，并给读写器设置工作模式，启动读写器，读写器就进入了正常的工作状态，其具体工作过程由微控器监控软件决定。其简要工作过程如下。

（1）读写器将载波信号经天线向外发送，并判断有无标签回答，如果没有检测到标签响应，继续发射载波信号。

（2）电子标签进入读写器的工作区域后，接收到读写器发射的脉冲信号转换成电能开始工作并发送应答信号。

（3）读写器解调标签应答信号，并查错。如果有错，表示产生通信错误或同时有多个标签进入读写器识别区，应进行冲突仲裁。冲突仲裁进行通信错误的处理，实质上是读写器与标签的多次通信过程，从中选出一个标签与读写器进行通信。

（4）与标签建立了单独通信后，读写器向标签发送命令。

（5）读写器接收标签对于命令的应答信号，对其解调、校验等之后进行其他如写数据到存储器中，或者上传数据到上位机等。

（6）如果标签的应答信号有错，对错误进行处理。

## 6.3　读写器组成及功能

读写器与电子标签之间的射频信号耦合方式不同、工作频率不同，其数据传输方式不同，读写器的功能设计和所使用的元器件有较大的差别。但所有的读写器在功能原理上，以及由此决定的设计构造上都很相似。一般，读写器从物理上可以分为硬件和软件两部分。

### 6.3.1　读写器硬件

所有的读写器硬件均可简化为天线、高频接口、控制单元和外围接口 4 个基本模块，读写器的基本构成如图 6-1 所示。

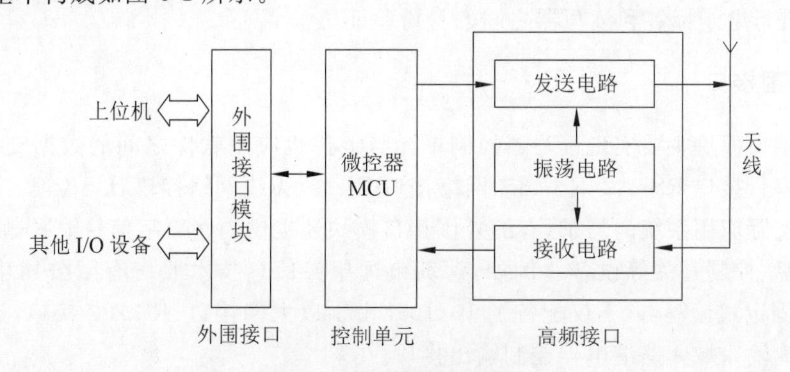


图 6-1　读写器的基本构成

### 1. 天线

读写器天线是发射和接收射频载波信号的部件,主要负责将读写器中的电流信号转换成射频载波信号并发送给电子标签,或者接收电子标签发送过来的射频载波信号并将其转化为电流信号。

读写器的天线可以外置,也可以内置,天线的设计对阅读器的工作性能非常重要,是读写器实现射频通信必不可少的一部分。对于无源电子标签来说,它的工作能量全部由阅读器的天线提供。

### 2. 高频接口

高频接口,也可称为射频接口模块,主要由发送电路和接收电路组成。该模块是读写器的射频前端,用于产生高频发射功率,并接收和解调来自电子标签的射频信号。

发送电路主要由调制电路、上变频混频器、带通滤波器和功率放大器构成,其主要功能是对控制模块处理好的数字基带信号进行处理,然后通过读写器天线将信号发送给电子标签。

接收电路由滤波器、放大器、混频器和电压比较器构成,主要负责对天线接收到的已调信号进行调解,恢复出数字基带信号,然后传送给读写器的控制单元。

### 3. 控制单元

控制单元,也可称为控制模块,是整个读写器工作的控制中心、智能单元,可以称为是读写器的"大脑",主要包括微控制器和存储单元等。一般,控制单元的主要功能包括如下。

(1) 与上位机应用系统软件进行通信,并执行上位机应用系统软件发来的命令。
(2) 控制与电子标签的通信过程(主—从原则)。
(3) 信号的编码与解码。
(4) 执行防冲突算法。
(5) 执行数据校验算法。
(6) 对电子标签与读写器之间要传送的数据进行加密和解密。
(7) 进行电子标签和读写器之间的身份验证。

### 4. 外围接口

外围接口模块主要实现读写器控制单元与上位机应用软件之间的数据交换,其接口可以采用串行接口 RS-232、RS-485、网络接口 RJ-45、无线网络接口、USB 等。

根据实际应用系统的需求,有的外围接口模块还提供一些数字信号输入输出端口,以便连接键盘、控制开关等设备。例如,深圳市远望谷信息技术股份有限公司生产的 XC-RF807 型固定式读写器,不仅配备了 10/100Mb/s 以太网接口、RS-232 接口,还提供了 4 路光电隔离输入域 4 路继电器控制输出接口。

## 6.3.2 读写器软件

读写器的组成部分除了硬件之外,还有很重要的一个组成部分是软件。软件部分通常都是由生产厂家在产品出厂时固化在读写器模块中,主要负责对读写器接收到的指令进行响应和对标签发出相应的动作指令。

在系统结构中,软件作为主动方对读写器发出各种指令,而读写器则作为从动方对软件的各种指令做出响应。读写器接收软件的指令之后,根据指令的不同,对电子标签做出不同的动作,并与之建立通信联系。电子标签接收到读写器的指令,也对指令进行响应。在这个过程中,读写器变成了主动方,而电子标签则成为从动方。按功能划分,软件部分主要包括如下。

### 1. 控制软件

控制软件负责系统的控制和通信,控制天线发射的开关动作和读写器的工作模式完成与主机之间的数据传输和命令交换等功能。与主机之间的这些数据的交换和命令的传输是通过读写器厂家提供的标准接口函数 API 来实现的。标准接口函数的功能大致包括以下 4 个方面:应用系统根据需要向读写器发出配置命令、读写器向应用系统返回所有可能的读写器配置状态、应用系统向读写器发送各种命令、读写器向应用系统返回所有可能命令的执行结果。

### 2. 导入软件

导入软件主要负责系统启动时,导入相应的程序到指定的存储器空间,然后执行导入程序。

### 3. 解码器(软件)

解码器负责将指令翻译成机器可以识别的代码,进而控制发送的信息,或者将接收的电磁波模拟信号解码成数字信号,进行数据解码和防碰撞处理等。

## 6.3.3 读写器功能

在 RFID 系统中,计算机应用软件要实现对电子标签的数据采集或对电子标签进行数据写入,必须借助于读写器来实现。因此,读写器是 RFID 系统的一个最基本的构件,其主要功能包括以下 6 个方面。

(1) 读写器与电子标签之间的通信功能。

在特定的技术条件下,读写器与电子标签之间可以进行通信。

(2) 读写器与计算机之间可以通过标准接口进行通信。

读写器可以通过标准接口(如 RS-232、RJ-45 等)与计算机之间进行通信,并提供相关信息,包括读写器的识别码、读写器读出电子标签的实时时间、读出的电子标签的信息等,以实现多读写器在系统中的运行。

(3) 能够在读写区实现多电子标签同时读取,具备防碰撞功能。

(4) 适用于固定和移动电子标签的识别。

(5) 能够校验读写过程中的错误信息。

(6) 对于有源电子标签,能够标识电池的相关信息(如电量)。

目前,市场上生产和销售的高性能读写器除了以上基本功能外,还包括以下5个方面。

(1) 可外接4个TNC型天线,扩大了实际应用识别区域。

(2) 支持接收信号强度检测(RSSI),可感知接收信号的强度,判断离散标签,抗干扰性能强。

(3) 具有可靠的网络适应性,支持多种网络协议,如TCP/IP、DHCP、SSH、FTP、Telnet、UDP等,适合企业级大规模批量组网应用。

(4) 配备10/100Mb/s以太网接口、RS-232接口、4路光电隔离输入与4路继电器控制输出等。

(5) 支持网络供电(PoE)功能,通过网络为设备提供电源,简化管理,节省资源,降低用户的组网成本。

## 6.4 读写器分类

根据应用对象和应用环境的不同,各种读写器在结构和制造形式上也不同。大致可以分为以下几种。

### 1. 小型读写器

小型读写器的天线尺寸较小,其主要特征是通信距离短。适合在零售店等不能设置较大天线的场所用于逐件读取商品标签的地方,也可用于与其他设备进行组合。另外,专用集成芯片是读写器的基本模块。

### 2. 手持型读写器

手持型读写器是有操作人员手工读取RFID电子标签信息的设备。手持型读写器可在内部系统中记录所读取的电子标签信息,并在读取RFID电子标签的同时通过无线局域网等手段将接收的信息发送给主机。手持型读写器中装有用于发射射频信号的电池,电池寿命也是使用中经常遇到的问题,为了延长使用寿命,此类设备的输出功率较低,通信距离也比较短。

### 3. 平板型读写器

由于平板型读写器的天线大于小型读写器,因此通信距离比小型读写器长。此类读写器多用于运货托盘管理、工程管理等需要自动读取RFID电子标签的场合。

### 4. 隧道型读写器

一般,当RFID电子标签与读写器处于90°时会出现读写困难。通道型读写器在内壁的不同方向设置了多个天线，从各个方向发射电波，因此能够正确读取通道内处于各种角度的电子标签。

### 5. 出入通道型读写器和大型通道型读写器

当持有 RFID 电子标签的人员通过时，出入通道型读写器可以自动读取电子标签的信息。出入通道型读写器多用于考勤管理和防盗等用途。大型通道型读写器多用于自动读取贴有 RFID 电子标签的车辆或货物的信息。

### 6. OEM 模块

多实际应用中，读写器并不需要封装外壳，而是将读写器模块作为单独的完整产品提供给用户或中间销售商，这就构成了 OEM(Original Equipment Manufacture)模块。它可以作为其他设备的一个组成单元，只需要标准读写器前端射频单元，后端控制处理、输入输出模块可适当简化。

为了将读写器集成到用户自己的数据采集操作终端、BDE(Borland Database Engine)终端、出入控制系统、收款系统和自动装置等，需要采用 OEM 读写器。OEM 读写器是装在一个屏蔽的铁皮外壳中向用户供货的，或者以无外壳插件板的方式供货。电子连接的形式大致有焊接端子、插接端子或螺钉旋接端子等。

根据读写器与电子标签的接触方式，可以分为接触式读写器、非接触式读写器、单界面读写器和双界面读写器，以及多卡座接触式读写器。

根据读写器的通信接口方式，可以分为并口读写器、串口读写器、USB 读写器、PCMICA 卡读写器、IEEE 1394 读写器、有线网络接口读写器、无线网络接口读写器。值得说明的是，前两种读写器由于接口速度慢或者安装不方便已经基本被淘汰了。USB 读写器、有线网络接口读写器、无线网络接口读写器是目前市场上最流行的读写器。

根据读写器的工作频率可以分为低频读写器(低于 135kHz)、高频读写器(13～56MHz)、超高频读写器(860～960MHz)、微波读写器(2.45GHz 以上)、433MHz 有源读写器等。其中，超高频 RFID 系统一般采用电磁反向散射原理来实现读写器和电子标签之间的通信过程。

根据天线和读写器模块是否分离，可分为分体式读写器和一体式读写器。典型的分体式读写器有固定读写器，典型的一体式读写器有便携式读写器、桌面读写器，如图 6-2 所示。

(a) 分体式读写器

(b) 一体式读写器

(c) 桌面读写器

(d) 便携式读写器

图 6-2　读写器示意图

分体式读写器也称分离式读写器，读写器部分与天线部分分别是两个单独的设备，二者需要射频电缆来连接。分体式读写器，是指 UHF 超高频签读写器，识别率较高，能实现对电子标签的快速读写处理,识别区域较大,支持密集阅读模式,大容量标签读写,接收信号强度检测(RSSI),以及可选配网络供电(PoE)功能。目前,市场上的分体式读写器一般具有4个外接天线接口TNC(Threaded Neill Concelman),可外接4个TNC型天线,扩大实际应用识别区域。

一体式读写器也称集成读写器,读写器部分和天线部分集成在一起,不需要单独的射频电缆连接。一般内置高性能天线,既可写电子标签,作为标签数据初始化、数据查询和修改、功能测试应用,也可独立作为近距离的超高频RFID读写器应用。外形小巧方正,现场安装灵活简便,没有连接天线和电源的杂乱线缆。

## 6.5 读写器协议

读写器协议一般分为与上位机的通信协议和与电子标签的通信协议两部分。

### 1. 与上位机的通信协议

读写器与上位机的通信协议一般都由读写器生产厂家自行设计和定义。出厂时提供详细协议设计文档和通信应用程序接口。

这部分协议由软件定义和实现,即接收上位机的命令串,按规定的协议将它解析编码成满足与电子标签通信协议的基带信号。接收到基带信号之后,再按此协议解析成上位机软件可识别信息返回给上位机。

### 2. 与电子标签的通信协议

此部分通信协议通常应该满足ISO/IEC JTC1联合技术委员会(信息技术)的SC31(自动识别和数据获取技术)分技术委员会制定的射频识别标准ISO/IEC 18000。在"信息技术 物品管理的射频识别"的总标题下,ISO/IEC 18000由以下部分组成。

第一部分:参考结构和被标准化的参数的定义。

第二部分:低于135kHz频段短程通信空间接口的参数。

第三部分:13.56MHz短程通信空间接口的参数。

第四部分:2.45GHz短程通信空间接口的参数。

第六部分:860~960MHz频段短程通信空间接口的参数。

第七部分:433MHz有源短程通信接口的参数。

其中,第五部分即ISO/IEC 18000—5由于不符合全球范围内的频谱要求,2003年1月已终止。

## 6.6 读写器天线

无论哪种结构形式的读写器,都必须要通过天线才能发射能量,形成电磁场,通过电磁场对电子标签进行识别。因此,天线所形成的电磁场范围可以认为是RFID系统的可识别区域。任何RFID系统都至少应包含一根天线(包括内置式或外置式)以发射和接收射频信号。有些 RFID 系统是由一根天线来同时完成发射和接收，但也有些 RFID 系统由一根天线完成发射，而由另一根天线承担接收，所采用天线的形式和数量应视具体应用而定。

在电感式耦合 RFID 系统中，读写器天线用于产生磁通量，而磁通量用于向电子标签提供电源，并在读写器和电子标签之间传送信息。因此，读写器天线的设计或选择就必须满足以下基本条件。

(1) 天线线圈的电流最大，用于产生最大的磁通量。

(2) 满足功率匹配，以最大限度地利用产生磁通量的可用能量。

(3) 天线应有足够的工作频带宽度，以无失真地传输经调制后的载波信号。

把天线和读写器连接起来的系统称为馈线系统。根据读写器的频率范围，可以使用不同方法将天线线圈连接到读写器发送模块的输出端。通过功率匹配将天线线圈直接连接到功率输出级，或者通过馈线系统传送到天线线圈。馈线实际上就是传输线，俗称射频电缆。前者适用于低频读写器，后者适用于调频和部分低频读写器产品。

在目前的超高频与微波系统中，广泛使用的天线类型是基于带状线技术的天线，即平面天线，包括全向平板天线、水平平板天线和垂直平板天线等。平板天线是一种仅在一个特定的方向传播的天线，使用时要对准信号源信号，一般用在点对点的情形下。全向平板天线没有角度限制，可以接收 4 个方向的信号，但是接收距离不如平板天线远。

### 6.6.1 天线的结构形式和主要参数

天线具有多种不同的形式和结构，如偶极天线、双偶极天线、阵列天线、八木天线、平板天线、螺旋天线、环状天线等。在 433MHz、915MHz、2.45GHz 的 RFID 系统中，主要采用的天线形式有平板天线、八木天线和阵列天线等。

平板天线是一种基于带状线技术的天线，这种天线的特点是天线高度较低，结构坚固，具有增益高、扇形区方向图好、后瓣小、俯角控制方便、密封性能可靠，以及使用寿命长等优点，因而被广泛应用在 RFID 系统中。平板天线能够使用光刻技术制造，因而具有很高的复制性。辐射器的基本元件由直角微带导线组成。

天线根据其工作频率的不同，其结构形式也有所区别。UHF 频段天线由原来的杆状天线发展为平面印制结构天线。平面印制结构天线作为小型化、集成化天线的主角，以其三维结构的灵活性受到市场的青睐。这类天线具有低轮廓、印制工艺简单、便于与电路集成等优点。天线辐射出的是电磁波，电磁波在空间传播有不同的极化方式，通常的极化方式有线极化、圆极化和椭圆极化。

线极化可视为电磁场矢量在一条直线上来回振动向前传播，圆极化或椭圆极化可视为电磁场矢量绕着传播方向沿圆形或椭圆形路径转动向前传播。实际中绝对的圆极化电磁波几乎没有，通常将轴比小于 3 的电磁波视为圆极化。极化天线就是要使天线辐射出的电磁场满足一定的极化特性。

因此，UHF 天线的结构形式主要包括线极化天线、圆极化天线、椭圆极化天线和长距离线极化天线，如图 6-3 所示。

高频天线可以实现空中耦合或地面耦合，也可以制作成收发一体或分体形式，而且质

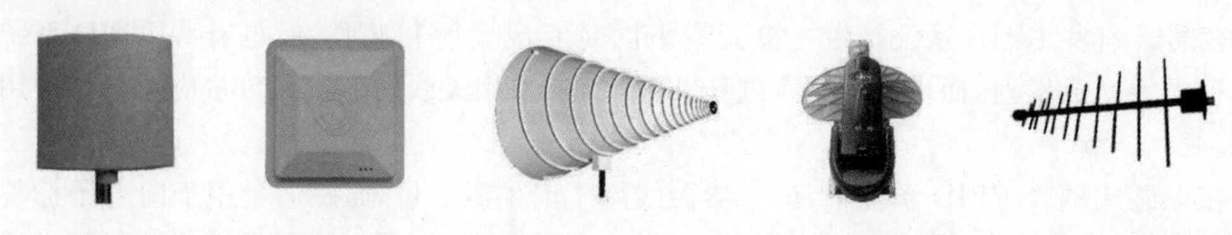

(a) 线极化天线 (b) 圆极化天线(一) (c) 圆极化天线(二) (d) 椭圆极化天线 (e) 长距离线极化天线

**图 6-3 UHF 频段天线结构形式**

量小,操作方便。高频天线具有分辨率高、低盲区、穿透力强的特点,可作为空中耦合天线使用,比普通扬声器天线体积小。其结构形式主要有线状天线、环状天线、门状天线和台式天线,如图 6-4 所示。

(a) 线状天线 (b) 环状天线 (c) 门状天线 (d) 台式天线(一) (e) 台式天线(二)

**图 6-4 高频天线结构形式**

天线的主要参数包括工作频率、频带宽度、方向性增益、极化方式、波瓣宽度。

### 1. 天线的工作频率和频带宽度

天线的工作频率和频带宽度应当符合 RFID 系统的频率范围要求,如天线可以工作在 860～960MHz 频率范围。

### 2. 天线的增益

天线的增益,是指在输入功率相等的条件下,实际天线与理想的辐射单元在空间同一点所产生的信号的功率密度之比,它定量地描述天线集中辐射输入功率的程度。天线的增益显然与天线方向有密切的关系,方向图主瓣越窄,副瓣越小,增益就越高。可以这样来理解天线增益的物理含义:在一定距离上的某点产生一定大小的信号,如果用理想的无方向性电源作为发射天线,需要 100W 的输入功率,而用增益为 13dBi 的定向天线作为发射天线时,输入功率只需 5W。

换言之,与无方向性的理想电源相比,从最大辐射方向上的辐射效果来说,某天线的增益就是把输入功率放大的倍数。半波对称振子的增益 $G$ 为 2.15dBi;4 个半波对称振子沿垂线上下排列,构成一个垂直四元阵,其增益约为 8.15dBi(dBi 的参考基准为全方向性天线,表示比较对象是各向均匀辐射的理想点源)。实际 RFID 系统采用的天线增益有 4dBi、6dBi、8dBi 和 16dBi 等不同的数值。

### 3. 天线的极化方向

天线向周围空间辐射电磁波,电磁波由电场和磁场构成。电场的方向就是无线极化方向，无线的极化方式分为线极化（水平极化和垂直极化）和圆极化（左旋极化和右旋极化）两种。不同的 RFID 系统采用的天线极化方式可能不同，有些应用可以采用线极化的方式；但是在大多数应用场合，由于电子标签的方位是不可知的，因而大部分系统采用圆极化方式来降低系统对标签方位的敏感度。

**4. 无线的波瓣宽度**

波瓣宽度是定向无线常用的一个很重要的参数，它是指无线的辐射图中低于峰值 3dB 处所成夹角的宽度（天线的辐射图是度量天线各个方向收发信号能力的一个指标，通常以图形方式表示为功率强度与夹角的关系）。波瓣宽度越窄，方向性越好，作用距离越远，抗干扰能力就越强。但天线的覆盖范围也就越小。实际中要根据不同的应用环境进行选择。

## 6.6.2 读写器天线的种类

天线是一种以电磁波形式把前端射频信号功率接收或辐射出去的装置，是电路与空间的界面器件，用来实现导行波与自由空间波能量的转化。在 RFID 系统中，天线分为电子标签天线和读写器天线两大类，分别承担接收能量和发射能量的作用。当前的 RFID 系统主要集中在 LF、HF(13.56MHz)、UHF(860～960MHz)和微波频段，不同工作频段的 RFID 系统天线的原理和设计有本质的不同。RFID 天线的增益和阻抗特性会对 RFID 系统的作用距离等产生影响，RFID 系统的工作频段反过来对天线尺寸和辐射损耗有一定的要求。所以 RFID 天线设计的好坏关系整个 RFID 系统的成功与否。

RFID 读写器天线主要有线圈天线、微带贴片天线、偶极子天线、隧道天线和阵列天线 5 种基本形式。其中，短于 1m 的近距离 RFID 天线一般采用工艺简单、成本低廉的线圈天线，它主要工作在中低频段。1m 以上的远距离应用需要采用微带贴片天线或者偶极子天线，它们工作在高频和微波频段。不同种类天线的工作原理是不同的。

**1. 线圈天线**

当电子标签的线圈天线进入读写器产生的交变磁场中，电子标签天线与读写器天线之间的相互作用就类似于变压器，两者的线圈相当于变压器的初级线圈和次级线圈。由电子标签的线圈天线形成的谐振回路如图 6-5 所示。

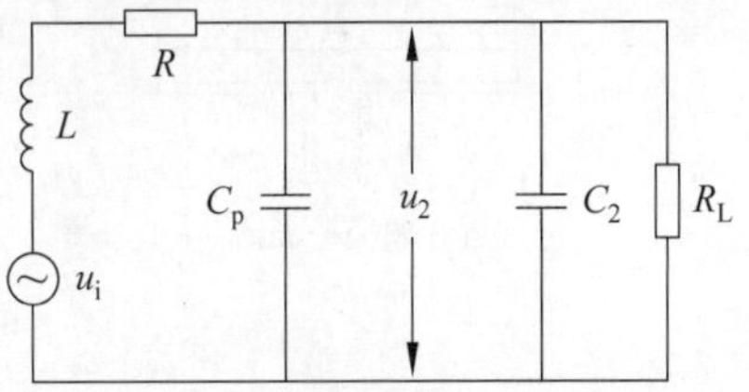

谐振回路包括电子标签天线的线圈电感 $L$、寄生电容 $C_p$ 和并联电容 $C_2$，其谐振频率 $f$ 为$\frac{1}{(2\pi\sqrt{LC})}$，其中，$C$ 为 $C_p$ 和 $C_2$ 的并联等效电容。

图 6-5 谐振回路电路图

RFID 应用系统可以通过这一频率载波实现双向数据通信。常用的非接触式 IC 卡的外观为一个小型的塑料卡（85.72mm×54.03mm×0.76mm），天线线圈谐振工作频率通常为 13.56MHz。某些应用要求电子标签天线线圈外形很小，且需一定的工作距离，如用于动物识别的电子标签。目前，已研发出面积最小为0.4mm×0.4mm线圈天线的短距离RFID应用系统。

若线圈面积过小,电子标签与读写器间的天线线圈互感量就不能满足实际应用。通常在电子标签天线线圈内部插入具有高导磁率的铁氧体材料,以增大互感量,从而补偿线圈横截面减小的问题。

## 2. 微带贴片天线

微带贴片天线是由贴在带有金属底板的介质基片上的辐射贴片导体所构成的,如图6-6所示。根据天线辐射特性的需要,可以将贴片导体设计为各种形状。通常贴片天线的辐射导体与金属地板距离为几十分之一的波长,假设辐射电场沿导体的横向与纵向两个方向没有变化,仅沿约为半波长的导体长度方向变化,则微带贴片天线的辐射基本上是由贴片导体开路边沿的边缘场引起的,辐射方向基本确定。因此,一般适用于通信方向变化不大的RFID应用系统中。为了提高天线的性能并考虑其通信方向性问题,人们还提出各种不同的微带缝隙天线。

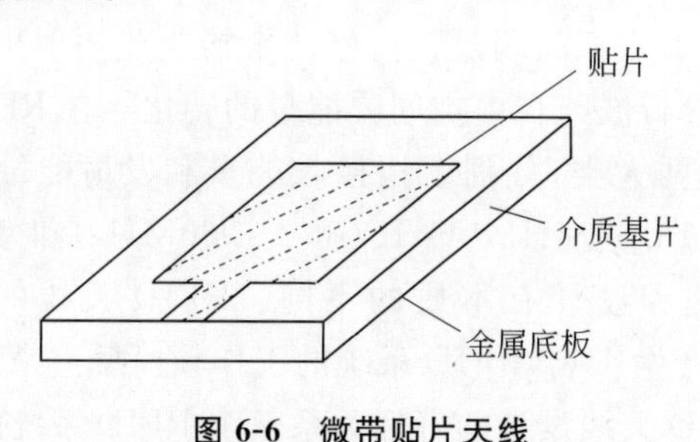


图6-6 微带贴片天线

## 3. 偶极子天线

在远距离耦合的RFID应用系统中,最常用的是偶极子天线(又称对称振子天线)。偶极子天线由两段同样粗细和等长的直导线排成一条直线构成,信号从中间的两个端点馈入,在偶极子的两臂上将产生一定的电流分布,这种电流分布就在天线周围空间激发起电磁场。偶极子天线及其演化形式如图6-7所示。

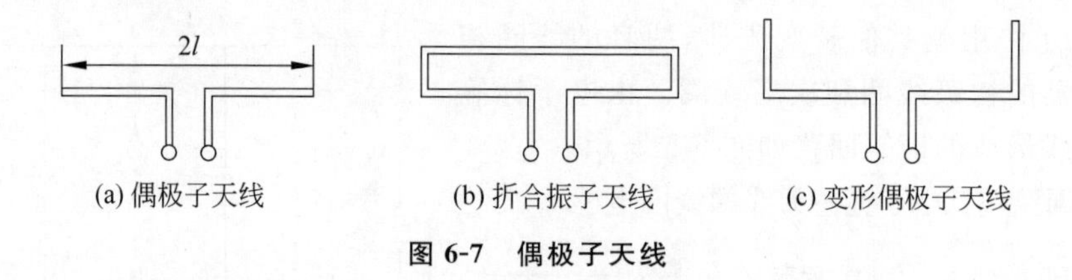


图6-7 偶极子天线

当单个振子臂的长度$l=\frac{\lambda}{4}$时,输入阻抗的电抗分量为零,天线输入阻抗可视为一个纯电阻。此时,天线总长度为半波长,所以偶极子天线称为半波振子。在忽略天线粗细的横向影响下,简单的偶极子天线设计可以取振子的长度$l$为$\lambda/4$的整数倍,如工作频率为2.45GHz的半波偶极子天线,其长度约为6cm。当要求偶极子天线有较大的输入阻抗时,可采用图6-7(b)的折合振子天线。

#### 4. 隧道天线

隧道天线用在很多传输系统中。天线围绕输送带，使得读写器的能量区域均匀辐射在隧道中，这样允许电子标签可以在不同的方向和位置被读取到。隧道天线放置在金属滚筒里面，使得读写器和电子标签之间耦合难度较大。因此，在设计隧道天线的过程中，电磁吸收和失真需要特别考虑。

#### 5. 天线阵列

可以把若干天线排列在空间并且相互连接，以便于产生一个定向的方向图，这样多个辐射元的结构称为天线阵列。当一些天线元素，通常是单个偶极子和反射体结合在一起，可以组成天线阵列，这就可以达到采用单一天线难以达到的电磁特性。通用天线阵列是由一个有源振子(一般用折合振子)、一个无源反射器和若干个无源引向器平行排列而成的端射式天线。

### 6.6.3　读写器与天线的连接

根据频率范围，使用不同的方法将天线线圈连接到读写器发送模块的输出端，通过功率匹配将天线线圈直接连接到功率输出级，或通过同轴电缆馈送到天线线圈。

#### 1. 利用电流匹配进行连接

对于近距离 RFID 应用，天线一般和读写器集成在一起。例如，对于 135kHz 以下频率范围内的低成本读写器，高频接口和天线线圈是相邻(几厘米)安装在一起的，甚至常常是在同一块电路板上。由于导线和天线的几何尺寸比所产生的高频电流的波长(2200m)小若干数量级，因而可以将信号简单地视为稳态信号来处理，这就意味着高频电流的电波特性可以忽略不计。这样，从电路技术上看，连接天线线圈相当于在低频输出级上连接了一个负载(扬声器)。

一般，方向性天线由于具有较少回波损耗，比较适合标签应用；由于标签放置方向不可控，读写器天线一般采用圆极化方式。读写器天线要求低剖面、小型化和多频段覆盖。对于分离式读写器，还将涉及天线阵的设计问题。国外已经开始研究在读写器应用智能波束扫描天线阵，读写器可以按照一定的处理顺序，“智能”地打开和关闭不同的天线，使系统能够感知不同天线覆盖区域的标签，增大系统覆盖范围。

#### 2. 通过射频同轴电缆馈接

对于远距离 RFID 系统，读写器天线和读写器一般采取分离式结构，通过阻抗匹配的同轴电缆连接。例如，对于超过 1MHz 以上的频率或是 135kHz 频率范围内天线导线较长的情况，不能将高频电压看作是稳态的，即使通过导线传输也必须将其作为电磁波来对待。因此，通过较长的、非屏蔽的双芯线来连接天线线圈将会在高频范围内产生不良效应(如功率反射、阻抗变换和寄生功率辐射)。这些不良效应都是由高频电压的电波特性所引起的。由于这些不良效应在实际工作中很难被控制，因而在无线电技术中通常都是使用屏蔽电缆，即同轴电缆。此时所配置的插孔、插头和同轴电缆的阻抗都是一致的(即50Ω)。

射频同轴电缆,是指有两个同心导体,而导体和屏蔽层又共用同一轴心的电缆,如图6-8所示。射频同轴电缆由绝缘材料隔离的铜线导体组成,在里层绝缘材料的外部是另一层环形导体,即外导体,外导体采用铜带成型、焊接、扎纹;或采用铝管结构;或采用编织结构,整个电缆由聚氯乙烯材料的护套包住。目前,常用的射频同轴电缆有50Ω和75Ω两类。

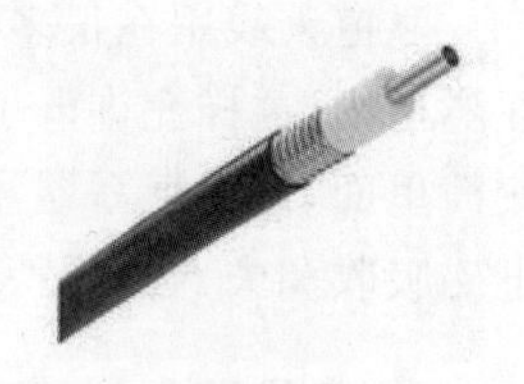

图6-8 射频同轴电缆

特性阻抗75Ω射频同轴电缆常用于CATV网,故称为CATV电缆,传输带宽可达1GHz,目前常用CATV电缆的传输带宽为750MHz。

特性阻抗50Ω射频同轴电缆主要用于基带信号传输,传输带宽为1～20MHz,一般特性阻抗50Ω细同轴电缆的最大传输距离为180m,粗同轴电缆可达1000m。

常用的射频同轴电缆主要有以下4种。

1) SYWV-50Ω系列物理发泡射频同轴电缆

该产品适用于地面移动通信或其他高频领域中做信号传输线,如图6-9(a)所示。此电缆目前被广泛应用于读写器与天线之间的连接电缆。电缆接头与读写器之间,以及电缆接头和天线接头之间常用TNC射频同轴连接器连接。在实际应用中,要求电缆长度越短越好,一般不超过3m,超过3m后对天线的读写距离将产生影响。

2) MSLYF(Y)VZ-50-9物理发泡PE绝缘编织外导体射频同轴电缆

该产品有信号传输线和天线的双重功能,并采用阻燃聚氯乙烯作外导体而生产的双层护套电缆,从而增强了电缆的机械强度和防潮防火性能,适用于煤矿用射频同轴电缆,如图6-9(b)所示。该系列电缆可用作在30～150MHz频段里的信号传输连接馈线,该电缆在煤矿里必须单独敷设使用。

3) SFF聚四氟乙烯绝缘射频同轴电缆

美国军方标准RG系列同轴电缆(MIL-C-17)如图6-9(c)所示。适用于无线电通信设备,固定敷设的高频、超高频传输线和类似的高频电子装置中,用作设备内外射频信号的传输。

4) HRCAY-50-9射频同轴电缆

铜包铝线内导体,绝缘标称外径9mm,聚乙烯护套,特性阻抗50Ω,超柔射频同轴电缆,如图6-9(d)所示。此类产品主要用于无线电通信、微波传输、广播通信等系统的基站内发射机、接收机、无线电通信设备之间的连接线。

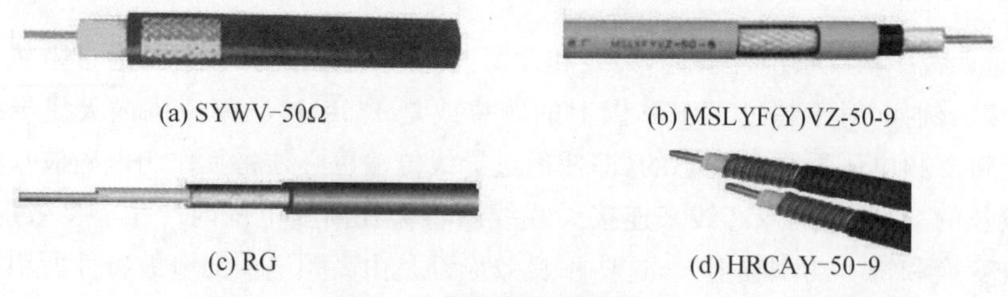

(a) SYWV-50Ω (b) MSLYF(Y)VZ-50-9

(c) RG (d) HRCAY-50-9

图6-9 常用射频同轴电缆

## 6.7 读写器的发展趋势

随着射频识别技术和集成芯片技术的发展,RFID系统的结构和性能也会不断提高。另一方面,实际应用需求的不断增加,对RFID系统的读写器也会提出更高的要求。因此,读写器的性能和功能也将不断增强,其发展趋势主要呈现在以下几个方面。

### 1. 多功能

为了适应市场对于RFID系统多样性和多功能性的要求,读写器将集成更多和更加方便、实用的功能。例如,为了使采集的数据快速、方便地传送到中央数据库或者数据处理中心,读写器有可能集成无线数据传输模块,如GSM、CDMA数据传输系统,目前国内已经生产出具有RFID读写器功能的手机原型。

为了某些应用方便,读写器将具有更多的智能性,集成数据采集功能具有一定的数据处理和管理功能,将应用系统的一些处理功能(如数据组织、查询、计算)下移到读写器中。这样,读写器就可以脱离中央处理计算机,做到脱机工作,具有门禁开关、自动报警、标识物体详细信息的显示等功能。

### 2. 智能多天线端口

为了进一步满足市场需求、扩大有效识别范围和降低系统成本,读写器将会具有智能的多天线接口。多天线读写器工作时,将按照一定的处理顺序,"智能"地打开和关闭不同的天线,使系统能够感知不同天线覆盖区域的标签,增大系统覆盖范围。也可以采取特殊的设计手段使读写器能够判定目标的方位、速度和方向信息。在某些特殊的应用领域,未来的系统也可能会采用智能天线相位控制技术,使RFID系统具有空间感应能力。

### 3. 多种数据接口

由于RFID系统应用的不断扩展和应用领域的增加,需要系统能够提供各种不同形式的接口,如RS-232、RS-422/RS-485、USB、红外、以太网口、无线网络接口和其他自定义接口。

### 4. 多制式兼容(兼容读写多种标签类型)

由于目前没有便于统一的RFID系统标准,各个厂家的系统互不兼容,但随着射频识别的统一,以及市场竞争的需要,只要这些标签协议是公开的,或者是经过许可的,某些厂家的读写器将兼容多种不同制式的电子标签,以提高产品的不同应用适应能力和市场竞争能力。

### 5. 小型化、便携式、嵌入式、模块化

小型化、模块化、接口化是读写器市场发展的一个必然趋势,读写器模块可以方便地和其他设备集成,共同动作。

### 6. 多频段兼容

由于目前缺乏一个便于统一的射频识别频率,不同国家和地区的射频识别产品具有不同的频率,如欧洲为869MHz、美国为902～928MHz。为了适应不同国家和地区的需要,读写器将朝着兼容多个频段、输出功率数字可控等方向发展。

### 7. 成本更低

相对来说,目前大规模的射频识别应用其成本还是较高的。随着市场的普及和新技术的发展,读写器和整个RFID系统的应用成本将会越来越低,最终实现所有需要识别和跟踪的物品都使用电子标签。

### 8. 更多新技术的应用

RFID系统的广泛应用和发展必然会带来新技术的不断应用,使系统性能更高,功能更加完善。例如,为了适应目前频谱资源紧张的情况,将会采用智能信道分配技术、扩频技术、码分多路等新的技术手段。

## 思考与练习

6-1 读写器的硬件包括哪些部分?它们的功能如何?

6-2 以无源标签为例,详细介绍读写器的工作过程。

6-3 在一个RFID应用系统中,读写器主要实现哪些功能?

6-4 如何根据不同的分类方法对读写器进行分类?各类读写器有何特点?

6-5 读写器协议由哪几部分组成?

6-6 读写器天线主要有哪几种结构形式?各有何特点?

6-7 如何衡量读写器天线的性能好坏?

6-8 对于分体式读写器,在读写器和天线之间的连接时应该注意哪些问题?

6-9 常用的读写器天线有哪几种?各有何特点?

6-10 简述读写器的发展趋势。

第7章

# RFID 系统关键技术

就 RFID 技术本身而言，它涉及信息、制造、材料等诸多高新技术领域，并涵盖了无线通信、芯片设计与制造、天线设计与制造、标签封装及工艺、计算机软件及系统集成、信息安全等技术领域，非常广泛。从产业和应用两方面来看，RFID 关键技术主要包括以下两方面。

**1. 产业化关键技术**

1）标签芯片设计与制造技术

低成本、低功耗是 RFID 芯片设计与制造技术永远追求的目标。除此之外，标签芯片设计与制造技术还包括适合标签芯片实现的新型存储技术，防冲突算法和电路实现技术，芯片安全技术，以及标签芯片与传感器的集成技术等。

2）天线设计与制造技术

天线设计与制造技术包括标签天线匹配技术，针对不同应用对象的 RFID 标签天线结构优化技术、多标签天线优化分布技术、片上天线技术、读写器智能波束扫描天线阵技术，以及 RFID 标签天线设计仿真软件等。

3）电子标签封装技术与装备

电子标签封装技术与装备包括基于低温热压的封装工艺、精密机构设计优化、多物理量检测与控制、高速高精度运动控制、装备故障自诊断与修复，以及在线检测技术等。

4）电子标签集成技术

电子标签集成技术包括芯片与天线以及所附着的特殊材料介质三者之间的匹配技术，标签加工过程中的一致性技术等。

5）读写器设计技术

读写器设计技术包括密集读写器技术、抗干扰技术、低成本小型化读写器集成技术，以及读写器安全认证技术等。

**2. RFID 应用关键技术**

1）RFID 应用体系架构

RFID 应用体系架构包括 RFID 应用系统中各种软硬件和数据的接口技术，以及服务技术等。

2) RFID系统集成与数据管理

RFID系统集成与数据管理包括RFID与无线通信、传感网络、信息安全、工业控制等的集成技术,RFID应用系统中间件技术,海量RFID信息资源的组织、存储、管理、交换、分发、数据处理和跨平台计算技术等。

3) RFID公共服务体系

RFID公共服务体系提供支持RFID社会性应用的基础服务体系的认证、注册、编码管理、多编码体系映射、编码解析、检索与跟踪等技术与服务。

4) RFID检测技术与规范

RFID检测技术与规范包括面向不同行业应用的RFID标签及相关产品物理特性和性能一致性检测技术与规范,标签与读写器之间空中接口一致性检测技术与规范,以及系统解决方案综合性检测技术与规范等。

本章主要从RFID系统的安全技术、多标签识别和多读写器防碰撞三个方面加以详细讨论。

## 7.1 RFID系统的安全技术

互联网的安全问题主要涉及读取控制、隐私保护、用户认证、不可抵赖性、数据保密性、通信层安全、数据完整性、随时可用性等方面。从物联网的体系结构来看,其应用层、传输层和感知层的安全问题与这8个方面都紧密相关。但是,由于物联网连接和处理的对象主要是人、物及其相关的数据,其所有权特性导致物联网信息安全要求比以处理文本为主的互联网更加复杂,对隐私权(Privacy)保护的要求更高。

此外,还有可信度(Trust)问题,包括防伪和拒绝服务(Denial of Services,DoS)、用伪造的末端冒充替换(Eavesdropping)等手段入侵系统,造成真正的末端无法使用等。因此,RFID系统作为物联网感知层核心技术,其安全问题成为RFID技术研究人员和有关生产厂家关注的重点。

### 7.1.1 RFID系统的安全隐患

根据RFID系统的原理,电子标签和读写器之间的通信是通过电磁波的形式实现的,其过程中没有任何物理或者可视的接触,这种非接触和无线通信存在严重的安全隐患,容易受到各种攻击。例如,在RFID系统应用过程中,攻击者通过向标签数据存储区写入非法命令,并将命令以数据形式传输到后台数据库服务器,导致应用系统被非法访问和控制。

同时,由于电子标签是有限资源,极大地限制了其运算能力,进一步增大了系统的安全隐患,如图7-1所示。这里讨论的RFID系统安全主要是指射频部分的安全隐患,包括以下三个方面。

#### 1. 电子标签

电子标签一般采取一定的方式粘贴在待识别物体对象的表面,它首先面临的一个安全隐患就是攻击者采取一定的手段把电子标签从物体对象的表面拆开、盗走,面临着数据被复制和永久性物理破坏的安全问题;其次,由于成本的限制,电子标签的存储空间非常有限,有的甚至仅容纳唯一的标识。

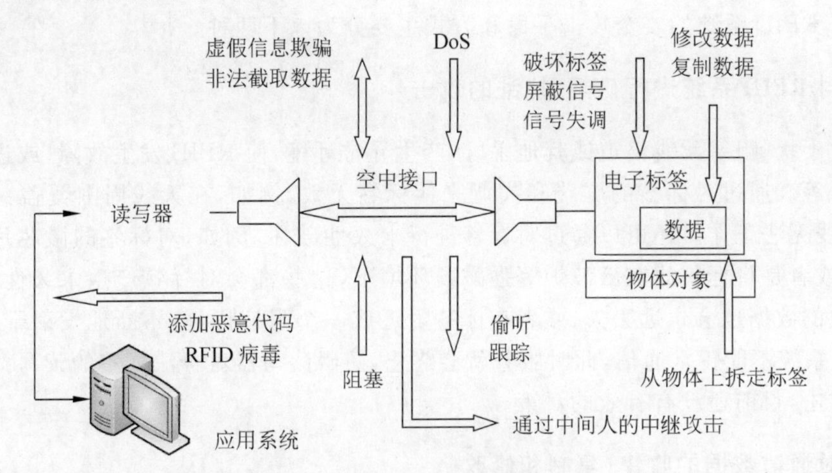


图 7-1 RFID系统面临的安全隐患

电子标签在计算能力和功率损耗方面具有一定的局限性,同时标签自身不具备足够的安全能力,所以会造成一些与电子标签进行通信的非法操作,进行数据的修改、复制,甚至删除电子标签内的信息。特别对于无源电子标签,由于缺乏自身能量供应系统,标签芯片很容易受到"能耗途径"攻击;此外,攻击者还通过在标签天线附近放置铁线圈,屏蔽电子标签天线的信号,使电子标签发送的信号失调或缩短发射距离。

### 2. 通信链路

RFID系统的通信链路包括前端电子标签到读写器的空中接口无线链路和后端读写器到后台系统的计算机网络。在前端空中接口链路中,由于无线传输信号本身具有开放性,使得数据安全性十分脆弱,给非法用户的非法操作带来方便。

例如,在读写器和电子标签通信过程中,攻击者通过向RFID系统提供不能辨认的虚假标签信息欺骗系统或发送大量的错误信息,导致RFID系统拒绝服务或中断正常的通信;攻击者通过中间人进行中继攻击(Relay Attack),中途截取并记录标签返回到读写器的部分数据信息,再重新发送给读写器,导致读写器与攻击者建立通信。不法分子可以假冒用户身份偷听、跟踪、篡改、删除标签数据。在后端通信链路中,系统面临着传统计算机网络普遍存在的安全问题,主要是恶意代码和病毒的攻击,属于传统信息安全的范畴。

### 3. 读写器

当读写器将数据发送给主机系统之前,都会先将信息存储在内存中,并用它来执行一些功能。在这些处理过程中,读写器功能就像其他计算机一样存在传统的安全侵入问题。目前,市场上大部分读写器都是私有的,只提供用户业务接口,一般不提供相应的扩展接口让用户自行增强读写器安全性。因此,读写器同样存在和其他计算机终端类似的安全隐患。

## 7.1.2 RFID系统的攻击手段

针对RFID系统的安全攻击手段和方式主要分为以下两种。

**1. 对RFID系统进行破坏、扰乱的攻击**

通过干扰、阻塞无线信道或其他手段,产生异常环境,使RFID发生故障,或进行拒绝服务攻击等。通过对标签的屏蔽和失调来使标签无效,例如,在天线周围覆盖一层金属箔,使天线无法工作。还可以通过对标签进行永久性破坏,例如,对标签的微芯片进行机械拆除,或者是将标签放在微波炉等强磁场环境下,这些都会对标签产生永久性破坏,当然标签内的数据也会永远丢失;或者在标签附近放一个阻塞标签,不断地发射干扰信号,使RFID系统不能正常通信,此时服务就会终止,妨碍读写器对合法标签的读写。对于这一类的攻击,目前还没有有效的对策。

**2. 对通信数据的收集、复制和修改**

主要包括欺骗伪造、重放、窃听、跟踪和浏览。欺骗伪造是指攻击者获取标签的敏感信息(如密钥或产品代码)后,可依此伪造出相同的标签并欺骗读写器进行验证,以获取利益。该手段属于主动攻击类型,破坏性大,是最常用的攻击手段,是RFID系统安全的主要隐患之一。

重放是指通过复制一个标签的信息来达到冒充标签的目的。

窃听是一种常见的被动攻击手段。窃听,是指攻击者使用射频设备探测读写器和RFID标签之间的通信内容。由于RFID系统通信的不对称性(读写器的发射功率远大于RFID标签的发射功率),攻击者可以轻松截获前向信道(读写器到RFID标签)内容。

跟踪是指当被查询的RFID标签会返回固定的信息时,攻击者就可以以此不断跟踪此RFID标签,如果此标签与人关联时就有泄露隐私的可能性。

浏览是指攻击者只要拥有与本RFID系统协议兼容的读写设备,就可以对RFID标签进行访问并可以获取标签上的信息,有可能导致个人信息的泄露,严重威胁个人隐私。

对于这一类攻击,加密就是很好的解决方法,例如对于读写器和标签之间的相互认证,读写器和标签之间的数据传输的加密,以及周期性的密钥更新。

当然,加密协议通常应用在安全性要求较高的应用领域,例如电子护照、电子支付、电子公交、票务等。存在的问题就是运用了加密协议之后会极大地增加能量的消耗,因此被动的远程技术目前还没有运用加密协议。

## 7.1.3 RFID系统的安全需求

作为条码的无线版本,RFID技术具有条码所不具备的防水、防磁、耐高温、读取距离远、标签上数据可以加密、存储数据容量更大和存储信息更改自如等优点,但同时也具有标签资源有限和标签信息易被未授权读写器访问等缺点,这些特点对于安全方案的设计提出一系列挑战。从RFID系统的安全需求出发,一种比较完善的RFID系统解决方案应当具备机密性、完整性、可用性、真实性和隐私性等基本特征。

### 1. 机密性

机密性确保RFID电子标签不应当向未授权读写器泄露任何敏感信息。在许多应用中，RFID电子标签中所包含的信息关系到消费者的隐私，这些数据一旦被攻击者获取，消费者的隐私权将无法得到保障。因而一个完备的RFID安全方案必须能够保证电子标签中所包含的信息仅能被授权读写器访问。

事实上，目前读写器和标签之间的无线通信在多数情况下是不受保护的(除了采用ISO 14443标准的高端系统)，因而未采用安全机制的电子标签会向邻近的读写器泄露标签内容和一些敏感信息。由于缺乏支持点对点加密和PKI密钥交换的功能，在RFID系统应用过程中，攻击者能够获取并利用RFID电子标签上的内容。

例如，商业间谍人员可以通过隐藏在附近的读写器周期性地统计货架上的商品来推断销售数据，抢劫犯能够利用RFID读写器来确定贵重物品的数量和位置，等等。同时，由于从读写器到电子标签的前向信道具有较大的覆盖范围，因而它比从电子标签到读写器的后向信道更加不安全。攻击者可以通过窃听技术，分析微处理器正常工作过程中产生的各种电磁特征，以获得电子标签和读写器之间或其他RFID通信设备之间的通信数据。实际中，通信过程中通常引入认证访问控制和轻量级的加密机制来保障电子标签与读写器通信的机密性。

### 2. 完整性

在通信过程中，数据完整性能够保证接收者收到的信息在传输过程中没有被攻击者篡改、替换或删除。在基于公钥的密码体制中，数据完整性一般是通过数字签名来完成的，但资源有限的RFID系统难以支持这种代价高的密码算法。在RFID系统中，通常使用消息认证码进行数据完整性检验，它使用的是一种带有共享密钥的散列算法，即将共享密钥和待检验的消息连接在一起进行散列运算，数据的任何细微变动都会对消息认证码的值产生较大影响。

事实上，除了采用ISO 14443标准的高端系统(该系统使用了消息认证码)外，在读写器和电子标签的通信过程中，传输信息的完整性无法得到保障。如果不采用访问控制机制，可写的电子标签存储器有可能被攻击者控制，攻击者通过软件，利用微处理器的通用接口，通过扫描电子标签和响应读写器的探询，寻求安全协议、加密算法和实现机制上的漏洞，进而删除RFID电子标签内容或篡改可重写电子标签内容。在通信接口处使用校验和的方法也仅仅能够检测随机错误的发生。

### 3. 可用性

RFID系统的安全解决方案所提供的各种服务能够被授权用户使用，并能够有效防止非法用户中断RFID系统的拒绝服务攻击。一个合理的安全方案应当具有节能的特点，各种安全协议和算法的设计不应太复杂，并尽可能地避开公钥运算，计算开销、存储容量和通信能力也应当充分考虑RFID系统资源有限的特点，从而使得能量消耗最小化。同时，安全性设计方案不应当限制RFID系统的可用性，并能够有效防止攻击者对电子标签资源的恶意消耗。

事实上,由于无线通信本身固有的脆弱性,多数RFID系统极易受到攻击者的破坏。攻击者可以通过频率干扰的手段,产生异常的应用环境,使合法处理器产生故障,进而在上层实现拒绝服务攻击,也可以使用阻塞信道的方法来中断读写器与所有或特定标签的通信。

**4. 真实性**

电子标签的身份认证是验证通信双方真实性的主要方法。攻击者可以通过获取电子标签实体,进而重构和伪造目标电子标签。攻击者可以利用伪造电子标签代替实际物品,或通过重写合法的RFID电子标签内容,使用低价物品标签的内容来替换高价物品标签的内容从而获取非法利益。同时,攻击者也可以通过某种方式隐藏标签,使读写器无法发现该标签,从而成功地实施物品转移。

读写器只有通过身份认证才能确信消息是从正确的电子标签处发送过来的。在传统的有线网络中,通常使用数字签名或数字证书进行身份认证,但这种公钥算法不适用于通信能力、计算速度和存储空间都相当有限的电子标签。

**5. 隐私性**

安全的RFID系统应当能够保护用户的隐私信息或相关经济实体的商业利益。事实上,目前的RFID系统面临着位置保密或实时跟踪的安全风险。个人携带物品的电子标签也可能会泄露个人身份,通过读写器能够跟踪携带不安全电子标签的个人,并将这些信息进行综合分析,就可以获取用户个人喜好和行踪等隐私信息。同时,一些情报人员也可能通过跟踪不安全的标签来获得有用的商业机密。

### 7.1.4 RFID系统的安全技术

RFID系统的安全一般涉及电子标签到读写器的空中接口安全和读写器到后台应用系统的通信安全。现有的RFID安全和隐私技术可以分为两大类:一类是通过物理安全机制阻止电子标签和读写器通信;另一类是通过逻辑方法增加安全机制。

**1. 物理安全机制**

物理安全机制是通过物理硬件等手段阻止非授权者访问RFID标签,它不受标签数据存储量和计算能力的限制。

1) Kill命令

Kill标签由标准化组织自动识别中心(AutoID Center)提出,使用了Kill命令之后标签永远不会产生调制信号以激活射频场,从而永久失效,无法再发送和接收数据。杀死标签的访问口令只有8位,恶意攻击者仅以$2^8$的计算代价就可以获得标签访问权。

由此可见,简单地删除标签ID或杀死标签并不是一个有效的检测和阻止标签扫描与追踪的隐私增强技术。例如,在零售业中,基于对消费者隐私的保护,必须在离开卖场时使标签失效,但是灭活标签是以牺牲标签功能和对商品的售后退货维修服务为代价的,并不能有效地解决商业用户的隐私问题。

2) 法拉第笼

由电磁场的概念可知,无线电波可以由传导材料构成的容器屏蔽。将电子标签置于一种由金属网或金属薄片制成的容器(通常称为法拉第笼)中屏蔽起来,进而使电子标签无法接收到能量而被激活,当然也就不能进行读写操作。如在货币嵌入 RFID 标签之后,人们可以利用基于法拉第笼原理的钱包阻止隐私侵犯者扫描,避免别人知道钱包内的钱数。但是这种方案很不方便,不具有普适性。

3) 主动干扰法

使用强电磁脉冲进行主动干扰,使得 RFID 读写器和天线感应出高电流,以阻止或中断附近其他 RFID 读写器的操作,从而干扰电路的正常工作。但是这种主动干扰的方法可能是违法的(至少是在高发射能量的情况下),而且它可能会给附近的 RFID 系统带来严重的破坏。

4) 阻塞标签

在受保护的标签附近放置廉价的被动 RFID 设备来实时发射假冒电子标签的 ID,将有用的信号隐藏起来,从而使非授权者的设备不能准确识别有用的信号。这种方法的优点是基本不需要修改标签,也不必执行密码运算,减少了投入的成本,但是恶意的阻塞标签对系统进行拒绝服务攻击,也因此破坏了 RFID 系统的正常服务。

5) 只读标签

禁止电子标签被写入,在标签芯片设计时设置成只读标签,可以消除数据被篡改和删除的风险,但仍然存在被非法阅读的风险。

6) 动态频率法

对于读写器,可使用任意频率,这样未经授权的用户就不能轻易地探测或窃听读写器与电子标签之间的通信;对于电子标签,特殊设计的电子标签可以通过一个保留的频率传送信息。动态频率法需要复杂的电路设计,因此将提高设备成本。

7) 天线能量分析法

通过分析信号的信噪比实现对不同距离读写器的响应。该方法需要一个额外的附加电路,使电子标签能够粗略估计读写器的距离,并以此为依据改变动作行为。但是,该方法通过判断距离远近来辨别对读写器的信任度,存在一定的设计漏洞,可以结合远程接入控制技术来弥补。

8) 指令识别法

可以使用存储芯片来确认指令的合法性。指令信号可以被记录在存储器中并用于返回信号,读写器以此特征指令信号为依据来辨别电子标签信号的合法性。

此外,电子标签还可以通过增加一些内置控制转换或隐私增强技术,使用噪声抑制或者不可连接协议来确保用户能够控制和阻止非法 RFID 读写器的连接。

从上面的分析来看,物理安全机制存在很大的局限性,往往需要增加一些额外的辅助设备。这不但增加了额外的成本,还存在其他缺陷。例如,Kill 命令对电子标签的破坏具有不可逆性;某些贴有电子标签的物品不便置于法拉第笼中;对于阻塞标签方法需要一个额外的电子标签,给最终用户增加了成本。

### 2. 逻辑安全控制机制

逻辑安全控制机制包括访问控制、认证和加密算法三个方面。

为了防止泄露电子标签的内容,保证仅有授权实体才可以读取和处理相关电子标签内的信息,可通过建立相应的访问控制协议来实现,如随机 Hash Lock 协议、Hash Chain 协议和基于 Hash 的 ID 变化协议等、基于共享秘密和伪随机函数的安全协议、基于逻辑位运算的安全协议、基于消息认证码的安全协议、基于循环冗余校验的安全协议、基于加密算法的安全协议等。

与物理安全机制相比,基于密码安全机制解决 RFID 系统的安全问题更加灵活、便捷。目前,采用密码安全机制解决 RFID 系统的安全问题已成为业界研究和应用的重点,其主要研究内容是利用各种成熟的密码方案和机制来设计和实现符合 RFID 安全需求的密码协议。

从以上分析来看,没有任何一种单一的手段是可以彻底保证 RFID 系统的应用安全的。在保证 RFID 系统安全性的问题上,往往需要采用综合性的解决方案。目前,主流厂商主要采用以下安全解决方案。

(1) 电子标签数据的密文存储保护技术。

(2) 电子标签内存密码技术。

(3) 电子标签内存开关技术。

(4) 电子标签认证技术。

(5) 设置读写器自保护技术。

(6) 设置数据读取探测器。

(7) 使用灭活电子标签技术。

(8) 使用法拉第笼技术。

(9) 使用有源干扰技术。

(10) 使用公钥加密技术。

(11) 使用 Hash 函数加密技术。

# 7.2 多标签识别技术

## 7.2.1 多标签识别概述

电子标签与条码的一个很显著的区别就是一次只能扫描一个条码,而 RFID 读写器可同时辨识数个电子标签。

RFID 系统工作时,在读写器的作用范围内可能会有多个标签同时存在。多标签同时应答时产生的标签数据混叠问题就是人们通常所说的多标签碰撞,也就是多标签识别,即当在读写器的作用范围内有多个标签时,在信道共用、信号频率相同的情况下,多个电子标签同时向读写器发送信号,这些信号就会相互干扰而产生信道争夺的情况,产生数据碰撞,从而造成读写器与电子标签之间的通信失败,无法识别目标对象,如图 7-2 所示。

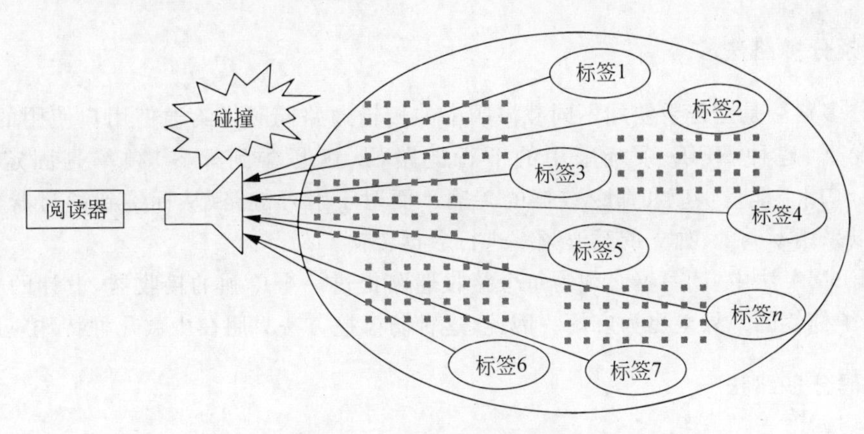


图 7-2　多标签碰撞示意图

为了防止这些冲突的产生，实现 RFID 读写器的多标签识别，必须采用有效的防碰撞算法加以克服。

从读写器到标签的通信，类似于无线电广播方式，多个接收机（标签）同时接收同一个发射机（读写器）发出的信息。这种通信方式也称为无线电广播。

从标签到读写器的通信称为多路存取，即在读写器的作用范围内有多个标签的数据同时传送给读写器。无线电通信系统中，多路存取方法或者标签冲撞问题的解决方式一般采用空分多路法（Space Division Multiple Access，SDMA）、频分多路法（Frequency Division Multiple Access，FDMA）、码分多路（Code Division Multiple Access，CDMA）和时分多路法（Time Division Multiple Access，TDMA）等通信技术。这几种多路存取的方法各有优缺点，要看具体系统的应用场景。

## 7.2.2　多标签防碰撞方法

### 1. 空分多路法

空分多路法是在分离的空间范围内进行多个目标识别的技术。一种方法是将读写器和天线的作用距离按空间区域进行划分，把多个读写器和天线的覆盖面积并排地安置在一个阵列中，当标签经过这个阵列时离它最近的读写器就可以与它进行通信，因为每个天线的覆盖面积小，所以在相邻的读写器区域内有其他标签时仍然可以相互交换信息而不受相邻标签的干扰，这样许多标签在这个阵列中由于空间分布可以被识别而不会相互影响。

第二种方法是在读写器上安装一个电子控制定向天线，该天线的方向直接对准某个标签。所以不同的标签可以根据它在读写器作用范围内的角度位置区分开来。可以采用相控阵天线作为电子控制定向天线，这种天线阵列由若干偶极子元件构成。由于天线结构尺寸小的关系，这种方法只有当频率大于 850MHz（典型值为 2.45GHz）时才能使用。

SDMA 法的缺点是其天线系统相对复杂，实施费用相当高。因此，只用在一些特殊的场合，例如大型的马拉松活动。

### 2. 频分多路法

频分多路法是把若干使用不同载波频率的传输通路同时供给通信用户使用的技术。一般情况下，这种RFID系统采用的下行链路(从读写器到标签)频率是固定的(如125MHz)，用于能量供应和命令数据的传输。而对于上行链路(从标签到读写器)，电子标签可以采用不同的、独立的载波频率进行数据传输。

在FDMA法中，读写器必须为每个接收通路提供一个单独的接收器，设计的成本比较高，电子标签的差异也更为麻烦。因此，这种防碰撞方法只用在少数几种特殊应用上。

### 3. 码分多路法

码分多路法也是一种共享信道的方法，每个用户可在同一时间使用同样的频带进行通信，但使用的是基于码型的分割信道的方法，即每个用户分配一个地址码，各个码型互不重叠，通信各方之间不会相互干扰，且抗干扰能力强。码分多路复用技术主要用于无线通信系统，特别是移动通信系统。它不仅可以提高通信的话音质量和数据传输的可靠性，以及减少干扰对通信的影响，而且增大了通信系统的容量。

CDMA的缺点是频带利用率低、信道容量较小、地址码选择较难、接收时地址码捕获时间较长，其通信频带和技术复杂性等使得它很难在RFID系统中得到推广应用。

### 4. 时分多路法

TDMA法是以信道传输时间作为分割对象，通过多个信道分配互不重叠的时间片的方法实现。具体来说，通信链路上的每一短暂时刻只有一路信号存在。由于数字信号是有限个离散值，所以TDMA更适用于包括计算机网络在内的数字通信系统。TDMA法可分为同步时分多路法和统计时分多路法。

对RFID系统，由于应用简单，容易实现大量标签的读写，所以TDMA法构成了防碰撞算法最大的一类。这种方法又分为标签控制法(标签驱动)和读写器控制法(询问驱动)。

标签控制法的工作是非同步的，因为这里没有读写器的数据传输控制。按照电子标签成功完成数据传输后是否通过读写器发出的命令断开，又可分为“开关断开”法和“非断开”法。这种方法很慢而且不灵活，因此大多数采用读写器控制法。

在读写器控制法中，所有的标签同时由读写器进行检测和控制。通过一种规定的算法，在读写器作用范围内首先在选择的标签组中选中一个标签，然后完成读写器和标签之间的通信(如识别、读出和写入数据)。因为在某一时间内只能建立唯一的时间关系，为了选择另外一个标签，应该解除与原来标签的通信关系。读写器控制方法进一步划分为“轮询法”和“二进制搜索法”。

“轮询法”需要用到所有可能的电子标签的序列号清单。所有的序列号被读写器依次询问，直至某个有相同序列号的电子标签响应为止。轮询法查询的速度依赖于电子标签的数目，一旦电子标签数目很大，则识别的速度会很慢。所以，这种方法只适用于读写器范围内只有几个电子标签的情况。

最灵活和应用最广泛的是"二进制搜索法"。对于这种方法来说，为了从一组标签中选择其中之一，读写器发出一个请求命令，通过一个合适的信号编码，能够确定发生碰撞位的准确位置，从而对电子标签返回的数据做出进一步判断，发出另外的请求命令，最终确定读写器作用范围内的所有标签。

综合分析来看，由于其复杂的天线系统产生的高费用，使得 SDMA 法应用不是很广泛；FDMA 法因其读写器的费用比较高，应用也受到了限制。因此，在 RFID 系统中，TDMA 法应用比较广泛。

目前，解决电子标签防碰撞问题的方法主要有三种：不确定性算法（概率性算法、基于概率的 ALOHA 算法）、确定性算法（决策树）和这两种算法的混合。实际应用的防碰撞算法基本上都是基于 ALOHA 算法和二叉树搜索算法的改进。下面分别对不确定性和确定性两种算法进行介绍。

## 7.2.3　不确定性防碰撞算法

不确定性算法也称为概率性算法，主要是指一类基于 ALOHA 的算法，其主要思想是通过减少标签冲突发生的概率来实现的，其最具代表性的算法是 ALOHA 算法、时隙 ALOHA 算法、动态时隙 ALOHA 算法、帧时隙 ALOHA 算法、动态帧时隙 ALOHA 算法、自适应动态帧时隙 ALOHA 算法，以及基于分组的动态帧时隙 ALOHA 算法等。

### 7.2.3.1　ALOHA 算法

ALOHA 算法实质是一种无规则的时分多路复用，或者称为随机多路，仅适合于实时性不高的场合，只能用于只读标签中，只存储一些电子标签的序列号。这种算法采取"电子标签先发言"的方式，即电子标签一进入读写器作用区域就自动向读写器发送自身的信息，对同一个电子标签来说其发送数据帧的时间也是随机的。也就是说，ALOHA 算法是一种信号随机接入的方法，采用电子标签控制方式，即电子标签一进入读写器的作用范围内，就自动向读写器发送自身的序列号，随机与读写器进行通信。因此，其主要核心思想是通过减少标签冲突发生的概率来实现。

该算法的工作原理是，当多个电子标签在读写器识别范围内时，每个标签随机地选择一个时间段进行发送，如果其他电子标签也在发送数据，那么发送的信号会重叠并引起碰撞（见图 7-3），传输不成功。在这种情况下，发送方就得不到确认响应。当标签被识别或

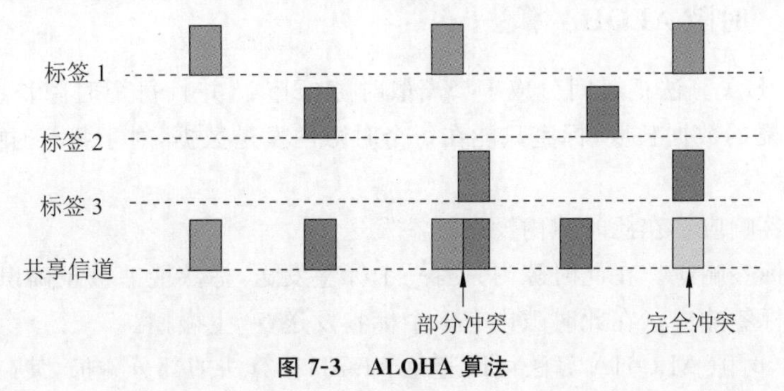


图 7-3　ALOHA 算法

者不被识别,都会随机退避一段时间,然后,重新发送以减少冲突。如此反复,直至所有的标签被识别完。该退避时间是标签在某个时间内随机产生的随机数,因为随机数不同,各个标签等待的时间不同,就可以避开碰撞。显然,碰撞的次数与通信业务量有关,通信业务量越大,碰撞的可能性(概率)也越大。冲突周期是 $2T_0$,$T_0$ 为传输一个数据包所用的时间。

下面分析 ALOHA 算法的性能。首先定义如下参数。

吞吐率 $S$——$T_0$ 时间内电子标签成功完成通信的平均次数。

发送数据包数量 $G$——$T_0$ 时间内电子标签的平均发送数据包的数量(包括发送成功的数据包和因冲突未发送成功的数据包)。

因此,吞吐率 $S$ 表示为

$$S = GP_s \tag{7-1}$$

式中,$P_s$——到达的电子标签能够成功完成通信的概率。

由概率论可知,每秒钟发送的信息帧的数目服从泊松分布,因此 $t$ 时间内发送 $n$ 个数据帧的概率

$$P(n) = \frac{(\lambda t)^n \mathrm{e}^{(-\lambda t)}}{n!} \tag{7-2}$$

式中,$\lambda$——每秒平均发送的总的信息帧数,$G=\lambda T_0$。

在 $2T_0$ 时间内没发送信息(即 $n$ 为 0)的概率

$$P = \mathrm{e}^{-2G} \tag{7-3}$$

由式(7-1)和式(7-3)得到纯 ALOHA 算法的吞吐率

$$S = G\mathrm{e}^{-2G} \tag{7-4}$$

根据发送数据包数量 $G$ 和吞吐率 $S$ 的关系可知,当 $G=0.5$ 时,系统的吞吐率可以达到最大值 18.4%,这个结果是很不理想的。在数量较少的电子标签场合,传输通道的大部分时间没被利用;扩大电子标签数量时,电子标签之间的碰撞概率立即增大,80%以上的通道容量没有被利用。

其主要特点是各个标签发射时间不需要同步,完全是随机的,实现简单,当标签数据量不大时可以很好地工作,可以较好地解决多标签通信问题,但由于其采用了随机发送的办法,极有可能会导致某个用户始终无法发送数据的情况,即出现“饿死”(Starvation)问题,而且其信道利用率也极低,最大不超过 18.4%。因此针对以上问题,提出了一些扩展算法,如时隙 ALOHA 算法。

#### 7.2.3.2 时隙 ALOHA 算法

时隙 ALOHA 算法把时间分成多个离散时隙(Slot),并且每个时隙长度等于或稍大于电子标签回复的数据长度,标签只能在每个时隙内发送数据,对于每个时隙存在以下三种情况。

(1) 无标签响应。在此时隙内没有标签发送。

(2) 一个标签响应。在此时隙内只有一个标签发送,标签能够被正确识别。

(3) 多个标签响应。在此时隙内有多个标签发送,产生碰撞。

由此可见,时隙 ALOHA 算法可以避免 ALOHA 算法的部分碰撞,使碰撞周期减半,

以提高信道的利用率。

假设数据大小一样(即传输时间 $t$ 相同),并且两个标签要在时间间隔 $T \leqslant 2t$ 内把数据传送给读写器,那么简单的 ALOHA 算法总会出现冲突,而使用时隙 ALOHA 算法时,数据包是在同步时隙内才开始传送的,所以碰撞时间缩短为 $T=t$。因此,可得出时隙 ALOHA 算法的吞吐率 $S$ 可用式(7-5)来计算。

$$S = Ge^{-G} \tag{7-5}$$

显然,当 $G=1$ 时,系统的吞吐率达到最大值 36.8%,比纯时隙 ALOHA 算法提高了 1 倍。但是这种算法需要一个同步时钟以使读写器阅读区域内所有标签的时隙同步,并且要求标签能够计算时隙。因此,这是一种读写器控制的 TDMA 防碰撞算法。

#### 7.2.3.3 动态时隙 ALOHA 算法

时隙 ALOHA 算法的吞吐率 $S$ 在 $G=1$ 时达到最大值。如果有许多应答器处于读写器的作用范围内,像存在的时隙那样,再加上另外到达的应答器,那么吞吐率很快接近于 0。在最不利的情况下,经过多次搜索也可能没有发现序列号,因为没有唯一的应答器能单独处于一个时隙之中发送成功。所以,需要准备足够的时隙,这种做法降低了防碰撞算法的性能。

由于所有时隙段的持续时间与可能存在的应答器数有关,也许只有唯一的一个应答器处于读写器作用范围内。弥补的方法是创建动态时隙 ALOHA 算法,这种方法使用可变数量的时隙。

一般是用请求命令传送可供应答器(瞬时的)使用的时隙数。读写器在等待状态中在循环时隙段内发送请求命令(使在读写器作用范围内的所有应答器同步,并促使应答器在下一个时隙里将它的序列号传输给读写器),然后有 1～2 个时隙给可能存在的应答器使用。如果有较多的应答器在两个时隙内发生了碰撞,就用下一个请求命令增加可供使用的时隙的数量(如 1,2,4,8,…),直到能够发现一个唯一的应答器为止。然而,也可以用具有很大数量的时隙(如 16,32,48,…)经常地提供应用。为了提高性能,只要读写器认出了一个序列号就立即发送一个中断命令,封锁在中断命令后面的时隙中其他应答器地址的传输。

#### 7.2.3.4 帧时隙 ALOHA 算法

时隙算法在选择时隙发送数据时,完全由标签随机选择时隙,具有不确定性,同时还有可能存在浪费时隙的问题。Vogt、Khandelwal 等人提出使用帧时隙 ALOHA (Framed Slotted ALOHA)算法。该算法在时隙算法的基础上进行了改进,将时间段定义为时间帧,每帧再划分成若干时间隙,电子标签在每个帧内随机选择一个时隙来完成与读写器的通信,当多个电子标签同时选择同一个时隙时,就可能再次发生碰撞。因此,这些标签需要进入下一轮的识别,即重新选择随机时隙,完成通信,直至所有标签全部识别完毕。

帧时隙算法较时隙算法有了很大的进步,其规定了时隙数量,从而能比较精确地控制标签的收发,算法实现比较简单,可用于传输信息量比较大的场合,识别过程中需要维护一个同步通信开销。

该算法也存在一定的局限性,如果帧长与标签数相差比较大时,识别效率将急剧下降。当帧长远远小于标签数时,识别时间将大大增加;当帧长远远大于标签数时,帧中时隙又会出现浪费。因此,如何选择帧长是该算法研究的重点。同时,帧时隙算法也存在标签"饿死"问题。但是,总的来说,时隙和帧时隙较纯的 ALOHA 算法有很大的进步,其吞吐率和信道利用率可达到纯 ALOHA 算法的 2 倍。

#### 7.2.3.5 动态帧时隙 ALOHA 算法

针对帧时隙帧长分配的问题,Cha 和 Kim 等学者提出了动态帧时隙 ALOHA (Dynamic Framed Slotted ALOHA)算法。在识别过程中,读写器将标签返回的数据进行统计和分析,将所有收到的帧时隙分为空闲时隙(Idle Slots)、成功时隙(Successful Slots)和冲突时隙(Collision Slots)三类。然后根据这些统计数据,采用某种算法动态地调整分配给电子标签的帧长以此来匹配标签数。在标签数未知的情况下,避免了盲目的帧长分配,在一定程度上提高了标签识别效率,缩短了识别的时间,克服了基本帧时隙算法的缺点。

根据动态调整帧长所采用的不同算法,动态帧时隙又分为如下两种。

(1) 根据空闲帧的数目来动态调整帧长。读写器在收到的所有时隙中,统计空闲时隙的数目。因空闲时隙数在一定程度上反映了帧长与标签数之间的关系,所以可以根据空闲时隙数来增加或减少下次分配给标签的帧长。读写器端设定两个阈值(Lower Threshold, Upper Threshold),当空闲时隙数小于 Lower Threshold 时,就增加帧长;而当空闲时隙数大于 Upper Threshold 时就减少帧长;当空闲时隙数介于两者之间时则无须调整。采用这种动态调整帧长的方法后,识别效率较基本的帧时隙 ALOHA 算法有了显著提高。

(2) 根据冲突时隙来动态调整帧长。读写器在首次与标签进行通信时,先设置帧长为一个较小值(如 2 或 3 等),然后与标签进行通信;若收到的全是冲突时隙,则需要增大帧长进行下一轮通信;如此反复,直至首次发现成功时隙,即成功识别出一个或多个标签为止;当发现成功时隙后,将该时隙对应标签设置为睡眠状态;然后再次将帧长设置为初始值(同上),重复上面的步骤,直至最终识别完所有标签。该算法的效率受初始值和标签数的影响,当初始值非常小,而标签数非常大时,则需要迭代相当多的次数才能找到一个成功时隙。

#### 7.2.3.6 自适应的动态帧时隙 ALOHA 算法

对于以上两种动态调整帧长的方法,都有收敛速度慢的缺点,即需要迭代很多次方能找到一个相对较好的帧长,Vogt 和 Cha 等学者提出了高级或自适应的动态帧时隙 ALOHA(Adaptive Dynamic Framed Slotted ALOHA)算法。该算法的基本思想是采用概率统计的方法对每轮的标签数进行估计,根据估计的标签数,在下一轮读取时即使用该估计的标签数作为帧长,达到自适应分配帧长的目的,其收敛速度和帧长分配的有效率都优于以上两种方法。

#### 7.2.3.7　基于分组的动态帧时隙 ALOHA 算法

针对上面介绍的动态帧时隙的缺点，即在识别大量标签时算法性能会急剧下降的问题，Lee、Joo 等人提出了一种改进后的动态帧时隙算法，即基于分组的动态帧时隙算法(Grouping Based Dynamic Framed Slotted ALOHA)。该算法的基本思想：对所有电子标签进行随机分组，在组间做随机避让，组内进行冲突检测和标签仲裁。对于大量标签来说，如何分组是一个问题。

综上所述，基于 ALOHA 类算法的改进重点是如何准确地估计标签数——标签估计算法(TEM)和如何优化分配帧时隙——时隙分配算法(SAM)。同时，针对大规模标签应用的场合，传统的帧时隙算法显然无法应对，因此需要采用基于分治法的策略，将标签分为一个个数目较小的组，然后逐个识别，最后达到全部识别的目的。而对于如何分组尚没有一个比较好的方法，传统的做法是由标签随机地选择组，但这样会带来算法性能不稳定以及标签分布不均的问题，因此如何分组将是以后研究的重点。

### 7.2.4　确定性防碰撞算法

确定性防碰撞算法，是指一类基于树的防碰撞算法，由 Capetanakis 首次提出。其基本思想是通过读写器与电子标签间的问答式的通信，依靠读写器较强的计算能力和存储能力，建立起一棵关于标签 ID 的树。根据问答时采取的不同协议，标签 ID 在树中的表示形式又有所不同。

总的来说，该类算法主要分为二叉树搜索算法和查询树搜索算法两种。它们所建立起来的树分别称为二叉树和查询树，基于这两类算法，国内外很多专家学者都给予了不同的改进方案，其目的都是一样的，那就是总识别时间尽量短，识别率尽量高，能量消耗尽可能小。下面对两种算法做一个简要概述。

**1. 二叉树搜索算法**

二叉树搜索算法的基本思想是将处于碰撞的标签分成两个子集 0 和 1，先查询子集 0，若没有冲突，则正确识别标签；若仍有冲突，再分裂。把自身的 0 分为 00 和 01 两个子集，以此类推，直到识别出子集 0 中的所有标签，再按此步骤查询子集 1，如图 7-4 所示。

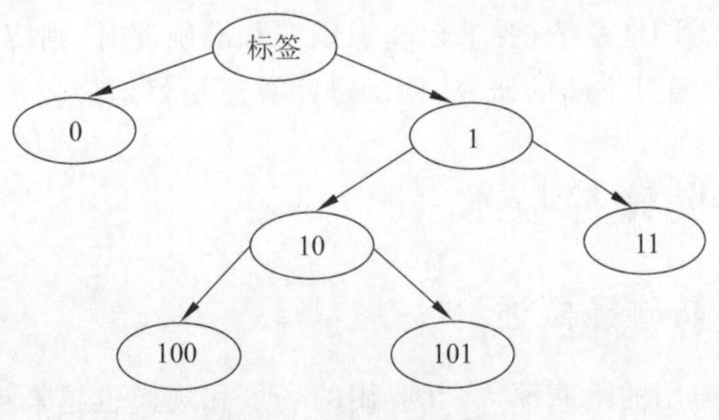


图 7-4　二叉树搜索算法

二叉树搜索算法是一种无记忆的算法,即标签不必存储以前的查询情况,这样可以降低成本。在这种算法中读写器查询的不是一个比特,而是一个比特前缀,只有序列号与这个查询前缀相符的标签才响应读写器的命令而发送其序列号。当只有一个标签响应时读写器可以成功识别标签,但是当有多个标签响应时,下一次循环中读写器就把查询前缀增加一个比特0,通过不断增加前缀读写器就能识别所有的标签。二叉树搜索的前提是要辨认出读写器中数据碰撞的准确位置,选用曼彻斯特编码可以检测出碰撞位。

采用二叉树搜索算法的RFID系统的特点具有较高的稳定性,易于用软件实现,吞吐率最高可达36.4%,但ID不能太长,ID越长所需的时间就越长,当时间超过一定限度时,这种算法将不再适用。对于二进制算法存在的局限性,许多学者提出一些改进后的防碰撞算法,如后退式树形防冲撞算法、自适应或高级的二进制划分算法等。

**2. 查询树算法**

对于基于划分思想进行识别的算法,Ching等学者提出使用查询树来代替二叉树,进而得到查询树(Q-Tree)算法。

Q-Tree算法每次向标签集广播一个ID前缀查询串,该查询串一般大于1,标签根据收到的前缀串与自身完整的ID串进行匹配,若匹配成功,则向读写器发送自身ID,读写器根据发过来的ID进行二叉树的构造;若没有响应,则说明没有以该查询串为前缀的标签,于是当前节点最后一位取反,进入下一轮重新进行匹配;若仅有一个标签响应,则说明成功识别到了一个标签,将该标签ID标为当前叶子节点,该叶子节点即是已经识别到的标签;若收到的响应中发现冲突,则将前缀串扩展一位(0或1),并且当前节点自动分裂为左子树和右子数,分别代表0和1。然后将扩展后的前缀设为当前查询串再次发往标签集,重复上面的步骤,直至识别完所有标签。该算法的稳定性比较好,而且识别率达到100%。识别完成后,每个叶子节点即代表了标签ID。

在所有基于树的算法中,都利用了二叉树的特性,在识别过程动态自适应地调整读写器对标签的分类规则达到减少通信开销和缩短识别时间的目的,同时也给读写器端的存储能力和计算能力提出更高的要求。

从RFID应用的角度来看,对于小型的需要识别的标签数量较少的RFID系统,采用改进型的ALOHA算法比较合适,有利于降低成本和容易在实际应用中实现。对于所需识别标签数量较大的RFID系统,要求较高识别率和准确度时,则应该采用改进型的二进制搜索算法,同时需要通过不断的研究,使二进制算法更好地应用于实际。

## 7.3 多读写器防碰撞技术

### 7.3.1 多读写器防碰撞概述

随着RFID系统应用的不断深入,其应用的场景和规模也越来越大,如物流供应链管理、位置跟踪,等等。为了覆盖整个区域,避免出现信号盲区,确保没有标签被漏读,整个空间内会紧密地部署大量的读写器,形成读写器网络。这样读写器之间不可避免地会导致某些区域的信号有相互重叠的现象。

在这些信号重叠区域，当多个读写器同时使用相同的通信频率去读取同一个标签时，由于射频信号的“相互碰撞”(干扰)，使得该标签不能正确识别目标读写器的信号，不能将信息及时返回给目标读写器，从而导致读写器与标签之间通信失败。对于无源标签，其工作电能来自于读写器天线，它返回给目标读写器的反射信号比较弱，容易受到附近读写器发射的较强信号的干扰，同样也会导致该无源标签与目标读写器通信失败。这两种读写冲突问题统称为读写器防碰撞问题。

## 1. 读写器之间的碰撞

当一个读写器 $R_1$ 准备与标签 $T_1$ 通信时，由于附近其他读写器(如 $R_2$)存在射频干扰信号，当读写器 $R_2$ 发出的信号有足够的强度，并且被读写器 $R_1$ 收到时，就掩盖或阻塞了 $R_1$ 与标签 $T_1$ 的通信，导致目标读写器 $R_1$ 无法正常与该标签 $T_1$ 通信。这就是读写器与读写器之间的碰撞问题，如图 7-5 所示。

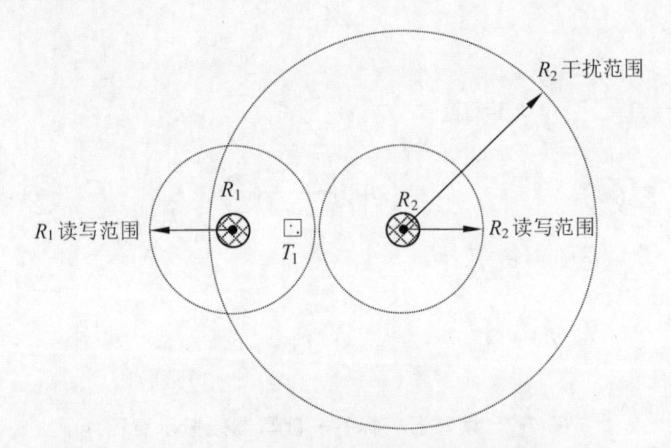


图 7-5　读写器与读写器之间的碰撞

设 $d$ 为频率复用的最小距离(即两个读写器使用相同频率而不会产生相互干扰的最小距离)，如图 7-6(a)所示。用 $D(R_1,R_2)$表示读写器 $R_1$ 与 $R_2$ 之间的距离，$f(R_i,t)$表示在时间 $t$ 分配给第 $i$ 个读写器的频率。当 $D(R_1,R_2)<d$，且 $f(R_i,t)=f(R_j,t)(i=1, j=2)$时，读写器就会发生碰撞，如图 7-6(b)所示。

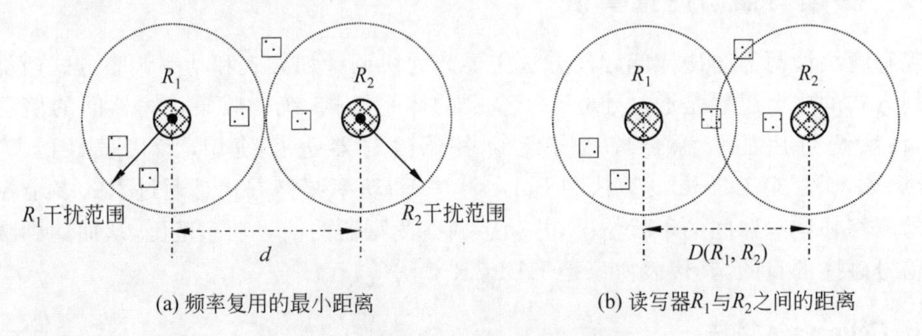


(a) 频率复用的最小距离　　(b) 读写器$R_1$与$R_2$之间的距离

图 7-6　多读写器之间干扰示意图

**2. 读写器—标签—读写器碰撞**

读写器—标签—读写器碰撞有两种情形：第一种是指两个或者多个读写器的重叠读写区域内存在标签，当这些读写器同时读取该标签时出现的碰撞。如图7-7(a)所示，标签$T_1$在读写器$R_1$和$R_2$重叠区域内，当$R_1$和$R_2$同时使用相同的通信频率向$T_1$发送读写标签的射频信号时，$T_1$无法确定读写命令是来自于$R_1$还是$R_2$，不能向目标读写器做出正确的响应。

第二种情形是指读写器发送给标签的射频信号，由于其他读写器的强干扰信号的影响，标签接收到的信号是读写信号和射频干扰信号的总和，导致无法正确识别目标读写器并做出响应，进而通信失败。如图7-7(b)所示，$R_1$、$R_2$的读写区域不存在重叠，$R_1$也不在$R_2$的干扰范围之内。然而位于$R_1$读写范围和$R_2$干扰范围值之内的标签$T_1$接收到的信号是$R_1$读写信号和$R_2$强干扰信号的总和，因此它不能识别$R_1$的信号，无法做出响应。

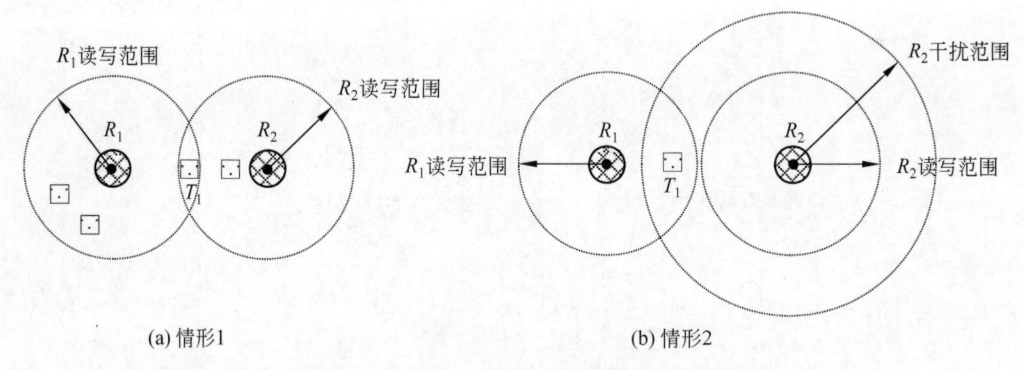


图7-7 读写器—标签—读写器碰撞示意图

设读写器$R_i$的识别范围是$Z(R_i)$，$D(R_i,R_j)$表示读写器$R_i$与$R_j$间的距离，若$Z(R_i)+Z(R_j)>D(R_i,R_j)$，且$R_i$与$R_j$同时工作，将会发生碰撞。

当然，如果标签具有一定的抗干扰能力，在一些特定的条件下，也能解调出有用的读写器信号，所以多读写器对标签产生的干扰与标签的抗干扰能力有关。

## 7.3.2 多读写器防碰撞算法

现有解决读写器防碰撞问题的方法主要分为协调计划方式和功率调整方式两类。协调计划方式的主要思想是通过建立一个全网的体系结构，统一收集读写器间的信息碰撞消息，将系统可用的资源合理地分配给多个读写器进行使用，其代表性的算法有Colorwave算法、Q-Learning算法和Pulse算法等；功率调整方式是通过引入多个控制节点来检测相邻读写器间的干扰情况，并动态调整读写器的信号功率范围，从而达到减小读写器信号碰撞的目的，其代表协议是HLLCR算法等。

**1. Colorwave算法**

为了解决读写器碰撞问题，基于时分多路技术(TDMA)，MIT AutoID Center的

James Waldrop 等提出了 Colorwave 算法。该算法是最早被提出的解决读写器碰撞问题的方法之一。在该算法中，必须先构建一个读写器碰撞的网络，然后把读写器碰撞问题降级为经典着色问题(Classic Coloring Problem)。

具体为，把所有的读写器看成 $N$ 个点，能互相干扰的点之间连一根线，这样可以得到一个或多个连通图，时隙的数量即为可提供使用的颜色数量。用这些颜色使各个连通图上相邻的点填充不同的颜色，即可避免干扰的发生。

该算法要求所有读写器之间同步，同时还要求所有的读写器都可以检测 RFID 系统的碰撞。

**2. Q-Learning 算法**

Q-Learning 算法是一个分等级的在线学习算法，用来决定频率和时间的分配问题。通过重复地与 RFID 系统交互，Q-Learning 试图去发掘一种在所有时隙上的最优频率分配方案，总共有三个等级，即读写器、RServers 和 QServers。利用 QServers 给 RServers 分配频率和时隙，总 QServers 监视和分配所有频率源和时隙源。RServers 再将这些资源分配给读写器，同时收集读写器的状态给 QServers。只有获得频率资源的读写器可以同标签进行通信。但是 QServers 不能像 RServers 那样知道读写器之间的约束关系，这些信息都从服务器的直接下一级服务器获得。

**3. Pulse 算法**

印度的 Shailesh M. Birari 和 Sridharlyer 提出了 Pulse 算法，它是另一种 TDMA 算法。在该算法中，使用两个信道来解决读写器碰撞的问题，分别是数据信道和控制信道。控制信道用于发送忙音，用于读写器之间的通信；数据信道用于读写器和标签之间的通信。那样，在控制信道上的控制信息传输不会影响数据信道上的数据信息传输。当读写器正在与标签数据交换时会在控制信道周期性地发送 beacon 信息给周边的邻居，以便告诉周边的邻居自己正在读取数据。Pulse 算法实现起来比较简单，比较适合动态拓扑变化比较频繁的网络。

**4. Native Sending 算法**

在该算法中，每个读写器只有在需要的时候才发送一个读写器询问命令(Reader Tag-Inventory Request)，不管是发生了读写器与读写器的碰撞，还是读写器与标签的碰撞，碰撞的读写器必须重新发送询问命令。基于这种算法的改进算法是 Random Sending 算法，在该算法中，发送(Sending)和再发送(Resending)的随机化可以减少发生碰撞的概率。如果读写器在发送阅读命令之前，后退一个随机的时间间隔，碰撞的概率会降低。

另外，还可以通过控制器阅读范围的方法来减小读写器之间的碰撞，或者消除多余读写器也可以降低碰撞率，若一个读写器覆盖范围内的标签被其他的读写器所覆盖，那么可以关闭该读写器来降低防冲撞算法的复杂度，同时也可以节约资源，当然问题的关键是找到一种有效的多余读写器的算法，还有如何控制读写器的开关。

### 7.3.3 多读写器模式规定与防碰撞

EPCglobal Class1 Gen 2 标准中关于多读写器模式的规定有两个：一个是传输规范(Transmit Mask)；另一个是密集或多读写器工作环境下的信道使用规定。

在传输规范中，规定了两种多读写器工作环境，分别为多读写器环境和密集读写器环境。在这两种不同的环境下有两种不同的传输规范，分别规定了读写器信号的功率谱分布，以减少临道或其他信道上同时工作的读写器的干扰。

信道使用规定中，介绍了频率分配计划和时分多路转换法，都分别针对特定的规定环境，最大限度地减少和消除读写器与标签的冲突。欧洲单信道规定，读写器与标签只能用半双工的方式来工作，而读写器只能用时分多路方式来避免干扰。

在欧洲多信道规定下，读写器和标签分别工作在偶数信道和奇数信道，从而避免了其他读写器对目标读写器接受标签应答信号的干扰。

在美国多信道规定下，读写器和标签在频谱上是分开的。读写器的工作频载位于信道中间，而标签的应答信号在信道的边界。读写器不需要同步，并且可以采用调频的工作方式。在频率分配计划中允许标签和读写器分别工作在两个信道，从而消除读写器到读写器的干扰和减弱读写器到标签的干扰。

## 思考与练习

7-1 从产业和应用两个方面来看，RFID关键技术有哪些？

7-2 从系统的角度分析 RFID 系统存在的安全隐患。

7-3 为了确保应用系统的安全运行，RFID 系统必须具备什么样的安全要求？

7-4 安全攻击的攻击方式有哪两种？应对它们的主要技术手段是什么？

7-5 分析多标签碰撞产生的原因。

7-6 多标签防碰撞方法有哪些？它们有何特点？

7-7 定量分析和比较 ALOHA 算法和时隙 ALOHA 算法的性能差异。

7-8 如何利用二叉树搜索算法解决 RFID 系统的多标签碰撞问题？

7-9 常用的多读写器防碰撞算法有哪些？它们有什么特点？

7-10 分析多标签防碰撞与多读写器防碰撞的区别。

第8章

# RFID 技术标准体系

物联网称为下一个万亿级的高技术产业，具有广阔的发展前景。RFID 技术是物联网感知世界、实现全球范围内物品跟踪与信息共享的关键技术之一，它涉及诸多学科、涵盖众多技术和应用领域。为防止技术壁垒，促进技术合作，扩大产品和技术的通用性，需要建立 RFID 技术标准体系。

但是，到目前为止，RFID 技术还未形成统一的全球化标准，尚处于多标准共存的时代。各个厂家推出的 RFID 产品互不兼容，严重制约和影响了 RFID 产品的推广及 RFID 技术的发展。

随着物联网的全球化，射频识别技术标准之争异常激烈。许多国家或地区从自身的利益和安全出发，都在发展自己的 RFID 技术标准。这是 RFID 技术国际标准尚未统一的一个主要原因之一。

另一方面，由于 RFID 技术涉及电气特性、通信频率、数据格式和元数据等诸多方面，其相关的应用也牵涉众多行业，同时，各个国家或地区在技术要求和行业应用方面具有较大的差异性，其相关的标准盘根错节，非常复杂。

如何让这些标准互相兼容，让 RFID 产品在世界范围内通用，是当前亟待解决的重要问题。

## 8.1 RFID 标准化概述

### 8.1.1 RFID 标准的社会影响因素

到目前为止，各个 RFID 企业所采用的大多是专有技术，所使用的频率、编码、存储规则和数据格式等都不尽相同。读写器和标签不能通用，企业与企业之间就无法顺利地进行数据交换与协同工作，从而把 RFID 技术的应用范围局限在某个企业的内部。事实证明，RFID 技术标准化是推动 RFID 产业化进程的必要措施。要实现物联网的构想，就必须制定一个与互联网相类似的、详细的、统一规范而且开放的 RFID 技术标准。

由于 RFID 相关标准涉及无线通信管理、人类健康、个人隐私和数据安全等方面的社会影响因素，因此，RFID 技术标准的确定不仅仅依赖于技术层面问题的解决，更依赖于社会各方面力量的协调。

### 1. 无线通信管理

在日常生活中,电磁波无处不在。飞机的导航、电台的广播等,都要使用电磁波。为了充分利用不同频段的无线电磁波,避免相关干扰,各国对于无线电通信频段进行了划分和管制。美国就电磁波频率的使用实行了许可证制度。在我国,电磁波频率的使用许可由工业和信息化部无线电管理局进行归口管理,它主要负责无线电频谱的规划、无线电频率的划分、分配与指派,依法监督管理无线电台(站);负责卫星轨道位置协调和管理,协调处理军地间无线电管理相关事宜;负责无线电监测、检测、干扰查处,协调处理电磁干扰事宜,维护空中电波秩序,依法组织实施无线电管制;负责涉外无线电管理工作。

因此,无线电产品的生产和使用都必须符合各个国家的许可。各国根据自身的实际应用需要制定的无线电频段划分有所不同,这就需要各国有关部门进行协调。特别是针对 RFID 技术的频段使用都要有统一的、明确的规定和要求。

### 2. 人类健康

与此有关的国际组织主要是国际非电离辐射防护委员会(International Commission on Non-Ionizing Radiation Protection,ICNIRP)。它是一个为世界卫生组织及其他机构提供有关非电离辐射防护建议的独立机构。目前,许多国家使用其推荐的标准作为本国的电离放射规范和标准。该组织的主要职责是制定工作频率、功率和无线电波辐射对健康影响的标准。

现代电子技术的发展给人类创造了巨大物质文明,也把人类带进了充满人造电磁辐射的环境中。由于电磁辐射危害人体健康,其已成为继水、空气、噪声之后的第四大环境污染源,并已被联合国人类环境会议列入必须控制的污染源。我国环保部门也已于 1999 年 5 月 7 日正式告知新闻界:电磁辐射对机体(人体)有危害。

电磁波对人体的危害分为三种:导致人体全部或部分温度升高的宏观致热效应;仅使人体器官内的细胞或部分病变的微观致热效应;电磁波的电场或磁场与人体组织和细胞作用而引起的非致热效应。因此,在制定 RFID 相关技术标准时,应遵守 ICNIRP 对无线电发射频率和功率的有关规定。

### 3. 个人隐私

个人隐私表现在两方面:一方面,被授权读取电子标签的组织(发行方等),非正当使用读取的数据,具体包括泄露电子标签中的交易数据,或者读取的数据超过授权范围;另一方面,第三方未经授权,非法读取电子标签的特殊 ID 与信息,利用其他方法结合读取的信息进行跟踪。隐私问题的解决基于同意原则,即用户或消费者能够容忍的程度。对于 RFID 的普及来说,隐私权保护是一个最大的难题。从 2009 年年初开始,美国各个州相继推出了 RFID 隐私权保护法案。这些法案各不相同。

### 4. 数据安全

经济合作与发展组织(Organization for Economic Cooperation and Development,

OECD)曾发布有关文件,规定了信息系统和网络安全的指导方针。与 ISO 17799(信息安全管理的实践代码)相似,并不强制要求遵从这些指导方针,但这些指导方针却为信息安全计划提供了坚实的基础。

## 8.1.2　RFID 标准化组织

目前,国际上形成了五大标准组织,分别代表了国际上不同团体或者国家的利益。这五大标准化组织分别如下。

### 1. 国际标准化组织和国际电工委员会

国际标准化组织和国际电工委员会(International Organization for Standardization, International Electrotechnical Commission,ISO/IEC)是信息技术领域最重要的标准化组织之一,其 RFID 标准化工作最早可以追溯到 20 世纪 90 年代。1995 年国际标准化组织 ISO/IEC 第一联合技术委员会(Joint Technical Committee for Information Technology, JTCI)设立了第 31 分技术委员会(简称 SC31),负责自动识别和数据采集技术的标准化制定工作。下设 7 个工作组,其中工作组 Work Group1(WG1)负责数据载体,WG2 负责数据结构,WG3 负责一致性,WG4 负责射频标签,WG5 负责实时定位系统,WG6 负责移动物品识别和管理,WG7 负责物品管理的安全性。

还有一些其他的 ISO 技术委员会也会涉及部分 RFID 的相关标准,如 ISO/IEC TC-104 货运集装箱标准化技术委员会公布了一个 RFID 用于海运集装箱的标准,ISO TC-122 包装标准化技术委员会和 ISO TC-104y 的联合工作组也正在开发一系列 RFID 供应链管理的应用标准。和其他非强制性标准一样,ISO 标准是否被采用也取决于市场的需求。

### 2. EPCglobal

EPCglobal 是由美国统一代码协会 UCC 和国际物品编码协会 EAN 于 2003 年 9 月联合成立的非营利性机构,其前身是 1999 年 10 月 1 日在美国麻省理工学院(MIT)成立的非营利组织 AutoID 中心。它通过国际物品编码协会在全球 100 多个国家和地区的编码组织来推动和实施 EPC 工作,主要包括推广 EPC 标准、管理 EPCglobal 网络、实施 EPC 系统的推广工作。

全球最大的零售商沃尔玛连锁集团、德国麦德龙集团、英国最大的零售公司(TESCO)等 100 多家美国和欧洲的流通企业都是 EPC 的成员,同时有 IBM、微软、AutoID 实验室等提供技术研究支持。各国编码组织负责管理 EPC 系统成员的注册和标准工作,同时负责在当地推广 EPC 系统,并提供技术支持和培训。

目前,EPCglobal 已经在加拿大、日本、中国等国家建立了分支机构。在我国,EPCglobal 授权中国物品编码中心作为唯一负责我国 EPC 系统的注册管理、维护和推广应用工作的执行机构。

### 3. 泛在识别中心

泛在识别中心(Ubiquitous ID Center)于 2003 年 3 月由 T-Engine 论坛领导成立,并

得到日本政府,以及 NEC、日立、东芝等大型企业的支持,其主要任务是在 T-Engine 论坛内开展 UID 技术的研究开发、标准化和普及活动。泛在识别中心的主要活动包括研究和开发用于自动识别"物品"和"场所"的核心技术[包括码制(uCode)的标准化和编码配置],开展作为泛在识别技术基础的系统应用,等等。

**4. AIM Global**

自动识别与数据采集(Automatic Identification and Data Collection,AIDC)组织先前主要负责制定全球的条码标准。1999 年,该组织另外成立了自动识别制造商(Automatic Identification Manufacturers,AIM)协会,目的在于推出 RFID 标准。AIM Global 有 13 个国家或者地区的分支机构,而且目前其全球会员数目已经升至 1000 多个。

AIM Global 是可移动环境中自动识别、数据收集和网络建设方面的专业协会,是世界性的机构,致力于促进自动识别和移动技术在世界范围内的普及和应用,成员主要是射频识别技术、系统和服务的提供商。AIM Global 由技术符号委员会、北美及全球标准咨询集团、RFID 专家组(RFID Experts Group,REG)等组成,开发射频识别技术标准,同时也是条码、RFID 和磁条技术认证的机构。

**5. IPX**

IPX 是以南美、澳大利亚和瑞士等为中性主权的第三世界标准组织,其标准主要在南非、大洋洲等国家推行。

此外,还有一些区域性的标准化组织,如欧洲计算机制造协会(ECMA)在 RFID 基础上提出了近距离通信(NFC)的技术标准,并获得欧洲电信标准协会(ETSI)以及 ISO/IEC JTCI/SC6(系统间通信与信息交换)的认可,发布了相应的技术标准。美国国家标准协会(ANSI)下的 MHI、NCITS(国家信息技术标准化委员会)等也制定了与 RFID 技术相关的技术标准,大部分标准目前已经或者正在上升为 ISO 标准。

除此之外,欧洲标准化委员会(CEN)、英国标准协会(BSI)、德国标准化协会(DIN)、美国电信协会(ATA)、美国汽车工业协会(AIAG)、美国电子工业协会(EIA)等也制定了与 RFID 相关的区域国家或产业联盟标准,并希望通过不同的渠道提升为国际标准。

## 8.1.3 RFID 标准体系结构

射频识别技术标准化的目标在于通过制定、发布和实施标准、解决编码、通信、空中接口和数据共享等问题,最大限度地促进 RFID 技术和相关系统的应用。由于射频识别是物联网感知世界的关键技术,需要通过射频识别技术中的数据编码结构、数据的读取需要通过标准进行规范,以保证电子标签能够在全世界范围跨地域、跨行业、跨平台使用,实现人与物、物与物之间的互联和通信。

RFID 标准体系结构主要包括 RFID 技术标准、RFID 应用标准、RFID 数据内容标准和 RFID 性能标准,如图 8-1 所示。其中编码标准和通信协议(通信接口)是争夺比较激烈的部分,二者也构成了 RFID 标准的核心。

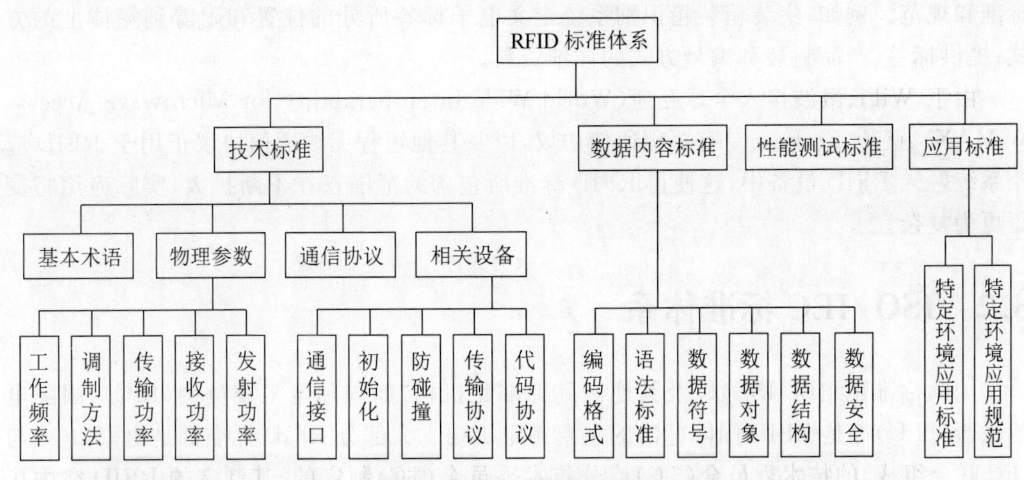


**图 8-1 RFID 标准体系结构**

### 1. RFID 技术标准

RFID 技术标准主要定义了不同频段的空中接口和相关参数,包括基本术语、物理参数、通信协议和相关设备等。

RFID 技术标准按低频、高频、超高频和微波 4 种不同的工作频率进行划分,并规定了不同频率的电子标签数据传输方法和读写器工作规范。例如,当工作频率为 134.2kHz 时,数据传输有全双工和半双工两种方式,电子标签采用 FSK 调制、NRZ 编码,读写器数据以差分双相代码表示。

RFID 技术标准也定义了 RFID 中间件的应用接口。RFID 中间件是电子标签和应用程序之间的接口,从应用程序端使用中间件提供的一组应用程序接口(API),就能连接到 RFID 读写器,读取电子标签数据。

### 2. RFID 数据内容标准

RFID 数据内容标准涉及数据协议、数据编码规则和语法,主要包括编码格式、语法标准、数据符号、数据对象、数据结构和数据安全等。RFID 数据内容标准能够支持多种编码格式,包括 EPCglobal 所规定的标签数据编码格式和美国国防部物品标识符编码格式。

### 3. RFID 性能测试标准

测试是所有信息技术类标准中非常重要的部分。RFID 性能测试标准主要涉及设备性能和一致性测试方法,主要包括印刷质量、设计工艺、测试规范。

### 4. RFID 应用标准

RFID 应用标准主要涉及特定领域或环境中 RFID 应用系统的构建规则,包括 RFID 在物流配送、仓储管理、交通运输、信息管理、动物识别、矿井安全、工业制造等领域的应用标准和规范。例如,集装箱装箱识别系统定义电子标签所处的位置和附着到箱体上的方式;提供标签、产品封装和编号方式的详细资料。

由于 WiFi、微波接入全球互通(World Wide Interoperability for Microwave Access,WiMAX)、蓝牙、ZigBee、专有短程通信协议,以及其他短程无线通信协议正用于 RFID 应用系统融入 RFID 设备中,这使得 RFID 标准所包含的范围正在不断扩大,实际应用将变得更为复杂。

## 8.2 ISO/IEC 标准体系

国际标准化组织(ISO)以及其他国际标准化机构,如国际电工委员会(IEC)、国际电信联盟(ITU)等是 RFID 国际标准的主要制定机构。大部分 RFID 标准都是由 ISO(或与 IEC 联合组成)的技术委员会(TC)或分技术委员会(SC)制定的,其制定的 RFID 空中接口协议系列标准受到了最为广泛的关注。

ISO/IEC 已出台的标准主要包括基本的模块构建、空中接口和涉及的数据结构及其实施问题。具体可以分为技术标准、数据内容标准、性能测试标准和应用标准 4 个方面。

### 8.2.1 技术标准

ISO/IEC 技术标准规定了 RFID 的有关技术特性、技术参数和技术规范等。技术标准在 RFID 系统中举足轻重,它将直接决定系统传输与识别的可靠性和有效性。ISO/IEC 制定的 RFID 技术标准主要有 ISO/IEC 10536、ISO/IEC 14443、ISO/IEC 15693 和 ISO/IEC 18000 四个系列标准。

#### 1. ISO/IEC 10536

ISO/IEC 10536 标准的全称是密耦合非接触集成电路(Contactless Integrated Circuit),主要定义密耦合 IC 卡(Contactless Integrated Circuit Card,CICC)的结构和工作参数。密耦合 IC 卡,是指作用距离为 0～1cm 的非接触式 IC 卡。ISO/IEC 10536 标准由物理特性(ISO/IEC 10536-1)、耦合区的尺寸和位置(ISO/IEC 10536-2)、电信号和复位规程(ISO/IEC 10536-3)、复位应答和传输协议(ISO/IEC 10536-4)四部分组成。

密耦合 IC 卡标准 ISO/IEC 10536 主要是在 1992—1995 年发展的。由于这种 IC 卡的生产成本高,且与接触式 IC 卡相比,没有优势。因此,这种密耦合系统从未在市场上销售过,并且至今尚未得到应用。

#### 2. ISO/IEC 14443

ISO/IEC 14443 主要是针对近耦合集成电路卡(Proximity Integrated Circuit Card,PICC)制定的国际标准,采用的载波频率为 13.56MHz,定义了 Type A、Type B 两种类型协议,通信速率为 106kb/s。该系列标准共分为物理特性、空中接口和初始化、防冲突和传输协议、扩展命令集和安全特性四部分。符合该标准的 RFID 设备及标签的最大识别距离约为 10cm。

该标准在国内外的应用已经非常广泛，我国第二代居民身份证中的射频识别技术采用的就是ISO/IEC 14443 Type B协议。Type B与Type A相比，由于调制深度和编码方式的不同，具有传输能量不中断、速率更高、抗干扰能力更强的优点。

**3. ISO/IEC 15693**

ISO/IEC 15693全称为疏耦合非接触集成电路卡，主要定义了疏耦合卡（Vicinity Integrated Circuit Card，VICC）的作用原理和工作参数。VICC卡，是指作用距离为0～1m的非接触IC卡，这种IC卡主要应用在具有简单状态机的、价格低的存储器件作为数据载体，已经广泛应用于电子票证、门禁管理、图书馆管理等领域。

ISO/IEC 15693采用的载波频率仍为13.56MHz，主要包括物理特性、空中接口和初始化、防冲突和传输协议、扩展命令集和安全特性四部分。目前该标准已被广泛应用，符合该标准的RFID设备技术已经非常成熟，最大识别距离可达1m。

**4. ISO/IEC 18000**

ISO/IEC 18000是用于单品管理的射频识别技术的一系列标准。此标准是目前最新的也是最热门的标准。由于不同频段的RFID标签在识别速度、识别距离、适用环境等方面存在较大差异，单一频段的标准不能满足各种应用的需求，ISO/IEC制定了5种频段的空中接口协议，它涵盖了125kHz～2.45GHz的通信频率，识别距离由几厘米到几十米。该系列标准分为以下六部分。

1）ISO/IEC 18000—1

主要是对ISO/IEC 18000系列做一个总体的描述，给出了参考结构和标准化的参数定义，规范了空中接口通信协议中共同遵守的读写器与标签的通信参数表、知识产权基本规则等内容。这样每一个频段对应的标准不需要对相同内容进行重复规定。

2）ISO/IEC 18000—2

适用于中频125～134kHz，规定了在标签和读写器之间通信的物理接口，读写器应具有与Type A和Type B标签通信的能力；规定了协议和指令，以及多标签通信防碰撞方法。

此标准的标签分为两种类型，即Type A和Type B，它们在物理层上存在不同，但是支持相同的协议和防碰撞机制。Type A标签工作在125kHz的双工通信模式下，它使用同一信道进行读写器与标签之间的双向传输。Type B标签工作在134.2kHz的半双工通信模式下，它使用两个不同的单向信道进行读写器到标签和标签到读写器的单向传输。

3）ISO/IEC 18000—3

适用于高频段13.56MHz，规定了读写器与标签之间的物理接口、协议和命令，以及防碰撞方法。关于防碰撞协议可以分为两种模式，而模式1又分为基本型与两种扩展型协议（无时隙无终止多应答器协议和时隙终止自适应轮询多应答器读取协议）；模式2采用时频复用FTDMA协议，共有8个信道，适用于标签数量较多的情形。

4）ISO/IEC 18000—4

适用于微波段2.45GHz，规定了读写器与标签之间的物理接口、协议和命令，以及防碰撞方法。该标准包括两种模式：模式1是无源标签，工作方式是读写器先讲(RTF)；模式2是有源标签，工作方式是标签先讲(TTF)。主要用于货品管理领域。

5) ISO/IEC 18000—6

适用于超高频段860～960MHz，规定了读写器与标签之间的物理接口、协议和命令，以及防碰撞方法，包含Type A、Type B和Type C三种无源标签的接口协议，通信距离最远可以达到10m。

目前，常见的超高频(UHF)RFID读写器和RFID模块有两个标准可供选择，分别是ISO 18000—6B和ISO 18000—6C(EPC C1G2)标准。

Type C由EPCglobal起草，并于2006年7月获得批准，它在识别速度、读写速度、数据容量、防碰撞、信息安全、频段适应能力、抗干扰等方面有较大提高。2006年递交了V4.0草案，它针对带辅助电源和传感器电子标签的特点进行了扩展，包括标签数据存储方式和交互命令。带电池的主动式标签可以提供较大范围的读取能力和更强的通信可靠性，不过其尺寸较大，价格也更高。

符合此标准的RFID设备工作在超高频段，标签和读写设备采用反向散射的方式工作，标签利用接收到的由读写器发出的射频能量，将其中的编码信息利用电波传播回去，其工作距离较大，可超过10m。此标准中符合Type A协议的标签存储容量大，可达几千比特，抗冲突能力弱，指令类型多，已鲜有应用。符合Type B协议的标签储存容量可达2Kb，有一定的抗冲突能力。符合Type B协议的RFID技术只在少数闭环系统中得到应用，如我国某移动通信运营商的资产管理系统。

目前，Type C协议的应用前景最为看好，其前身就是EPCglobal Class 1 Gen 2超高频空中接口协议标准。符合Type C协议的标签读写速度快，抗干扰性好，抗冲突能力强，未来成本会很低(低于5美分)，适合开环应用。该标准已经得到了世界上众多企业的支持，目前已经开始应用到供应链管理、图书馆管理、资产追踪、后勤管理等众多领域。

6) ISO/IEC 18000—7

适用于超高频段433.92MHz，属于有源电子标签。规定了读写器与标签之间的物理接口、协议和命令，以及防碰撞方法。有源标签识别范围大，适用于大型固定资产的跟踪。

### 8.2.2 数据内容标准

ISO/IEC数据内容标准主要规定了数据在标签、读写器到主机(即中间件或应用程序)各个环节的表示形式。由于标签能力(存储能力、通信能力)的限制，在各个环节的数据表示形式必须充分考虑各自的特点，采取不同的表现形式。另外，主机对标签的访问可以独立于读写器和空中接口协议，也就是说，读写器和空中接口协议对应用程序来说是透明的。RFID数据协议的应用接口基于ASN.1，它提供了一套独立于应用程序、操作系统和编程语言，也独立于标签读写器与标签驱动之间的命令结构。

ISO/IEC数据内容标准主要包括数据协议/应用接口ISO/IEC 15961、数据编码规则和逻辑存储功能协议ISO/IEC 15962、与辅助电源和传感器相关的标准有空中接口协议ISO/IEC 24753、电子标签的唯一标识ISO/IEC 15963。

**1. ISO/IEC 15961**

规定了读写器与应用程序之间的接口，侧重于应用命令与数据协议加工器交换数据的标准方式，这样应用程序可以完成对电子标签数据的读取、写入、修改、删除等操作功能。该协议也定义了错误响应消息。

**2. ISO/IEC 15962**

规定了数据的编码、压缩、逻辑内存映射格式，以及如何将电子标签中的数据转化为应用程序有意义的方式。该协议提供了一套数据压缩的机制，能够充分利用电子标签中有限数据存储空间和空中通信能力。

**3. ISO/IEC 24753**

扩展了 ISO/IEC 15962 数据处理能力，适用于具有辅助电源和传感器功能的电子标签。增加传感器以后，电子标签中存储的数据量和对传感器的管理任务大大增加了，ISO/IEC 24753 规定了电池状态监视、传感器设置与复位、传感器处理等功能的规范。ISO/IEC 24753 与 ISO/IEC 15962 一起，规范了带辅助电源和传感器功能电子标签的数据处理与命令交互。它们的作用使得 ISO/IEC 15961 独立于电子标签和空中接口协议。

**4. ISO/IEC 15963**

规定了电子标签唯一标识的编码标准，该标准兼容 ISO/TS 14816、INCITS 256 等，以及保留对未来的扩展。注意与物品编码的区别，物品编码是对标签所贴附物品的编码，而该标准标识的是标签自身。

## 8.2.3　性能测试标准

测试是所有信息技术类标准中非常重要的部分，ISO/IEC RFID 标准体系中包括设备性能测试方法和一致性测试方法。

**1. ISO/IEC 18046**

射频识别设备性能测试方法，主要内容有标签性能参数及其检测方法，包括标签检测参数、检测速度、标签形状、标签检测方向、单个标签检测和多个标签检测方法等；读写器性能参数及其检测方法，包括读写器检测参数、识别范围、识别速率、读数据速率、写数据速率等检测方法。

该标准定义的测试方法形成了性能评估的基本架构，可以根据 RFID 系统应用的要求，扩展测试内容。应用标准或者应用系统测试规范可以引用 ISO/IEC 18046 性能测试方法，并在此基础上根据应用标准和应用系统具体要求进行扩展。

**2. ISO/IEC 18047**

对确定射频识别设备（标签和读写器）一致性的方法进行定义，也称为空中接口通信测试方法。该测试方法只要求那些被实现和被检测的命令功能,以及任何功能选项。它与ISO/IEC 18000系列标准相对应。一致性测试是确保系统各部分之间的相互作用达到的技术性要求,即系统的一致性要求。只有符合一致性要求,才能实现不同厂家生产的设备在同一个RFID网络内能够互连互通互操作。

一致性测试标准体现了通用技术标准的范围,即实现互连互通互操作所必需的技术内容,凡是不影响互连互通互操作的技术内容尽量留给应用标准或者产品的设计者。

### 8.2.4 应用标准

随着RFID技术越来越广泛的应用,ISO/IEC认识到需要针对不同应用领域中所涉及的共同要求和属性制定通用技术标准,而不是每一个应用技术标准完全独立制定。

在制定物流与供应链ISO 17363~17367系列标准时,直接引用ISO/IEC 18000系列标准。通用技术标准提供的是一个基本框架,而应用标准是对它的补充和具体规定,这样既保证了不同应用领域RFID技术具有互连互通与互操作性,又兼顾了应用领域的特点,能够很好地满足应用领域的具体要求。应用技术标准是在通用技术标准的基础上,根据各个行业自身的特点而制定的,它针对行业应用领域所涉及的共同要求和属性。

应用技术标准与用户应用系统的区别是应用技术标准针对一大类应用系统的共同属性,而用户应用系统针对具体的一个应用。如果用面向对象分析思想来比喻,把通用技术标准看成是一个基础类,则应用技术标准就是一个派生类。目前,ISO/IEC制定的应用标准分为以下四大类。

#### 1. 货运集装箱系列标准

ISO TC 104技术委员会专门负责集装箱标准制定,是集装箱制造和操作的最高权威机构。与RFID相关的标准,由第四子委员会(SC4)负责制定。包括如下标准。

1) ISO 6346集装箱编码、ID和标识符号,1995年制定

该标准提供了集装箱标识系统。集装箱标识系统用途很广泛,例如在文件、控制和通信(包括自动数据处理),像集装箱本身显示一样。在集装箱标识中的强制标识,以及在自动设备标识(Automatic Equipment Identification,AEI)和电子数据交换(Electronic Data Interchange,EDI)应用的可选特征。该标准规定了集装箱尺寸、类型等数据的编码系统,以及相应标记方法,操作标记和集装箱标记的物理展示。

2) ISO 10374集装箱自动识别标准,1991年制定,1995年修订

该标准基于微波应答器的集装箱自动识别系统,是把集装箱当作一个固定资产。应答器为有源设备,工作频率为850~950MHz和2.4~2.5GHz。只要应答器处于此场内就会被活化并采用变形的FSK副载波通过反向散射调制做出应答。信号在两个副载波频率20kHz和40kHz之间调制。由于它在1991年制定,还没有用RFID这个词,实际上有源应答器就是今天的有源RFID电子标签。此标准和ISO 6346共同应用于集装箱的识别,ISO 6346规定了光学识别,ISO 10374则用微波方式来表征光学识别的信息。

3) ISO 18185集装箱电子关封标准草案(陆、海、空)

该标准是海关用于监控集装箱装卸状况,包含空中接口通信协议、应用要求、环境特

性、数据保护、传感器、信息交换的消息集、物理层特性要求七部分。

以上两个标准涉及的空中接口协议并没有引用ISO/IEC 18000系列空中接口通信协议,主要原因是它们的制定时间早于ISO/IEC 18000系列空中接口通信协议。

### 2. 物流供应链系列标准

为了使RFID能在整个物流供应链领域发挥重要作用,ISO TC 122包装技术委员会和ISO TC 104货运集装箱技术委员会成立了联合工作组JWG,负责制定物流供应链系列标准。工作组按照应用要求、货运集装箱、装载单元、运输单元、产品包装、单品五级物流单元,制定了6个应用标准。

1) ISO 17358应用要求

这是供应链RFID的应用要求标准,由TC 122技术委员会主持,目前正在制定过程中。该标准定义了供应链物流单元各个层次的参数,定义了环境标识和数据流程。

2) ISO 17363～17367系列标准

供应链RFID物流单元系列标准分别对货运集装箱、可回收运输单元、运输单元、产品包装、产品标签的RFID应用进行了规范。该系列标准内容基本类同,如空中接口协议采用ISO/IEC 18000系列标准。在具体规定上存在差异,分别针对不同的使用对象做了补充规定,如使用环境条件、标签的尺寸、标签张贴的位置等特性,根据对象的差异要求采用电子标签的载波频率也不同。

货运集装箱、可回收运输单元和运输单元使用的电子标签一定是重复使用的,产品包装则要根据实际情况而定,而产品标签通常是一次性的。另外,还要考虑数据的完整性、可视识别标识等。可回收单元在数据容量、安全性、通信距离方面要求较高。这个系列标准目前正在制定过程中。

ISO 10374、ISO 18185和ISO 17363三个标准都针对集装箱,但是ISO 10374针对集装箱本身的管理,ISO 18185是海关为了监视集装箱而制定的,而ISO 17363是针对供应链管理目的而在货运集装箱上使用可读写的RFID标识标签和货运标签。

### 3. 动物管理系列标准

ISO TC 23/SC 19负责制定动物管理RFID方面的标准,包括ISO 11784/11785和ISO 14223三个标准。

1) ISO 11784编码结构

它规定了动物射频识别码的64位编码结构,动物射频识别码要求读写器与电子标签之间能够互相识别。通常由包含数据的比特流,以及为了保证数据正确所需要的编码数据。代码结构为64位,其中的27～64位可由各个国家自行定义。

2) ISO 11785技术准则

它规定了应答器的数据传输方法和读写器规范。工作频率为134.2kHz,数据传输方式有全双工和半双工两种,读写器数据以差分双相代码表示,电子标签采用FSK调制,NRZ编码。由于存在较长的电子标签充电时间和工作频率的限制,通信速率较低。

3) ISO 14223 高级标签

它规定了动物射频识别的转发器和高级应答机的空间接口标准,可以让动物数据直接存储在标记上,表示通过简易、可验证以及廉价的解决方案,每只动物的数据就可以在离线状态下直接取得,进而改善库存追踪和提升全球的进出口控制能力。通过符合 ISO 14223 标准的读取设备,可以自动识别家畜,而它所具备的防碰撞算法和抗干扰特性,即使家畜的数量极为庞大,识别也没有问题。ISO 14223 标准包含空中接口、编码和命令结构、应用三部分,它是 ISO 11784/11785 的扩展版本。

## 8.3 EPCglobal 标准体系

### 8.3.1 EPCglobal 概述

EPCglobal 是由 UCC 和 EAN 共同组建的 RFID 标准研究机构。EPCglobal 成立伊始,就致力于建立一套全球中立的、开放的、透明的标准,并为此进行了艰苦的努力,为 EPC 系统在全球的推广应用提供了有力的组织保障。

EPCglobal 旨在改变整个世界,搭建一个可以自动识别任何地方、任何事物的开放性的全球网络,即 EPC 系统。它是一种基于 EAN/UCC 编码的系统,作为产品与服务流通过程信息的代码化表示,EAN/UCC 编码具有一整套涵盖贸易流通过程各种有形或无形产品所需的全球唯一标识代码,包括贸易项目、物流单元、服务关系、商品位置和相关资产等标识代码。EAN/UCC 标识代码随着产品或服务的产生在流通源头建立,并伴随着该产品或服务的流动贯穿全过程,可以形象地称为物联网。其主要特点体现在以下三方面。

#### 1. 开放的结构体系

EPC 系统采用全球最大的公用 Internet 网络系统,从而有效地避免了系统的复杂性,同时也极大地降低了系统的成本,并且还有利于系统的增值。

#### 2. 独立的平台与高度的互动性

EPC 系统识别的对象是一组十分广泛的实体,因而不可能有哪一种技术适用于所有识别对象。同时,不同地区、不同国家的射频识别技术标准也不尽相同。因此,开放的结构体系必须具有独立的平台和高度的互操作性。EPC 系统网络构建在 Internet 网络系统上,并且可以与 Internet 所有可能的组成部分协同工作。

#### 3. 灵活的可持续发展的体系

EPC 系统是一个灵活的、开放的、可持续发展的体系,可在不替换原有体系的情况下做到系统升级。确切地说,由于 EPC 系统通过高效的、顾客驱动的运作,供应链中如贸易项的位置、数目等即时信息会使组织对顾客及其需求做出更灵敏的反应。

EPC 系统是一个全球的大系统,实现了供应链中贸易项信息的真实可见性,使得组织运作效率更高,供应链的各个环节、各个节点、各个方面都可从中受益,但低价值的识别对象(如食品、消费品等)对 EPC 系统引起的附加价格十分敏感。EPC 系统正在考虑通过革新相关技术,进一步降低成本,同时系统的整体改进将使得供应链管理得到更好的应用,以提高效益、抵消和降低附加成本。

## 8.3.2 EPCglobal 体系框架

EPCglobal 体系框架包含三种主要的活动,每种活动都是由 EPCglobal 体系框架内相应的标准支撑的,如图 8-2 所示。

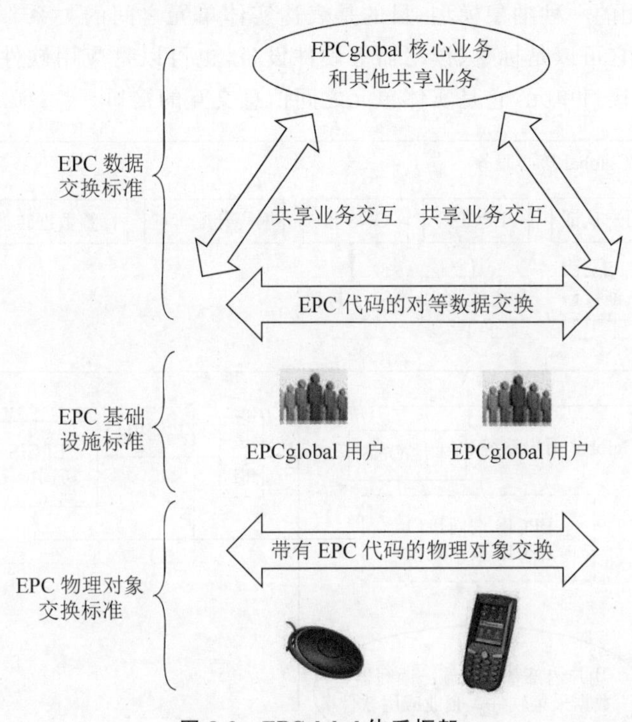


**图 8-2 EPCglobal 体系框架**

### 1. EPC 物理对象交换用户

用户与带有 EPC 编码的物理对象进行交互。对于许多 EPCglobal 用户来说,物理对象是商品,用户是该商品供应链中的成员。EPCglobal 体系框架定义了 EPC 物理对象交换标准,从而能够保证当用户将一种物理对象提交给另一个用户时,后者将能够确定该物理对象有 EPC 代码,并能方便地获得相应的物品信息。

### 2. EPC 基础设施

为了实现 EPC 数据的共享,每个用户在应用时为新生成的对象进行 EPC 编码,通过监视物理对象携带的 EPC 编码对其进行跟踪,并将搜集到的信息记录到基础设施内的 EPC 网络中。EPCglobal RFID 体系框架定义了用来收集和记录 EPC 数据的主要设施部件接口标准,因而允许用户使用互操作部件来构建其内部系统。

### 3. EPC 数据交换

用户通过相互交换数据来提高物品在物流供应链中的可见性，进而从 EPCglobal 网络中受益。EPCglobal 体系框架定义了 EPC 数据交换的标准，为用户提供了一种点对点共享 EPC 数据的方法，并提供了用户访问 EPCglobal 核心业务和其他相关共享业务的机会。

更进一步，体系架构委员会从 RFID 应用系统中凝练出多个用户之间的 RFID 体系框架模型图（见图 8-3）和单个用户内部 RFID 体系框架模型图（见图 8-4），它是典型 RFID 应用系统组成单元的一种抽象模型，目的是表达实体单元之间的关系。在模型图中实线框代表实体单元，它可以是标签、读写器等硬件设备，也可以是应用软件、管理软件、中间件等；虚线框代表接口单元，它是实体单元之间信息交互的接口。

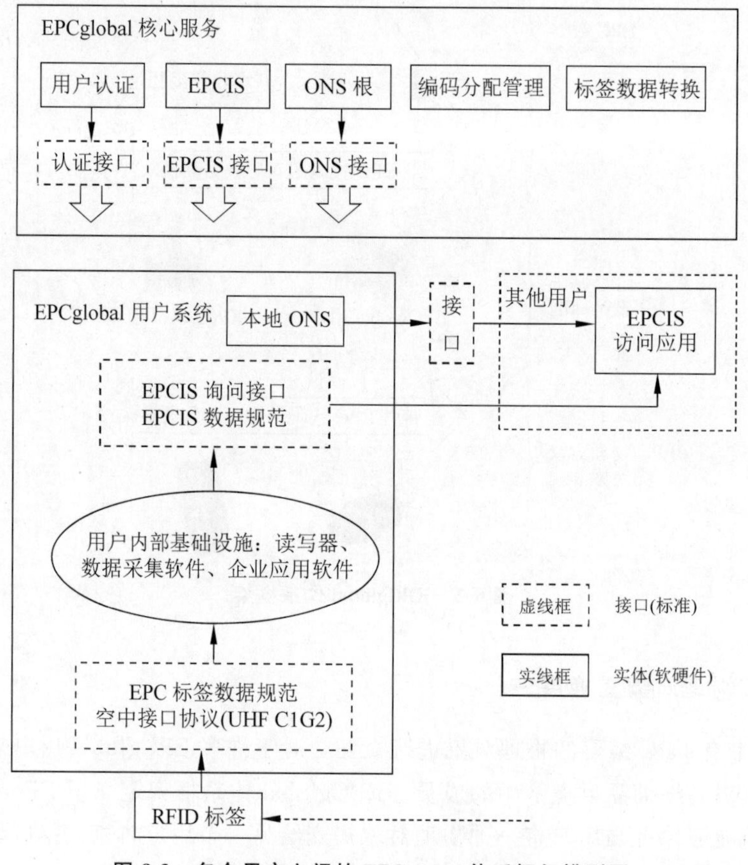


图 8-3 多个用户之间的 EPCglobal 体系框架模型图

体系结构框架模型清晰地表达了实体单元，以及实体单元之间的交互关系，实体单元之间通过接口实现信息交互。接口就是制定通用标准的对象，因为接口统一以后，只要实体单元符合接口标准就可以实现互连互通。这样允许不同厂家根据自己的技术和 RFID 应用特点来实现"实体"，也就是说，提供相当的灵活度，适应技术的发展和不同应用的特殊性。

"实体"就是制定应用标准和通用产品标准的对象。"实体"与"接口"的关系类似于组件中组件实现与组件接口之间的关系，接口相对稳定，而组件的实现可以根据技术特点与

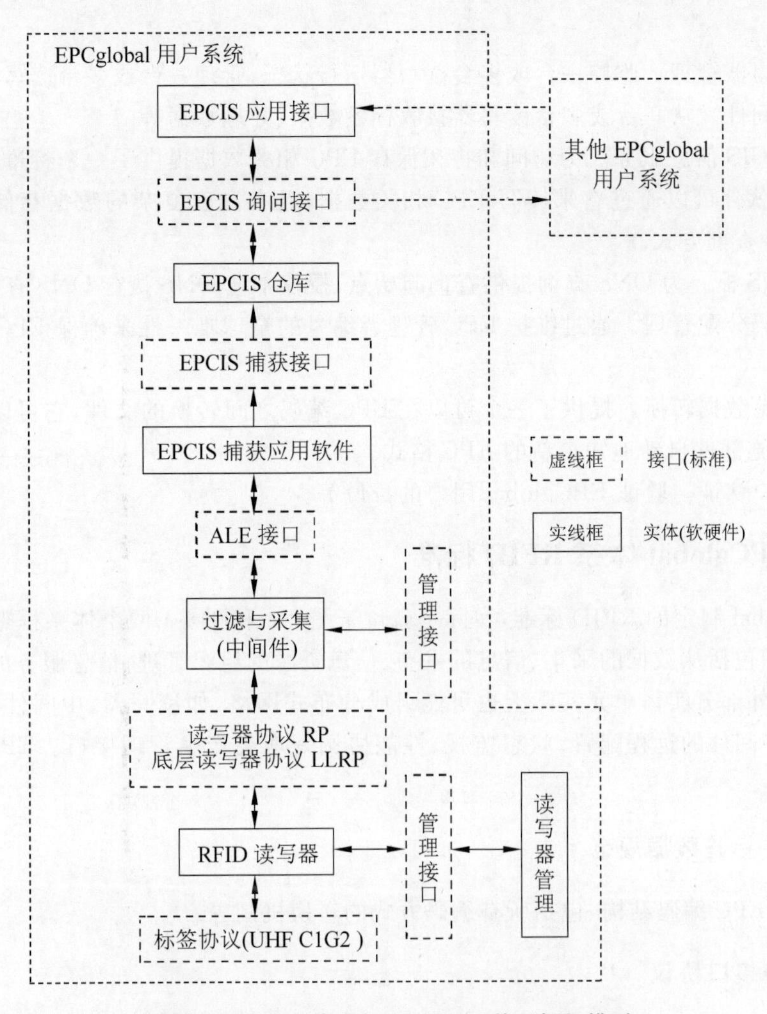


**图 8-4　单个用户内部 EPCglobal 体系框架模型**

应用要求由企业自己来决定。

图 8-3 为所有用户的 EPC 信息交互提供了共同的平台，不同用户 RFID 系统之间通过它实现信息的交互。因此，需要考虑认证接口、EPC 信息服务（EPC Information Service，EPCIS）接口、对象名解析服务（Object Name Service，ONS）接口、编码分配管理和标签数据转换。

图 8-4 中，一个用户系统可能包括很多 RFID 读写器和应用终端，还可能包括一个分布式网络。它不仅需要考虑主机与读写器、读写器与标签之间的交互，读写器性能控制与管理、读写器设备管理，还需要考虑与核心系统、与其他用户之间的交互，确保不同厂家设备之间的兼容性。

以下分别介绍 EPCglobal 体系框架中实体单元的主要功能。

(1) RFID 标签。保存 EPC 编码，还可能包含其他数据。可以是有源标签与无源标签，它能够支持读写器的识别、读数据、写数据等操作。

(2) RFID 读写器。能从一个或多个电子标签中读取数据并将这些数据传送给主机等。

(3) 读写器管理。监控一台或多台读写器运行状态,管理一台或多台读写器配置等。

(4) 中间件。从一台或多台读写器接收标签数据、处理数据等。

(5) EPCIS信息服务。为访问和持久保存EPC相关数据提供了一个标准的接口,已授权的贸易伙伴可以通过它来读写EPC相关数据,具有高度复杂的数据存储与处理过程,支持多种查询方式。

(6) ONS根。为ONS查询提供查询起始点;授权本地ONS执行ONS查找等功能。

(7) 编码分配管理。通过维护EPC管理者编号的全球唯一性来确保EPC编码的唯一性等。

(8) 标签数据转换。提供了一个可以在EPC编码之间转换的文件,它可以使终端用户的基础设施部件自动地知道新的EPC格式。

(9) 用户认证。验证EPCglobal用户的身份等。

### 8.3.3 EPCglobal体系RFID标准

EPCglobal制定的RFID标准,实际上就位于图8-3和图8-4两个体系框架图中的接口单元,它们包括从数据的采集、信息的发布、信息资源的组织管理、信息服务的发现等方面。除此之外部分实体单元实际上也可能组成分布式网络,如读写器、中间件等,为了实现读写器、中间件的远程配置、状态监视、性能协调等就会产生管理接口。EPCglobal主要标准如下:

#### 1. EPC标签数据规范

规定了EPC编码结构,包括所有编码方式的转换机制等。

#### 2. 空中接口协议

它规范了电子标签与读写器之间命令和数据交互,它与ISO/IEC 18000—3、18000—6标准对应,其中UHF C1G2已经成为ISO/IEC 18000—6C标准。

#### 3. 读写器数据协议

读写器数据协议(Reader Protocol, RP)提供读写器与主机(主机是指中间件或者应用程序)之间的数据与命令交互接口,与ISO/IEC 15961、15962类似。它的目标是主机能够独立于读写器、读写器与标签之间的接口协议,也即适用于不同智能程度的RFID读写器、条码读写器,适用于多种RFID空中接口协议,适用于条形码接口协议。

该协议定义了一个通用功能集合,但是并不要求所有的读写器实现这些功能。它分为三层功能:读写器层规定了读写器与主计算机交换的消息格式和内容,它是读写器协议的核心,定义了读写器所执行的功能。消息层规定了消息如何组帧、转换以及在专用的传输层传送,规定安全服务(比如身份鉴别、授权、消息加密以及完整性检验),规定了网络连接的建立、初始化建立同步的消息、初始化安全服务等。传输层对应于网络设备的传输层。读写器数据协议位于数据平面。

#### 4. 低层读写器协议

低层读写器协议(Low Level Reader Protocol, LLRP)为用户控制和协调读写器的空中接口协议参数提供通用接口规范,它与空中接口协议密切相关,可以配置和监视 ISO/IEC 18000—6 C 中防碰撞算法的时隙帧数、参数 Q、发射功率、接收灵敏度、调制速率等,可以控制和监视选择命令、识读过程、会话过程等。在密集读写器环境下,通过调整发射功率、发射频率和调制速率等参数,可以大大消除读写器之间的干扰等。

它是读写器协议的补充,负责读写器性能的管理和控制,使得读写器协议专注于数据交换。低层读写器协议位于控制平面。

#### 5. 读写器管理协议

位于读写器与读写器管理之间的交互接口。它规范了访问读写器配置的方式,例如天线数等;它规范了监控读写器运行状态的方式,例如读到的标签数、天线的连接状态等。另外还规范了 RFID 设备的简单网络管理协议(Simple Network Management Protocol, SNMP)和管理系统库。读写器管理协议位于管理平面。

#### 6. 应用层事件标准

应用层事件标准(Application Level Events, ALE)提供一个或多个应用程序向一台或多台读写器发出,对 EPC 数据请求的方式等。通过该接口,用户可以获取过滤后、整理过的 EPC 数据。ALE 基于面向服务的架构。它可以对服务接口进行抽象处理,就像 SQL 对关系数据库的内部机制进行抽象处理那样。应用可以通过 ALE 查询引擎,不必关心网络协议或者设备的具体情况。

#### 7. EPCIS 捕获接口协议

提供一种传输 EPCIS 事件的方式,包括 EPCIS 仓库,网络 EPCIS 访问程序,以及伙伴 EPCIS 访问程序。

#### 8. EPCIS 询问接口协议

提供 EPCIS 访问程序从 EPCIS 仓库或 EPCIS 捕获应用中得到 EPCIS 数据的方法等。

#### 9. EPCIS 发现接口协议

提供锁定所有可能含有某个 EPC 相关信息的 EPCIS 服务的方法。

#### 10. TDT 标签数据转换框架

提供了一个可以在 EPC 编码之间转换的文件,它可以使终端用户的基础设施部件自动地知道新的 EPC 格式。

#### 11. 用户验证接口协议

验证一个 EPCglobal 用户的身份等,该标准目前正在制定中。

### 12. 物理标记语言

物理标记语言(PML)是用来描述物品静态和动态信息,包括物品位置信息、环境信息、组成信息等。PML是基于为人们广为接受的可扩展标记语言(XML)发展而来的。PML的目标是为物理实体的远程监控和环境监控提供一种简单、通用的描述语言。可广泛应用在存货跟踪、自动处理事务、供应链管理、机器控制和物对物通信等方面。

## 8.3.4 EPC编码体系

EPC编码是EPC系统的重要组成部分,它是对实体和实体的相关信息进行代码化,通过统一的、规范化的编码来建立全球通用的信息交换语言。EPC编码是EAN/UCC在原有全球统一编码体系基础上提出的,它是新一代全球统一标识的编码体系,是对现行编码体系的拓展和延伸。

EPC编码体系是新一代与GTIN兼容的编码标准,也是EPC系统的核心与关键。EPC的目标是为物理世界的对象提供唯一的标识,从而达到通过计算机网络来标识和访问单个物体的目标,就如在互联网中使用IP地址来标识和通信一样。

### 1. EPC编码规则

EPC编码是与EAN/UCC编码兼容的新一代编码标准。在EPC系统中,EPC编码与现行GTIN相结合,因而EPC并不是取代现行的条码标准,而是由现行的条码标准逐渐过渡到EPC标准或者是在未来的供应链中EPC和EAN/UCC系统共存。EPC是存储在电子标签中的唯一信息,且已经得到UCC和EAN两个主要国际标准监督机构的支持。

EPC中码段的分配是由EAN/UCC来管理的。在我国,EAN/UCC系统中GTIN编码由中国物品编码中心(ANCC)负责分配和管理。同样,中国物品编码中心也已启动EPC服务来满足国内企业使用EPC的需求。

1) 唯一性

与当前广泛使用的EAN/UCC代码不同的是,EPC提供对物理对象的唯一标识。换句话说,一个EPC编码仅仅分配给一个物品使用。同种规格同种产品对应同一个产品代码,同种产品不同规格对应不同的产品代码。根据产品的不同性质,如质量、包装、规格、气味、颜色、形状等,赋予不同的商品代码。为了确保实体对象进行唯一标识的实现,EPCglobal采取了如下基本措施。

(1) 足够的编码容量。EPC编码冗余度见表8-1。从世界人口总数到大米总粒数,EPC都有足够大的地址空间来标识所有这些对象。

表8-1 EPC编码冗余度

| 比 特 数 | 唯一编码数 | 对 象 |
| --- | --- | --- |
| 23 | $6.0\times10^{6}$/年 | 汽车 |
| 29 | $5.6\times10^{8}$ 使用中 | 计算机 |

续表

| 比特数 | 唯一编码数 | 对象 |
|---|---|---|
| 33 | $6.0\times10^{9}$ | 人口 |
| 34 | $2.0\times10^{10}$/年 | 剃刀刀片 |
| 54 | $1.3\times10^{16}$/年 | 大米粒数 |

(2) 组织保证。必须保证 EPC 编码分配的唯一性,并寻求解决编码碰撞的方法。EPCglobal 通过全球各国编码组织来负责分配本国的 EPC 代码,并建立相应的管理制度。

(3) 使用周期。对一般实体对象,使用周期和实体对象的生命周期一致。对特殊的产品,EPC 代码的使用周期是永久的。

2) 永久性

产品代码一经分配,就不再更改,并且是终身的。当此种产品不再生产时,其对应的产品代码只能搁置起来,不得重复使用或分配给其他商品。

3) 简单性

EPC 的编码既简单,又能提供实体对象的唯一标识。以往的编码方案很少能被全球各国和各行业广泛采用,原因之一是编码的复杂度导致其不适用。

4) 可扩展性

EPC 编码留有备用空间,具有可扩展性。EPC 地址空间是可扩展的,具有足够的冗余度,从而确保了 EPC 系统的升级和可持续发展。

5) 保密性与安全性

与安全和加密技术相结合,EPC 编码具有高度的保密性和安全性。保密性和安全性是配置高效网络的首要问题之一。安全的传输、存储和实现是 EPC 能否被广泛采用的基础。

6) 无含义

为了保证代码有足够的容量以适应产品频繁更新换代的需要,最好采用无含义的顺序码。

**2. EPC 编码关注的问题**

(1) 生产厂商和产品。目前,世界上的公司估计超过 2500 万家,考虑今后的发展,10 年内这个数目有望达到 3900 万,EPC 编码中厂商代码必须具有一定的容量。对厂商而言,产品数量的变化范围很大。通常,一个企业产品类型数均不超过 10 万种(参考 EAN 成员组织),对于中小企业,产品类型数更不会超过 10 万种。

(2) 内嵌信息。在 EPC 编码中不嵌入有关产品的其他信息,如货品质量、尺寸、有效期、目的地等。

(3) 分类。是指对具有相同特征和属性的实体进行管理与命名,这种管理和命名的依据不涉及实体的固有特征与属性,通常是管理者的行为。

例如,一罐颜料在制造商那里可能被当成库存资产,在运输商那里可能是可堆叠的容器,而回收商则可能认为它是有毒废品。在各个领域,分类是具有相同特点物品的集合,而不是物品的固有属性。

(4)批量产品编码。给批次内的每一样产品分配唯一的EPC代码,同时也可将该批次产品视为单一的实体对象,为其分配一个批次的EPC代码。

(5)载体。EPC标签是EPC代码存储的物理媒介,对所有的载体来说,其成本与数量成反比。EPC标签要广泛采用,必须尽最大可能降低其成本。

### 3. EPC编码结构

EPC代码是由一个版本号加上另外三段数据(依次为域名管理、对象分类、序列号)组成的一组数字,见表8-2。其中,版本号用于标识EPC编码的版本次序,它使得EPC随后的码段可以有不同的长度;域名管理是描述与此EPC相关的生产厂商的信息,例如可口可乐公司;对象分类记录产品精确类型的信息,例如美国生产的330ml罐装减肥可乐(可口可乐的一种新产品);序列号唯一标识货品,它会明确EPC代码标识的是哪一罐330ml减肥可乐。

表8-2 EPC编码结构

| 编码方案 | 编码类型 | 版本号 | 域名管理 | 对象分类 | 序列号 |
|---|---|---|---|---|---|
| EPC-64 | Ⅰ型 | 2 | 21 | 17 | 24 |
| | Ⅱ型 | 2 | 15 | 13 | 34 |
| | Ⅲ型 | 2 | 26 | 13 | 23 |
| EPC-96 | Ⅰ型 | 8 | 28 | 24 | 36 |
| EPC-256 | Ⅰ型 | 8 | 32 | 56 | 160 |
| | Ⅱ型 | 8 | 64 | 56 | 128 |
| | Ⅲ型 | 8 | 128 | 56 | 64 |

EPC代码是由EPCglobal组织和各应用方协调制定的编码标准,具有以下特性。

(1)科学性。结构明确,易于使用、维护。

(2)兼容性。兼容了其他贸易流通过程的标识代码。

(3)全面性。可在贸易结算、单品跟踪等各环节全面应用。

(4)合理性。由EPCglobal、各国EPC管理机构(中国的管理机构称为EPCglobal中国)、标识物品的管理者分段管理、共同维护、统一应用,具有合理性。

(5)国际性。不以具体国家、企业为核心,编码标准全球协商一致,具有国际性。

(6)无歧视性。编码采用全数字形式,不受地方色彩、语言、经济水平、政治观点的限制,是无歧视性的编码。

### 4. EPC编码类型

目前,EPC代码有64位、96位和256位三种。为了保证所有物品都有一个EPC代码并使其载体——标签成本尽可能降低，建议采用 96 位，这样其数目可以为 268 亿个公司提供唯一标识，每个生产厂商可以有 1600 万个对象种类，并且每个对象种类可以有 680 亿个序列号，这对未来世界所有产品已经足够了。

鉴于当前不用那么多序列号，可采用 6 位 EPC，这样会进一步降低标签成本。但是，随着 EPC-64 和 EPC-96 版本的不断发展，EPC 代码作为一种世界通用的标识方案已经不足以长期使用，因而出现了 256 位编码。迄今已经推出 EPC-96I 型，EPC-64I 型、Ⅱ型、Ⅲ型，EPC-256Ⅰ型、Ⅱ型、Ⅲ型等编码方案。

1) EPC-64 码

(1) EPC-64Ⅰ型。EPC-64Ⅰ型编码提供 2 位的版本号编码，21 位的管理者编码，17 位的库存单元和 24 位序列号。该 64 位 EPC 代码包含最小的标识码。21 位的管理者分区就会允许 200 万个组使用该 EPC-64 码。对象种类分区可以容纳 131 072 个库存单元，远远超过 UPC 所能提供的库存单元数量，从而能够满足绝大多数公司的需求。24 位序列号可以为 16 000 000 件产品提供空间。

(2) EPC-64Ⅱ型。除了 EPC-64Ⅰ型，还可采用其他方案来适合更大范围的公司、产品和序列号的要求。建议采用 EPC-64Ⅱ型来适合众多产品，以及对价格反应敏感的消费品生产者。那些产品数量超过 20 000 亿并且想要申请唯一产品标识的企业，可以采用方案 EPC-64 Ⅱ型。采用 34 位的序列号，最多可以标识 17 179 869 184 件不同产品。与 13 位对象分类区结合(提供多选 8192 个库存单元)，每一个工厂可以为 140 737 488 355 328 或者超过 140 万亿不同的单品编号。这远远超过了世界上最大消费品生产商的生产能力。

(3) EPC-64 Ⅲ型。除了一些大公司和正在应用 UCO/EAN 编码标准的公司外，为了推动 EPC 应用过程，可以将 EPC 扩展到其他组织和行业。希望通过扩展分区模式来满足小公司、服务行业和组织的应用。因此，除了扩展单品编码的数量，就像第二种 EPC-64 那样，也会增加可以应用的公司数量来满足要求。EPC-64 Ⅲ型通过把管理者分区增加到 26 位，可以提供多达 67 108 864 个公司来采用 64 位 EPC 编码。67 000 000 个号码已经超出世界公司的总数，目前已经足够使用，并预留空间给更多希望采用 EPC 编码体系的公司。

采用 13 位对象分类分区，可以为 8192 种不同种类的物品提供空间。序列号分区采用 23 位编码，可以为超过 800 万($2^{23}=8\ 388\ 608$)的商品提供空间。因此，对于这 67 000 000 个公司，每个公司允许超过 680 亿($2^{36}=68\ 719\ 476\ 736$)的不同产品采用此方案进行编码。

2) EPC-96 码

EPC-96Ⅰ型的设计目的是成为一个公开的物品标识代码，其应用类似于目前的统一产品代码(UPC)，或者 UCO/EAN 的运输集装箱代码。

域名管理负责在其范围内维护对象分类代码和序列号。域名管理必须保证对 ONS 可靠的操作，并负责维护和公布相关的产品信息。域名管理的区域占据 28 个数据位，允许大约 2.68 亿家制造商。这超出了 UPC-12 的 10 万个和 EAN-13 的 100 万个的制造商容量。

对象分类字段在EPC-96代码中占24位,这个字段能容纳当前所有的UPC库存单元的编码。

序列号字段则是单一货品识别的编码。EPC-96序列号对所有的同类对象提供36位的唯一辨识号,其容量为$2^{28}$=68 719 476 736。与产品代码相结合,该字段将为每个制造商提供$1.1\times10^{28}$个唯一的项目编号——超出了当前所有已标识产品的总容量。

3) EPC-256码

EPC-96和EPC-64是作为物理实体标识符的短期使用而设计的。在原有表示方式的限制下,EPC-64和EPC-96版本的不断发展,使得EPC代码作为一种世界通用的标识方案已经不足以长期使用,更长的EPC代码表示方式一直以来就备受期待并酝酿已久。EPC-256就是在这种背景下应运而生的。

EPC-256是为满足未来使用EPC代码的应用需求而设计的。由于未来应用的具体要求目前还无法准确获知,因而256位EPC版本必须具备可扩展性,以便未来的实际应用不受限制。多个版本就提供了这种可扩展性。

当前,出于成本、技术复杂度等因素的考虑,参与EPC测试所使用的编码标准大多数采用64位数据结构,未来将采用96位或256位的编码结构。

### 8.3.5 EPCglobal电子标签

EPCglobal电子标签是电子产品代码的信息载体,主要由天线和芯片组成。96位或64位EPC是存储在电子标签中的唯一信息。EPCglobal规定EPC电子标签分为6种类型,按照事先的功能分为只读式、半主动式、带宽点对点通信主动式,以及可以和不同级别电子标签进行通信的无源标签等六类,参见表8-3。本节主要对其中使用UHF频段的0类和1类电子标签的标准进行研究,并将重点放在相对开放的UHF频段1类和RFID电子标签上(Gen 2)。

表8-3 EPC电子标签的分类

| 分类 | 有源/无源 | 说明 |
|---|---|---|
| 0类 | 无源电子标签 | 只读电子标签,制造时将EPC写入EPC电子标签,在使用时读取,适用于物流和供应链领域;还包括24位自毁代码和CRC代码;可以自毁、不能写入 |
| 1类 | 无源电子标签 | 具备0类标签所有特征,为一次性写入标签,又称身份标签,出厂后能写入EPC一次,之后只读;还有可选的访问控制密码保护和可选的用户内存等特性 |
| 2类 | 无源电子标签 | 具备1类标签所有功能,可以重写,包括扩展的标签识别符号和用户内存、识读的可选性、身份认证机制,以及其他附加功能 |
| 3类 | 半无源电子标签 | 除具备2类标签的所有功能外,附带电池,还具备完整的电源系统和综合的传感功能 |
| 4类 | 有源电子标签 | 具备3类标签的所有功能,还具有标签之间的通信功能,主动式通信功能和组网功能 |
| 5类 | 有源电子标签<br>无源读写器 | 具备4类标签的所有功能,具有无源读取功能,可以与其他级别的标签,以及其他设备匹配 |

2004 年 12 月 16 日，EPCglobal 批准了新标准 EPC Gen 2，用于 900MHz 左右的超高频的 RFID 技术规范。全球各大公司也开展了 EPC Gen 2 的相关产品研制，目前已经有符合该标准的产品推出。该标准已经于 2006 年 7 月作为国际标准 ISO/IEC 18000—6 的 C 类型。Gen 2 主要有以下几方面的特点。

(1) 开放的标准。符合全球各国超高频段的规范，不同销售商的设备之间将具有良好的兼容性。

(2) 可靠性强。标签具有高识别率，在较远的距离测试具有约 100%的读取率。

(3) 芯片将缩小到现有版本的 1/2～2/3。Gen 2 标签在芯片中有 96B 的存储空间，具有特定的口令、更大的存储能力，以及更好的安全性能，可以有效地防止芯片被非法读取，能够迅速适应变化无常的标签群。

(4) 可在密集的读写器环境里工作。

(5) 标签的隔离速度高。隔离率在北美可达每秒 1500 个标签，在欧洲可达每秒 600 个标签。

(6) 安全性和保密性强。协议允许两个 32b 的密码，一个用来控制标签的读写权，一个用来控制标签的禁用/销毁权，并且读写器与标签的单向通信采用加密。可以通过利用 Kill 命令和密码限制对存储器的存取实现隐私保护机制。

(7) 实时性好。可实现高速通信，读写全球到电子标签传输速率可以达到 40～160kb/s，电子标签到读写器的传输速率可达到 5～640kb/s。

(8) 抗干扰性强。更广泛的频谱与射频分布提高了 UHF 的频率调制性能，以减少与其他无线电设备的干扰。

(9) 标签内存采用可延伸性存储空间。原则上用户可有无限的内存。

(10) 识别速率大大提高。Gen 2 标签的识别速率是现有标签的 10 倍，这使得通过应用 RFID 标签可以实现高速自动作业。

### 8.3.6　EPCglobal 中间件

EPC 中间件是一种面向消息的中间件，是 EPCglobal 网络系统的重要组成部分，具备过滤 EPC 读写器所收集的 EPC 信息，把从 EPC 电子标签中读取的信息作为事件通知到 EPCIS 和各应用终端及控制 EPC 读写器等功能。EPC 中间件曾被称为专家(Savant)单元，具有一系列特定属性的程序模块或服务，可被用户集成以满足特定需求。

EPC 中间件是加工和处理来自读写器的所有信息和时间流的软件，是连接读写器和企业应用程序的纽带，其主要任务是在将数据送往企业应用程序之前进行标签数据校对、读写器协调、数据传送、数据存储和任务管理。EPC 中间件屏蔽了 RFID 设备的多样性和复杂性，能够为后台系统提供强大的支撑。本书将在 9.1 节中对 EPC 中间件系统做进一步介绍。

## 8.4　RFID 标准化存在的问题及发展趋势

### 8.4.1　RFID 标准化存在的问题

RFID 在推广应用中遇到不少挑战，主要表现在成本、标准、精确度与应用模式等方面。

**1. 标准化是个大问题**

标准化是推动产品广泛获得市场接受的必要措施,但射频识别读取机与标签技术仍未见其统一,因此无法一体化使用。而不同制造商所开发的标签通信协定,使用不同频率,且封包格式不一。RFID技术又不像条码,虽有常用的共同频率范围,但制造厂商可以自行改变,此外,标签上的芯片性能,存储器存储协议与天线设计约定等,也都没有统一标准。尽管RFID的有关标准正在逐步开发制定、不断完善,但是不同国家又有自己的规则。有的业内人士担心,比制定条码标准更为困难的是,如果一个国家把某个频率权卖给某个商业企业后,在出现对其他系统的干扰时,这个国家就很难对这个频率段的使用情况进行监督和管理。

**2. 价格问题是制约RFID标签推广应用的巨大瓶颈**

RFID系统不论是标签、读取器,还是天线,其价格都比较高。在新的制造工艺没有普及推广之前,高成本的RFID标签只能用于一些本身价值较高的产品。目前,美国一个RFID标签的价格为0.30~0.60美元,对一些价位较低的商品,采用高档RFID标签显然不划算。另外,对使用RFID系统的客户,其设备投资也不菲,据有关报告指出,为每个商店安装一台RFID和EPC(电子产品编码)识别装置的成本至少是10万美元,对一个组织而言,这方面的投资可能会达到3000~4000美元。

**3. 技术的突破**

RFID技术尚未完全成熟,特别是应用于某些特殊的产品(如液体或金属罐等)时,大量RFID标签无法正常起作用。标签的可靠性也是个大问题。就目前来看,现在普遍使用的134kHz和13.56kHz因传输距离太短,限制了读写器和RFID标签间的传输距离,使若干标签不能被有效地读取,标签失效率很高。此外,RFID标签与读写器有方向性,射频识别信号易被物体阻断,也是RFID技术发展的一大挑战。即使贴上双重标签,仍有3%的标签无法识别。

**4. 涉及人员失业、隐私保护和安全问题**

企业采用RFID系统后,原来由手工完成的工作将有很多被该系统取代,其衍生而来的问题就是将有许多人员面临失去工作的危机。同时RFID的大规模应用还会涉及隐私保护和安全问题,当前的无源RFID系统没有读写能力,所以无法使用密钥验证方法来进行身份验证,如果标签是有源的,还会收到不断变化的验证密钥,那将会大幅度提高其安全性,不过这又会增加其成本。正因为如此,目前的RFID技术要想在对信息有保密要求的领域展开应用还存在一定的障碍。

### 8.4.2 RFID标准化发展趋势

**1. RFID国际标准发展趋势**

国际标准组织ISO/IEC在深化RFID技术标准的同时,积极推动RFID技术在各领域应用的标准。

在技术、数据和性能标准方面，ISO/IEC 进一步扩展和完善基础技术标准的研制。ISO/IEC 18000 系列空中接口标准中不断加入新成员，ISO/IEC 18000—6：2010 中 UHF 家族增加了 D 类型，UHF 协议在 RFID 技术的通信链路创新、保密算法等发展的情况下极有可能再出现新的类型。

随着 FeliCa、EPCglobal 等高频标准的发展，国际高频标准 ISO/IEC 18000—3、ISO/IEC 14443、ISO/IEC 15693 等 HF 家族标准也将有可能出现其他模式或新国际标准。

ISO/IEC 积极完善相关的测试方法，在 2011 年颁布了系统检测方法 ISO/IEC 18046—1，读写器检测方法 ISO/IEC 18046—2 并对 ISO/IEC 18047—6 进行了修订，增加了 D 类型测试方法的测试方案。

此外，数据保护和隐私法规日益重要，ISO/IEC、欧洲联盟（European Union，EU，简称欧盟）和北美均开始关注因 RFID 的自动采集特性而出现的数据保护、隐私保护和安全问题；国际标准组织积极推动和完善 RFID 的软件系统结构、数据管理、设备管理、设备接口等基础技术、数据和性能标准研制。

应用技术标准不断丰富，国际制定了动物射频识别、气瓶射频识别，以及物流供应链管理的货运集装箱识别等 RFID 应用技术标准，逐步开展 RFID 图书馆应用、RFID 供应链应用标准、实时定位、近场通信（NFC）、移动物品标识与识别管理（MIIM）的标准研制，有更多的 ISO/IEC 应用标准正在制定当中。

**2. 区域、国家、行业标准积极转化为国际标准的发展趋势**

区域、国家、行业标准组织制定了与 RFID 相关的区域、国家和行业组织标准，并通过不同的渠道提升为国际标准。

EPCglobal 组织通过将自主标准上升为 ISO/IEC，通过试点应用不断拓展市场，影响力不断扩大，有成为“事实标准”的趋势。经调研发现，受访企业熟悉 EPCglobal 的标准程度超过了对 ISO/IEC 标准的熟悉程度。

相对封闭的日本 UID 标准体系也有向 ISO/IEC 和 EPCglobal 标准体系靠拢的趋势，通过采用国际标准使日本 UID 标准的技术指标和国际标准通用。

韩国利用国内移动通信的发展优势，把 RFID 和移动通信结合起来，并从 2004 年开始在系统架构、编码格式、空中接口、安全隐私等方面开展相关的标准化工作，以此为突破口，主导国际标准的制定。

### 8.4.3　我国相关标准的现状

国内 RFID 技术与应用的标准化研究工作起步比国际上要晚 4～5 年，2003 年 4 月，国家质量监督检验检疫总局发布 GB 18937—2003《全国产品与服务统一代码编制规则》，为我国实施产品的电子标签化管理打下基础，并确定首先在药品、烟草防伪和政府采购项目上实施。

为了进一步推进我国电子标签标准的研究和制（修）订工作，做好标准化对电子标签技术创新和产业发展的支撑，2005 年 10 月信息产业部科技司批准成立“电子标签标准工作组”。

经过十多年的努力,我国RFID技术标准从无到有,标准体系逐步完善,内容不断充实,已经发布的基础性、应用性标准达上百项。我国已颁布实施的部分RFID相关国家标准见表8-4;住房和城乡建设部已颁布实施的部分RFID相关行业标准见表8-5;公安部已颁布实施的部分RFID相关行业标准见表8-6;交通运输部已颁布实施的部分RFID相关行业标准见表8-7;商务部已颁布实施的部分RFID相关行业标准见表8-8;国家卫生健康委卫生健康监督中心(简称卫计委)已颁布实施的部分RFID相关行业标准见表8-9。

**表8-4 我国已颁布实施的部分RFID相关国家标准**

| 标 准 号 | 标 准 名 称 |
|---|---|
| GB/T 14916—2006 | 识别卡 物理特性 |
| GB/T 17552—2008 | 信息技术 识别卡 金融交易卡 |
| GB/T 17554.1—2006 | 识别卡 测试方法 第1部分:一般特性测试 |
| GB/T 17554.3—2006 | 识别卡 测试方法 第3部分:带触点的集成电路卡及其相关接口设备 |
| GB/T 20563—2006 | 动物射频识别 代码结构 |
| GB/T 20851.1—2007 | 电子收费 专用短程通信 第1部分:物理层 |
| GB/T 20851.2—2007 | 电子收费 专用短程通信 第2部分:数据链路层 |
| GB/T 20851.3—2007 | 电子收费 专用短程通信 第3部分:应用层 |
| B/T 20851.4—2007 | 电子收费 专用短程通信 第4部分:设备应用 |
| GB/T 20851.5—2007 | 电子收费 专用短程通信 第5部分:物理层主要参数测试方法 |
| GB/T 22334—2008 | 动物射频识别 技术准则 |
| GB/T 22351.1—2008 | 识别卡 无触点的集成电路卡 邻近式卡 第1部分:物理特性 |
| GB/T 22351.2—2010 | 识别卡 无触点的集成电路卡 邻近式卡 第2部分:空中接口和初始化 |
| GB/T 22351.3—2008 | 识别卡 无触点的集成电路卡 邻近式卡 第3部分:防冲突和传输协议 |
| GB/T 26934—2011 | 集装箱电子标签技术规范 |
| GB/T 28925—2012 | 信息技术 射频识别 2.45GHz空中接口协议 |
| GB/T 28926—2012 | 信息技术 射频识别 2.45GHz空中接口符合性测试方法 |
| GB/T 29261.3—2012 | 信息技术 自动识别和数据采集技术 词汇 第3部分:射频识别 |
| GB/T 29261.5—2014 | 信息技术 自动识别和数据采集技术 词汇 第5部分:定位系统 |
| GB/T 29266—2012 | 射频识别 13.56MHz标签基本电特性 |
| GB/T 29272—2012 | 信息技术 射频识别设备性能测试方法 系统性能测试方法 |
| GB/T 29768—2013 | 信息技术 射频识别 800/900MHz空中接口协议 |
| GB/T 29797—2013 | 13.56MHz射频识别读/写设备规范 |
| GB/T 31441—2015 | 电子收费 集成电路(IC)卡读写器技术要求 |
| GB/T 31442—2015 | 电子收费 CPU卡数据格式和技术要求 |

表 8-5　住房和城乡建设部已颁布实施的部分 RFID 相关行业标准

| 标　准　号 | 标 准 名 称 |
| --- | --- |
| CJ/T 166—2014 | 建设事业集成电路(IC)卡应用技术条件 |
| CJ/T 306—2009 | 建设事业非接触式 CPU 卡芯片技术要求 |
| CJ/T 330—2010 | 电子标签通用技术要求 |
| CJ/T 455—2014 | 电子标签产品检测 |

表 8-6　公安部已颁布实施的部分 RFID 相关行业标准

| 标　准　号 | 标 准 名 称 |
| --- | --- |
| GA 1091—2013 | 基于 13.56MHz 的电子证件芯片环境适应性评测规范 |
| GA 450—2013 | 台式居民身份证阅读器通用技术要求 |
| GA 467—2013 | 居民身份证验证安全控制模块接口技术规范 |
| GA 1066—2013 | 居民身份证阅读器校准规范 |

表 8-7　交通运输部已颁布实施的部分 RFID 相关行业标准

| 标　准　号 | 标 准 名 称 |
| --- | --- |
| JT/T 825.12—2012 | IC 卡道路运输证件 第 12 部分：IC 卡读写器技术要求 |
| JT/T 825.13—2012 | IC 卡道路运输证件 第 13 部分：IC 卡及关键设备检测规范 |
| JT/T 825.2—2012 | IC 卡道路运输证件 第 2 部分：IC 卡技术要求 |
| TB/T 3070—2002 | 铁路机车车辆自动识别设备技术条件 |

表 8-8　商务部已颁布实施的部分 RFID 相关行业标准

| 标　准　号 | 标 准 名 称 |
| --- | --- |
| SB/T 11038—2013 | 中药材流通追溯体系专用术语规范 |
| SB/T 11125—2015 | 肉类蔬菜流通追溯手持读写终端通用规范 |
| SB/T 11126—2015 | 肉类蔬菜流通追溯批发自助交易终端通用规范 |

表 8-9　卫计委已颁布实施的部分 RFID 相关行业标准

| 序　　号 | 标 准 名 称 |
| --- | --- |
| 1 | 居民健康卡安全存取模块 (SAM)卡技术规范 |
| 2 | 居民健康卡安全存取模块 (SAM)卡命令集 |
| 3 | 居民健康卡产品检测规范 |

除此之外，北京、上海等地也针对当地 RFID 技术应用的具体需求制定了各地的地方标准，如城市公交一卡通、液化气钢瓶、烟花爆竹管理等。

## 思考与练习

8-1　分析 RFID 标准涉及哪些影响因素。

8-2　RFID 标准体系包括哪几类标准?

8-3　泛在识别中心的技术体系架构由哪些部分构成?简述各部分的主要功能。

8-4　ISO/IEC 标准体系包括哪些内容?

8-5　ISO/IEC 18000 系列包括哪些标准?并简要说明。

8-6　ISO/IEC 14443 标准由哪四部分组成?查阅相关文献对各部分进行简要说明。

8-7　EPCglobal 标准体系具有哪些特点?

8-8　简述 EPCglobal 编码体系的编码规则、编码结构以及编码类型。

8-9　简述 EPC 标签分类。

8-10　EPCglobal 开发的 Gen2 协议有哪些特点?

8-11　EPC 中间件的主要作用是什么?

8-12　分析 RFID 标签存在的问题及其发展趋势。

# 第9章 RFID应用实例

在物联网行业有成百上千甚至上万的智能设备和百亿、千亿的非智能物品，运用RFID技术将智能与非智能的物品进行连接，这样才能创造物联网行业最大的价值。物联网离不开物体识别，而大数据分析需要高质量的数据源，可以说没有RFID技术的物联网是不完整的。RFID读写器如同桥梁一般，将智能化和非智能化的物品数据收集起来并与大数据、互联网、物联网进行无缝对接，从而有效地推动行业实际应用。

基于RFID技术的物联网应用无处不在，已经渗透到人们生活的各个领域，如智慧购物、智能交通、智能物流等。下面以各典型应用为例，讲述RFID在物联网中的应用方法和特点。

## 9.1 基于RFID的典型物联网系统EPC

EPC系统是在计算机互联网的基础上，利用RFID、无线数据通信等技术，通过全球统一标识系统编码技术给每一个实体对象一个唯一代码，构造了一个实现全球物品信息实时共享的物联网。它是继条码技术之后，再次变革商品零售结算、物流配送、产品跟踪管理模式，乃至企业管理决策和战略模式的一项新的解决方案。下面对EPC系统进行详细介绍。

### 9.1.1 EPC系统组成及结构

EPC系统是一个非常先进的、综合性的和复杂的系统。其最终目标是为每一单品建立全球的、开放的标识标准。它由全球产品电子代码(EPC)体系、RFID系统和信息网络系统三部分组成，主要包括EPC编码标准、EPC标签、读写器、中间件系统(Savant)、对象名解析服务(Object Name Service，ONS)和实体标记语言(Physical Markup Language，PML)6个方面，见表9-1。信息网络系统由本地网络和全球互联网组成，是实现信息管理和信息流通的功能模块。EPC信息网络系统是在全球互联网的基础上，通过中间件软件Savant，以及ONS和PMLS实现全球“实物互连”。

表 9-1 EPC 系统的组成

| 系统组成 | 名称 | 作用 |
|---|---|---|
| EPC 编码体系 | EPC 编码标准 | 识别目标的特定代码 |
| RFID 系统 | EPC 标签 | 贴在物品上或内嵌在物品之中 |
| | 读写器 | 识别 EPC 标签 |
| 信息网络系统 | 中间件系统(Savant) | EPC 系统的软件支持系统 |
| | 对象名解析服务(ONS) | 类似于互联网 DNS 功能,定位产品信息存储位置 |
| | 实体标记语言(PML) | 提供描述实物体、动态环境的标准,为软件开发、数据存储和数据分析提供服务 |

在由 EPC 标签、读写器、中间件服务器、Internet、ONS 服务器、PML 服务器,以及众多数据库组成的实物互联网中,读写器只是一个信息参考,由这个信息参考从 Internet 上找到 IP 地址中存放的相关物品信息,采用分布式中间件系统处理和管理由读写器读取的一系列 EPC 信息。

在 EPC 标签上只有唯一的一个编码,当今世界需要知道与该 EPC 编码匹配的其他信息时,就需要 ONS 来提供一种自动化的网络数据库服务,中间件将 EPC 传给 ONS,ONS 指示中间件到某个保存着该产品信息的 PML 服务器上进行查找。找到该产品信息后,可由中间件再做进一步处理,以便供应链上的其他系统使用。相对应地,其 EPC 系统各组成工作流程如图 9-1 所示。其中 EPC 编码、标签和 RFID 读写器前面已有详细介绍,下面将分别对中间件、ONS、PML 服务器进行重点介绍。

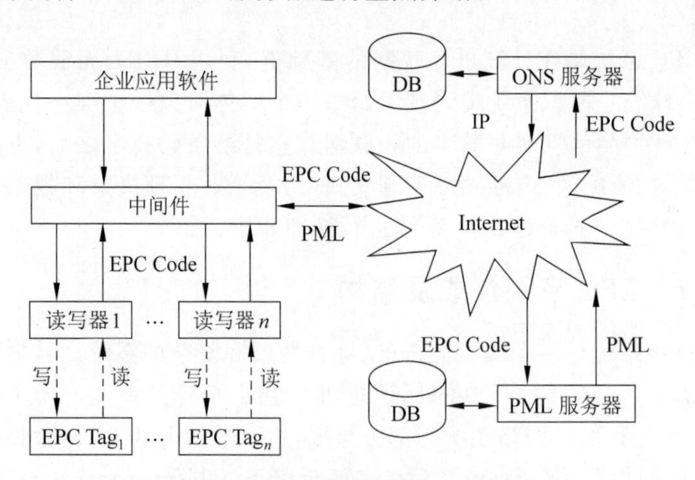


图 9-1 EPC 系统各组成工作流程

## 9.1.2 EPC 中间件系统

EPC 中间件 Savant 系统是连接标签读写器和企业应用系统的纽带,它用来处理来自一个或多个读写器的标签流或传感器数据流,代表应用系统提供一系列计算功能,如在将数据传送给应用系统之前,要对标签数据进行一系列预处理,以减少网络流量。如果当前采用条码标识的物品都用 AutoID 实验室的 EPC 标签来表示,EPC 的网络管理软件处理事件的速度必须达到每秒几百万个。为了管理这个巨大的事件流,AutoID 实验室推出了分层、模块化的组件,就是 Savant。Savant 管理软件对读取到的 EPC 编码进行过滤和容错等处理后,输入公司的业务系统中。AutoID 实验室通过定义与读写器的通用接口(API)来实现与不同制造商的读写器兼容。

### 1. Savant 系统的功能

Savant 是一个软件系统,主要任务是对读写器读取的 EPC 标签数据进行传输和管理。它采用分布式结构,层次化地对数据流进行组织和管理。Savant 将被广泛应用于商店、分销中心、地区办公室和工厂,甚至有可能在卡车或货运飞机上应用。每个层次上的 Savant 系统将收集、存储和处理信息,并与其他 Savant 系统进行交流。例如,一个运行在商店里的 Savant 系统可能要通知分销中心需要补充进货,在分销中心运行的 Savant 系统可能会通知商店的 Savant 系统某批货物已于某个具体时间发出。其主要功能如下。

(1) 在信息采集和信息使用之间架起一道桥梁。

(2) 控制读写器并对各种事件进行处理。

(3) 搜集数据,并对数据进行处理、缓存。

(4) 为第三方提供应用程序接口(API)。

(5) 连接并访问 PML 服务器,其功能类似于 HTML 的浏览器。

### 2. Savant 管理软件的工作过程

AutoID 中心提出的 Savant 技术框架,是一种通用的管理 EPC 数据的架构,被定义成具有一系列特定属性的"程序模块"或"服务",并被用户集成以满足特定的需求。这些程序模块设计将能支持不同群体对模块的扩展。

Savant 作为标签读写器和企业应用系统的中间接口,一方面,接收来自一个或多个读写器的标签流或传感器数据流;另一方面,在将接收的数据传送给应用系统之前,要对标签数据进行过滤、汇总和统计、压缩数据容量等处理。Savant 向上层转发它所关注的某些事件或事件摘要,并有防止错误识别、漏读和重读数据的功能。图 9-2 为 Savant 体系结构。

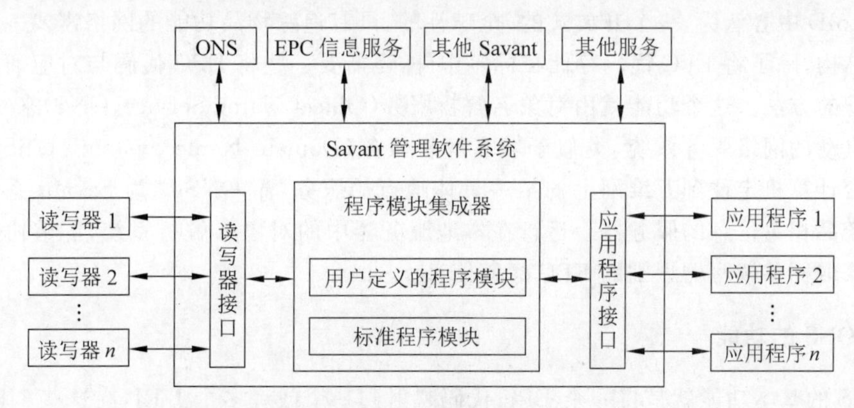


图 9-2 Savant 体系结构

Savant为程序模块的集成器,程序模块通过读写器接口和应用程序接口与外界交互。其中读写器接口提供与RFID读写器的连接方法;应用程序接口使Savant与外部应用系统集成。这些应用程序通常是现有的企业运行的应用系统程序,或为新的EPC应用程序,或为其他的Savant系统。

应用程序接口是程序模块与外部应用的通用接口,在必要时,应用程序接口能采用Savant服务器本地协议与以前的扩展服务进行通信,或采用与读写器协议类似的分层方法实现。其中高层定义命令与抽象语法,底层实现具体语法与协议的绑定。

Savant除了定义的以上两个外部接口外,程序模块之间的通信采用自行定义的API函数实现,也可通过某些特定接口与外部服务进行交互,典型情形就是Savant到Savant的通信。

#### 3. Savant系统构成

程序模块可由AutoID标准委员会定义,或由用户和第三方开发商定义。AutoID标准委员会定义的模块是标准程序模块,其中某些标准模块需要应用在Savant的所有应用实例中,称为必备标准程序模块;其他可根据用户定义包含在具体实例中的模块,称为可选标准程序模块。

其中,事件管理系统(Event Management System,EMS)、实时内存事件数据库(Real time In Memory Event Database,RIED)和任务管理系统(Task Management System,TMS)都是必需的标准程序模块。EMS用于读取读写器或传感器中的数据,对数据进行平滑、协同和转发,将处理后的数据写入RIED或数据库。RIED是Savant特有的一种存储容器,是一种优化的数据库,是为满足Savant在逻辑网络中的数据传输速度而设立的,它提供与数据库相同的数据接口,但访问速度比数据库快得多。

TMS的功能类似于操作系统的任务管理器,它把由外部应用程序定制的任务转为Savant可执行的程序,写入任务进度表,使Savant具有多任务执行功能。Savant支持的任务包括一次性任务、循环任务和永久任务三种类型。

### 9.1.3 对象名解析服务

AutoID中心认为,一个开放式的、全球性的、具有追踪物品功能的网络需要一些特殊的网络结构,除了将EPC代码存储在标签中外,还需要一些将EPC代码与对应商品信息进行匹配的方法。这个功能就由对象名解析服务(Object Name Service,ONS)来实现,它是一个自动的网络服务系统,类似于域名解析服务(Domain Name System, DNS),DNS是将一台计算机定位到万维网上的某一具体地点的服务,而ONS则为Savant系统指明了存储产品相关信息的服务器。运行在本地服务器中的对象名解析系统,能够协助本地服务器获取标签读写器识别的EPC标签信息。

#### 1. ONS的功能

ONS的基本功能就是将一个EPC代码映射到一个或者多个URI,在这些URI中可以查找到关于该物品更多的详细信息,通常就是对应着一个EPCIS。当然,也可以将

EPC 关联到与该物品相关的 Web 站点或者其他 Internet 资源。

ONS 提供静态和动态的两种内容服务，静态服务可以返回物品制造商提供的 URI，动态服务可以顺序记录物品在供应链上移动过程的细节。

ONS 保存有制造商真实位置的权威记录，以引导产品信息的查询请求。ONS 为到达 Web 站点的请求提供真实位置，其设计运行在 DNS 之上。ONS 在设计开发时，应当考虑支持更大的查询负荷。

ONS 服务是联系 Savant 管理软件和 EPC 信息服务的网络枢纽，并且 ONS 设计与架构都以 Internet 域名解析服务（DNS）为基础，因此，可以使 EPC 网络以 Internet 为依托，迅速构建并顺利延伸到世界各地。

**2. ONS 系统架构**

ONS 系统是一个类似于 DNS 的分布式层次结构，主要由根 ONS、ONS 服务器和本地 ONS 解析器等组成，其系统架构如图 9-3 所示。

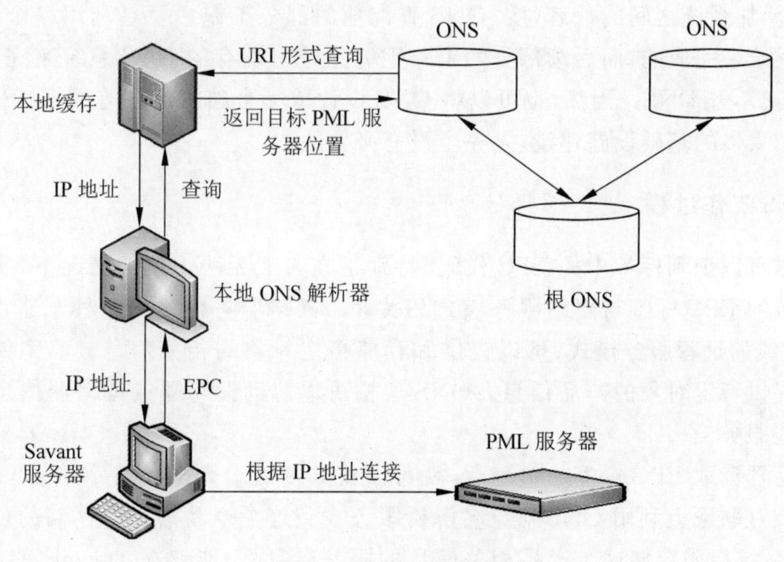


图 9-3　ONS 系统架构

1）映射信息

映射信息是 ONS 所提供服务的实质内容，用于指定 EPC 代码和相关 URI 的映射关系。它分布式地存储在各个不同层次的 ONS 服务器中，以便于分层管理大量的映射信息。

2）ONS 服务器

ONS 服务器是 ONS 系统的核心，用于响应本地软件的 ONS 查询，若查询成功，则返回此 EPC 码对应的 URI。每台 ONS 服务器都存储着 EPC 的权威映射信息和 EPC 的缓存映射信息。根 ONS 服务器处于 ONS 层次结构中的最高层，拥有 EPC 名字空间中的最高层域名。

基本上所有的 ONS 查询都从根 ONS 服务器开始，因而根 ONS 服务器对性能要求很高,同时各层ONS服务器的本地缓存也显得更加重要,因为这些缓存可以明显地减少对根ONS服务器的查询请求数量。

目前,根ONS服务器的域名还没有确定,ONS本地缓存可以将经常查询和最近查询的"查询、应答"值保存在其中,作为ONS查询的第一入口点。这样做可以减少对外查询的数量,提高了本地响应效率,从而减小ONS服务器的查询压力。ONS本地缓存同时也用于响应企业内部ONS查询,这些内部ONS查询主要用于物品跟踪。将这些本地缓存中的内部EPC作为寄存EPC注册到动态ONS,即可实现在物流链上对物品移动位置的跟踪。

3) 本地ONS解析器

本地ONS解析器负责ONS查询前的编码和查询语句格式化工作,它将需要查询的EPC转换为EPC域前缀名,再将EPC域前缀名与EPC域后缀名结合成一个完整的EPC域名,最后由本地ONS解析器负责用这个完整的EPC域名进行ONS查询。

ONS的实际工作最大程度地利用了Internet上现有的体系结构,这样既可以节省投资,又可以增加系统之间的兼容性。ONS查询前的部分工作主要是利用一个与DNS相同结构的系统来完成的,而后续部分的工作则完全是由现有的DNS系统来完成,因而可以说ONS离不开DNS。当然,也可以将ONS设计成完全独立于现有的DNS,但如此一来将会增加太多的基础设施建设,是完全没有必要的。

**3. ONS工作过程**

读写器可以识别标签中的EPC代码,特别是在人工无法识别的情况下,实体对象可以通过自带的EPC标签与网络服务模式相关联。网络服务模式是一种基于Internet或者VPN专线的远程服务模式,可以提供和存储指定对象的相关信息。典型的网络服务模式可以提供特定对象的产品信息。ONS架构可以协助读写器或读写器信息处理软件来定位这些服务。

当读写器读取EPC标签的信息后,就可以将其传送给Savant系统。Savant系统再在局域网或互联网上利用ONS对象名解析服务找到这个产品信息所存储的位置。ONS为Savant系统指明存储这个产品相关信息的服务器,因而能够在Savant系统中找到这个文件,并且将这个文件中的关于该产品的信息传递过来,应用于供应链管理。

对象名解析服务将处理比互联网上的域名解析服务更多的请求,因而公司需要在局域网中配置一台存取信息速度比较快的ONS服务器。一个计算机生产商可以将其供应商的ONS数据存储在自己的局域网中,而不是货物每次到达组装工厂,都需要到互联网上去寻找这个产品的信息。

该系统也要考虑内部冗余问题。例如,当一个包含某种产品信息的服务器崩溃时,ONS将能够引导Savant系统找到存储着同种产品信息的另一台服务器,当前,ONS用来定位某一EPC代码对应的PML服务器。PML服务器是一种简单的Web服务器,用PML来描述与实件对象相关的信息。

应用EPC技术的网络分布如图9-4所示。一个局域网内的标签读写器通常分布在物理空间的各个位置,用于识别不同环境中的EPC标签,读写器将读取的EPC编码信息通过局域网上传到本地服务器，由服务器所带 Savant 软件对这些数据进行集中处理。

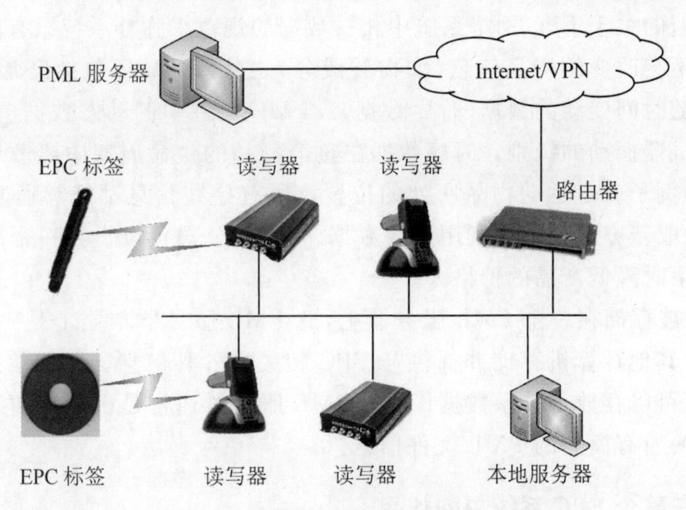


图 9-4　应用 EPC 技术的网络分布

然后由本地服务器通过查找本地 ONS 服务器或通过路由器到达远程 ONS 服务器查找所需 EPC 编码对应的 PML 服务器地址，最后本地服务器就可以通过连接该地址与 PML 服务器建立通信。ONS 服务器根据 EPC 编码和用户需求进行解析，以确定与 EPC 编码相关的信息存放在哪台 PML 服务器上。

## 9.1.4　实体标记语言

实体标记语言是一种新型的标准计算机语言，它是由可扩展标记语言(XML)发展而来的，用于描述单件产品的有关信息。PML 提供了一个描述自然物体、过程和环境的标准，它将提供一种动态的环境，使得所有与物体相关的、静态的、暂时的、动态的和统计加工过的数据可以互相变换，并可供工业和商业中的软件开发、数据存储和分析工具使用。

PML 还会不断发展演变，就像互联网的超文本标记语言(HyperText Markup Language，HTML)一样，演变为更复杂的一种语言，PML 有可能成为描述所有自然物体、过程和环境的统一标准，其应用将会非常广泛，涉及所有行业。

**1. PML 的目标与范围**

PML 通过一种通用的、标准的方法来描述自然界里的所有实体，它具有一个广泛的层次结构。例如，一罐可口可乐能够被描述为碳酸饮料，它属于软饮料的一个子类，而软饮料又归于食品大类中。当然，并非所有的分类都会如此简单，为确保 PML 能够得到广泛的认同和接受，Auto-ID 实验室依托各类标准化组织做了大量的工作，例如国际重量度量局和美国国家标准技术协会等标准化组织制定的相关标准就使用了 PML。

PML 的目标是为物理实体的远程监控和环境监控提供一种简单、通用的描述语言，可广泛应用在存货跟踪、自动事务处理、供应链管理、机器控制和物对物通信等方面。

PML 只是致力于自动识别技术的各类组织之间进行通信所需要的标准化接口和协

议的一部分。PML不是试图取代现有的商务交易词汇或任何其他的XML应用库,而是通过定义一种新的关于EPC网络系统中相关数据的规范来弥补系统原有的不足。

除了那些不会改变的产品信息(如物质成分)之外,PML还包括经常性变动的数据(动态数据)和随时间变动的数据(时序数据)。PML文件中的动态数据包括船运水果的温度或者一个机器振动的级别。时序数据在整个物品的生命周期中离散地、间歇性地变化,一个典型的例子就是运动物品所处的位置。所有这些信息都能够通过PML文件得到,公司可以采取新方法处理和利用这些数据。例如,公司可以设置一个触发器,以便当有效期将要结束时降低产品的价格。

PML文件被存储在一个PML服务器上,此PML服务器本质上是一台专用的计算机,主要用来为其他计算机存储并提供与EPC相关的各种信息。这些信息通常以PML的格式存储,也可以存放于关系数据库中。PML服务器通常是由制造商维护,并且存储该制造商生产的所有商品的PML文件信息。

**2. PML在整个EPC系统中的作用**

PML在EPC系统中主要充当着不同部分的共同接口角色。PML用于规范第三方应用程序,如企业资源规划(ERP)或管理执行系统(Management Execution System, MES),它与Savant管理软件系统以及PML服务器之间的关系,如图9-5所示。

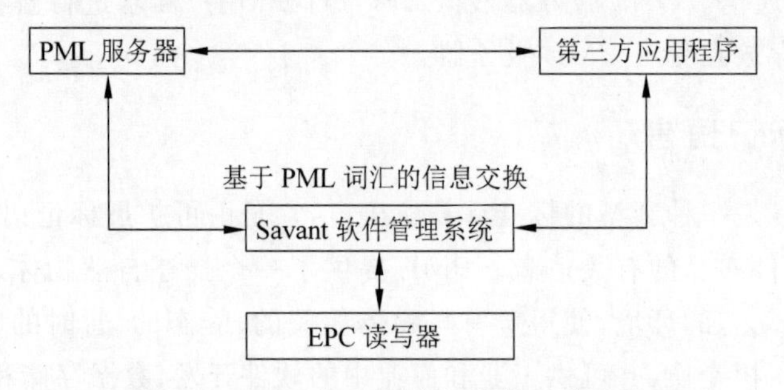


图9-5 PML与EPC各部分接口关系图

毫无疑问,PML很难详细描述整个现实世界以满足各企业、各行业的需要。每件物品不仅有其物理属性(包括体积和质量),而且还有其内部结构。此外,物品为不同公司和个人所拥有,并在这些公司和个人之间进行交易和流通。总之,物品存在于时间和空间中,物理标记语言的核心组件就是要捕获这些物品和环境最基本的物理属性。

**3. 设计策略**

PML是一种用于描述物理对象、过程和环境的通用语言,提供了一套通用的标准化词汇表,来描绘和分配使用EPC标签激活的物体的相关信息。PML以可扩展标记语言(XML)的语法为基础,其基本结构分为核心标准和扩展标准两部分。

(1) PML核心标准提供通用的标准词汇表来分配直接由Auto-ID基础结构获得的信息,如位置、组成,以及其他遥感勘测的信息。

(2) PML扩展标准用于整合非EPC系统产生的信息或其他来源集成的信息。第一个实现的扩展是 PML 商业扩展。PML 商业扩展包括丰富的符号设计和程序标准，使组织内或组织间的交易得以实现。

### 9.1.5 信息发布服务

EPC 系统使用数据接口组件的方式解决数据的传输和存储问题，用标准化的计算机语言来描述物品信息。2003 年 9 月，Auto-ID 中心发布的规范 1.0 版本中将这个组件命名为 PML Server。作为 EPC 系统中的信息服务关键组件，PML 成为描述自然物体、过程和环境的统一标准。后来，Auto-ID 中心的技术小组依照各个组件的不同标准和作用，以及它们之间的关系修改了该规范，并于 2004 年 9 月发布了修订的 EPC 网络结构方案，EPC 信息服务(EPC Information Service，EPCIS)代替了原来的 PML Server。这个方案提出了 EPCIS 在 EPC 系统中的作用和具体功能。

EPCIS 提供了一个模块化、可扩展的数据和服务接口，使得相关数据可以在企业内部和企业之间共享。它可以处理与 EPC 编码相关的各种信息，例如包装状态和信息源等。EPCIS 以 PML 为系统描述语言，主要包括客户端模块、数据存储模块和数据查询模块。

客户端模块主要实现标签信息向指定 EPCIS 服务器的传输；数据存储模块将通用数据存储于数据库中，在产品信息初始化的过程中调用通用数据生成针对每一个产品的属性信息，并将其存储于 PML 文档中；数据查询模块根据客户端的查询要求和权限，访问相应的 PML 文档，生成 HTML 文档，返回给客户端。

EPCIS 系统包括简单对象访问协议(Simple Object Access Protocol，SOAP)、服务器管理应用程序、数据库、PML 文档和 HTML 文档五部分。

#### 1. SOAP

SOAP 是一种在非集中、分布式环境中交换信息的协议。它使用 SOAP 信封将定义信息的内容、来源、目的和处理框架封装起来，传递给服务器管理应用程序。在处理过程的最后，SOAP 还要负责将处理结果传递给物联网客户端。SOAP 使用超文本传输协议 HTTP 作为通信协议，接收和发送 PML 格式的数据。

#### 2. 服务器管理应用程序

服务器管理应用程序接收和处理 SOAP 发送过来的数据，并将处理结果反馈给用户。

#### 3. 数据库

物联网信息服务器中的数据库在不同层次存储不同的信息，其作用是提供查询或存储对象与其在 EPC 中的统一代码的映射。

#### 4. PML 文档

PML 由 PML Core 和 PML Extension 两部分组成。PML Core 主要应用于读写器、

传感器、EPC中间件、EPCIS之间的信息交换。PML Extension主要应用于整合非自动识别的信息和其他来源的信息。

PML语言是XML语言的扩展,集成了XML的许多工具与技术,成为描述自然物体、过程和环境的统一标准。EPC中真正用于存储信息的是PML文档,它可以由应用程序创建,并允许随后不断地向其中增加信息。PML与数据库的不同之处在于,其所存储的信息有严格的顺序性。

#### 5. HTML文档

EPCIS服务器具有一定的应用程序,可以实现根据不同的权限生产相应的HTML文档,以页面的形式通过浏览器展示给最终用户。

## 9.2 麦德龙的未来商店

### 9.2.1 未来商店的概念

科技正在逐渐改变零售企业的经营管理模式和顾客的购物体验。在未来超市里,消费者会有一个无线计算机工具,帮助消费者了解不同货架上的产品信息,同时实现自助购物、多媒体信息系统、基于条码和RFID的店面管理、销售和库存管理,以及个性化的客户关系管理系统等概念。未来商店不需要工作人员,消费者可以自己动手完成购物过程。其购物过程大致如下。

(1) 消费者首先选定一个购物手推车。该推车上装有IBM公司设计的个人购物助手,这是一个无线可移动的小屏幕显示仪。消费者想买哪种商品,仪器能把消费者所在的位置和所需商品位置显示在超市地图上,通过"提醒我"功能,当消费者走到相应货架时,仪器会发出提示音,以免消费者错过商品。个人购物助手还能以图表的方式按照位置列出购物者喜欢的商品,并显示促销商品,提供菜谱建议。

(2) 商店水果区的电子秤上安装有摄像头,能自动识别水果的品种并算出价格。

(3) 想买手机,却不知该买什么牌子和型号的该怎么办?别担心,电子便利站通过一系列选择题为消费者提供决策支持和个性化的购买建议。

(4) 购物完毕,该付款了,IBM公司的自助结账系统能帮助顾客自助结账,带有摄像头的结账系统可以识别商品的质量和体积,而自动收款机则接受现金和刷卡支付。不需要收银员,结账就完成。

### 9.2.2 麦德龙未来商店项目基本情况

#### 1. 未来商店项目概述

2003年,麦德龙集团通过与消费品、信息技术和服务业领域代表性厂商合作,创立了Future Store Initiative(未来商场计划)。同时,麦德龙集团还与60多个成员公司合作,共同致力于为零售业的未来开发出一个切实可行的新理念。在德国的莱茵博格,麦德龙集团与其合作伙伴一起建造了基于RFID技术的首家未来商店,将目前可实现的技术和技术系统在实际应用中进行测试和不断开发,共同目标是在全球推动商业现代化进程,并在流通业建立新的科技标准。

位于德国杜塞尔多夫附近莱茵博格的未来商店是麦德龙未来商场计划的一个重要组成部分,致力于在一个真正的零售环境下,很多新开发的理念和技术都被试验性地应用于管理该商店的仓库和销售流程。

在这个商店里面,商品的种类和其他商场的种类是一样的,既有麦德龙合作伙伴的商品,也有不是合作伙伴的商品。合作伙伴的产品都贴上 RFID 芯片,有一套专属结账的方法;而没有 RFID 芯片的商品就要通过另外一种方式去结账。在未来商店进货的时候是在每个包装箱上都装有 RFID 芯片,而销售的时候是每件商品都有 RFID 芯片。

零售商从麦德龙的未来商店中嗅到了 RFID 的巨大潜力。从仓储、库房管理、上架、补货到盘点等环节,这些日常流程因为 RFID 而变得高效和透明。"当产品到保质期或存货不足时,商品的管理系统会及时发出信号。工作人员知道何时再补货,顾客也不至于面对空空如也的货架。"麦德龙董事会成员苗诚恩说,通过大范围部署 RFID,不仅可以极大地提高管理效率,而且可以提升供货能力,确保供货质量,并降低成本。

**2. 未来商店项目合作伙伴**

未来商店是麦德龙集团 2002 年开始实施的巨大工程。该集团以德国思爱普(SAP)公司、美国英特尔(Intel)公司、美国国际商业机器公司(IBM)等企业的产品为主,同时有可口可乐、吉列等商品的制造厂家,还有 45 家信息技术(Internet Technology,IT)企业作为经营的战略合作伙伴参与其中,如富士通、西门子等。主要合作伙伴的具体情况如下。

SAP 为未来商店提供 RFID 软件组件,该组件的主要功能是控制商品流,基于 RFID 技术的信息系统是在 SAP 公司供应链事件管理和 SAP 公司商务智能解决方案的基础上开发的。

英特尔公司为未来商店提供 RFID 读写器和便携式无线设备的处理器、实时处理与分析大量数据的高速网络和通信系统,以及高性能台式和壁挂计算机。

IBM 公司开发了一套灵活的解决方案,允许具有各种技术功能的 RFID 组件和应用在该平台上通过系统中心集线器相互通信。

Philips 半导体公司为未来商店的智能芯片和 RFID 读写器提供集成电路,该公司还配合项目伙伴选择系统和配件,并提供培训课程。

Checkpoint 系统公司为未来商店装配双频天线,将其集成到商店结算处的读写器中,并提供了将移动 RFID 读写器和 RFID 单元集成到商店结算处扫描仪的技术方案。

标签和包装材料行业的全球领导者 Avery Dennison 公司为未来商店提供了所有的 RFID 标签、编码设备和打印设备。

零售服务型公司 CHEP 为未来商店提供了粘贴有 RFID 标签的托盘设备。

### 9.2.3 未来商店的基本部件

未来商店的基本部件包括 RFID 设备、个人消费助理、未来消费卡、电子广告显示屏、信息终端、电子货架标签、智能称重仪、自主结算机、个人数字助理、无线局域网、智能货架和商店管理者工作台等。

### 1. RFID设备

早在2006年举行的第八届中国连锁店展会上,德国麦德龙集团就向中国媒体展示了未来商店。麦德龙未来商店的核心就是装有RFID系统的智能芯片和一个微型天线。在RFID技术的支持下,科幻影片中的场景变成现实。

1) RFID的功能

在未来商店中每一个商品都对应着一个智能芯片,它是嵌入在极薄标签内带有微型天线的微计算机芯片。芯片中存储有特定的商品代码,即电子产品代码(EPC),这个芯片中含有商品的详细信息,这些信息保存在未来商店的数据库中。

这些信息都可以被RFID读写器识别。由于工作频率的不同,读写器识别的范围也不同。商品标签的最大识别范围是1m,纸板箱和托盘上的标签识别范围最大可达6m,对标签进行识别时无须接触,只需将其放置在读写器的工作距离内即可。未来商店中也有大量的便携式读写器应用,员工可以用它来检查仓库中安装有智能芯片的托盘和商品的库存量,或者在卖场中使用便携式读写器来检查货架上的商品数量。

2) RFID设备的工作频率

在未来超市中,智能芯片的应用范围和作用不同,它们的工作频率也是不同的。粘贴在物流单元上的智能芯片工作在UHF频段865~868MHz,该频段范围充分考虑到智能芯片与读写器的距离一般为6m左右。在莱茵伯格的未来商店中,麦德龙集团及其供应商的商品标签的频率范围为HF频段,该频段允许商品标签与智能芯片的最大距离不超过1.5m。

3) RFID在工作链中的应用

未来商店的RFID技术为顾客、商店和制造商提供了诸多便利。它能够保证整个供应链的透明性。RFID可以简化并加速物流的进程,并且在供应链中提供了商品位置的连续可视化监控功能;RFID能够提高商品的可用性,由于商品清单可以实时反映实际需求,因而货架不再空闲;RFID可以提供质量保证,商品的有效期能够自动地被监控和记录。

### 2. 个人消费助理

未来商店中还为顾客准备了应用智能卡的个人消费助理。从外观上看,个人消费助理就是一台计算机显示屏,除了中央的显示屏和键盘之外,侧面还有读写器。使用时,首先扫描消费卡编码,显示屏上将出现专门为顾客定做的购物建议,如促销产品建议、货架位置建议等,并且还会为顾客提供商品导购图,除此之外,还可以在个人消费助理上面搜索商品,指示相应的货架位置等。最后,个人消费助理还能根据购物信息显示出商品价格和全部购物金额,不管消费者购买了多少商品,个人消费助理都可以马上计算出全部的账目,提高了结账的效率。

### 3. 未来消费卡

未来消费卡是个人消费助理的钥匙，个性化消费卡同时使用，消费卡能够用于满足顾客的各种需要。使用消费卡的顾客可以参与未来商店的各种打折或者返券活动。顾客只需将卡靠近 PSA 读写器进行识别即可。

### 4. 电子广告显示屏

在未来商店，电子广告显示屏位于相应商品旁边，用于提高可靠的、最新的商品信息和特价消息。它可以为顾客消费引路，为顾客提供热卖和打折信息，并且通过录像或者动画的形式提供详细的商品信息。

在商店里遍布着大型等离子显示屏可以显示静态图像或视频动画。它们挂在天花板上，显示附近区域里的特卖商品信息。因为显示屏是和无线数据系统连接的，所以可以像修改货架标签一样很容易地在几秒钟之内改变或旋转图像。显示屏可以宣传一种特定商品或者发布一个特价销售信息。例如，商店可以只在星期五的 17:00—19:00 间对牛奶做一场特卖活动。显示屏发布特卖消息，货架标签体现价格的变化，并在星期五的 19:01 变回到每天的正常价格。

### 5. 信息终端

在未来商店中，还为不同的商品设置了不同的信息终端，它可以显示各类商品的信息，这些信息终端一般配置在未来商店的肉类、蛋类、水果、蔬菜、化妆品等各类专柜旁边。信息终端提供未来商店内商品的各种信息，顾客能够调出商品的平面图，以找出商品的确切位置。

信息终端通过与安装在天花板上的投影设备连接，能够以图像或者动画的形式在平面上投影出来该类商品的相关信息。当顾客使用新型终端选择某种商品时，投影设备将会显示该种产品的相应信息，投影也可以为顾客提供理想商品的热卖信息和打折信息。

### 6. 电子货架标签

未来商店的货架安装有统一控制的电子货架标签，价格的变动能够自动地以无线通信的形式发送到显示屏上。电子货架标签直接从商品信息管理系统中获取商品的信息，不存在价格差异和标签错误，除此之外，当价格变动时，它也能够方便、快捷地进行实时更新。

电子货架标签使用通信基站(Communication Base Station，CBS)以独立的无线网络方式进行通信，通信基站一般安装在商店的天花板上。同时，未来商店通过安装收发装置来保证与 ESL 的通信。

### 7. 智能称重仪

智能称重仪不仅可以像一般电子秤那样称量物品的质量，还可以根据物品的特征来判断是哪一类物品,然后在数据库中查找商品的价格,自动打印标签,这样就不需要人工输入价格了,方便省事。

**8. 自主结算机**

新型的自主结算机允许顾客将购买的每件商品扫描后放到购物袋中,并使用现金或者信用卡结账。自主结算机为顾客提供友好的用户界面,使得顾客在没有收银员的参与下自助结账。顾客将商品放置在全方位扫描仪和条码读写器上来读取商品的信息后即可把商品放入购物袋中,其质量通过扫描商品过程进行检测。若扫描过的商品质量与购物袋中的商品质量不符,系统将会自动发送警报。

**9. 个人数字助理**

个人数字助理是员工的智能帮手,通过使用无线个人数字助理,商店员工能够更加灵活、高效地通信。个人数字助理允许员工在任何地方任何时间访问商店的商品管理系统来查询当前库存状况。如果使用安装 RFID 读写功能的个人数字助理,员工在商店过道内通过后,就能得到个人数字助理提供的实时商品清单,当个人数字助理得知某个货架卖空的消息后,该员工能够使用个人数字助理来生成一个订单,以补充商品。

**10. 无线局域网**

在未来商店里,无线局域网都是无线信息的高速公路。无线局域网将所有的移动设备和众多固定放置的商品连接起来。如果把整个系统比作一个人,那么这个无线局域网就是这个人体的血管。在购物时,每位顾客都会事先获得自己的身份标识号码(Identification,ID),并由一名个人数字助理陪同。这里的购物车也是特制的,装备有扫描功能的接触屏,顾客把自己的 ID 扫描进接触屏后登录系统,随后就可以随时浏览商品的电子价签,系统通过无线网络传输价格以便顾客选择。

**11. 智能货架**

智能货架用于标识电子标签,在不同货位设有大小不一的电子显示屏,每种商品都有电子标签,既能滚动地向消费者通告商品位置等信息,又能让商店随时了解哪个货架缺货,从而及时地进行补充。

商品缺货率是商店最大的经营指标,通过该项指标能够判断货架上的商品是否符合顾客的需求。同时,顾客将商品拿到手中再放回货架的时间等数据,在商场的营销分析中也能够通过 RFID 技术获取并且利用。

**12. 商店管理者工作台**

商店管理者工作台是一种理想的实时集成和 Intranet 解决方案。在未来商店重要的信息通常是实时可用的。采用商店管理者工作台这种特殊软件工具。商店的管理力度能够直接达到单件商品级。商店管理者工作台使得卖场的流程更加透明化和可控制。

由于采用了商店管理者工作台软件,未来商店的经营者可以随时了解整个商店的销售和库存情况。依据当前的销售状况,该软件在任何时候都能够对经营状况进行评估。如果货架上没有足够的商品,该软件会给出补充商品的建议。商店经营者能够指示员工去检查该货架的存货情况,并在必要时及时予以补充。无线局域网和移动终端的使用保证了商店内各种设备与结算系统的联网通信,确保了商店管理者与员工的实时沟通与联系。商店经营者能够通过个人数字助理、个人计算机(Personal Computer,PC)或其他任何信息终端调用这些信息。

通过使用实时数据,工作台能够帮助管理者确保商店的平稳运转和高质量的顾客服务。

### 9.2.4　工作流程

麦德龙集团未来商店的工作流程主要分为粘贴 RFID 标签的商品运往中央配送中心、从中央配送中心发货、商品到达未来商店仓储区域和商品由仓储区域转入卖场 4 个环节。

#### 1. 粘贴 RFID 标签的商品运往中央配送中心

麦德龙集团所有的供应商以盛装干货的托盘或纸箱为单件单位,将商品送往未来商店的货物先运到距离超市 40km 的麦德龙中央配送中心,该配送中心位于该地区的中心区域,其功能相当于区域配送中心(Regional Distribution Center, RDC)。

#### 2. 从中央配送中心发货

麦德龙集团配送物流公司(METRO Group Distribution Logistic,MDL)将商品发送给未来商店之前,在中央配送中心要给所有商品托盘和纸板箱上都粘贴 RFID 标签,其中涵盖了商品信息和制造商信息等数据。

将单元系列信息输入数据库,然后送到输送机上。标签上带有电子时间戳,其信息同时进入 RFID 商品管理系统。

目前,麦德龙 4 个类别的商品粘贴了电子标签。用 RFID 天线自动读取电子标签上的数据,在输送带的一侧将商品装上托盘,同时与托盘的标签数据结合在一起。当中央配送中心接到向超市发货的指令后,中央配送中心便进入以托盘或硬纸箱为单位的拣选作业流程。

粘贴有标签的商品和包装在整个物流链上可以被准确地定位和识别,直到未来商店的大卖场。准备就绪的商品即可进行发货,当满载商品的运货叉车通过装有读写器的出口处大门(读写器设置在左右两边的柱体上)时,读写器会自动读取托盘或纸箱上的 RFID 电子标签上的商品名称与出货时间。读写器接收到存储在每个智能芯片上的商品代码等相关信息,与订单内容对照核实无误后,将其传送给商品管理系统,将对应的运输单元在商品管理系统中的当前状态修改为“在运往未来商店的途中”。

在麦德龙,要求电子标签几乎拥有百分之百的识别率。虽然受各种各样应用条件的限制,但识别数据确实非常高效。

### 3. 商品到达未来商店仓储区域

当卡车从中央配送中心抵达未来商店仓储区域时,托盘再次被RFID读写器识别。使用商品管理系统,员工能够在任何时间确定某种商品的名称和数量。

商品从配送中心到达超市后,通过入口处读写器自动读取到达货物的数据,同时采集到大量纸板箱的标签信息,识别速度达每秒300个标签。同时,将获取的标签信息发送到商品管理系统,系统将其与中央配送中心出库数据对照检查有无差错,并进行商品检验。确认无误后,商品在商品管理系统中的状态修改为“在未来商店仓库”,并被临时存储在商店仓库区。

纸箱上粘贴RFID标签,用拉伸材料包装的商品堆码在托盘上,托盘上粘贴RFID标签。商品外包装的前面粘贴的就是RFID识别标签(13.56MHz)。用智能货架同样可以检测商品的实时状况。

在仓储区,利用画面实时管理不同商品的库存状况。如果低于安全库存量,系统马上向工作人员的PDA发送信息,避免商品缺货。在商品堆放场所及货位的管理中,也广泛地使用RFID技术,可以检测某种商品存放在何处。

### 4. 商品由仓储区域转入卖场

用搬运车将商品从仓储区向卖场搬运时,在通道口设置的RFID读写器会自动读取存储在智能芯片上的电子产品代码信息,并进行实时管理。与商品管理系统联动,此时商品在商品管理系统中的状态为“存放在商店内”。

未来商店的出/入口处同样安装有读写器,能够不间断地发射高频无线电波(射频)。记录进入商店的顾客人数和每位顾客在店内的停留时间,并能发现顾客是否有未结账付款的商品,从而确定是否报警。

通过上述各个环节,供应链上的物流实况、流通过程、当前状况均可以达到可视化管理。

## 9.2.5 隐私保护

麦德龙集团依据数据隐私性规则,充分考虑顾客的权益,与来自零售部门和消费品制造业的其他合作伙伴一同承诺如下事项。

(1) 智能芯片中不保存消费者的个人信息。在未来商店里,顾客可以在信息终端上查询存储在智能芯片上的任何数据。

(2) RFID技术为顾客提供了详细的信息,所有粘贴有智能芯片的商品清楚地标出了EPC代码。目前,这主要涉及刊物流单元(如托盘和纸板箱)和德国莱茵伯格未来商店已选择的部分商品。

(3) 顾客可以收到各种关于RFID功能与实现等背景信息的小册子,也可以通过信息终端或麦德龙集团网站查询。

(4) 麦德龙集团是全世界零售业第一家开发去活化设备的公司,该设备能够使得智能芯片上的电子产品代码失效。

(5) 作为国际组织 EPCglobal 的一员,麦德龙积极协助设计 RFID 技术应用标准。

在收银台付款以后,如果将粘贴有 RFID 标签的商品原封不动地带回家,往往涉及个人隐私问题。为保护个人隐私,麦德龙集团特别设置了可以使 RFID 标签失效的去活性化装置。如果顾客在离开商店之前,希望智能芯片上的信息不可读,使用该设备,顾客可以使商品上的智能芯片永久失效或归零。

其操作过程如下:顾客将购买的商品放在装有集成 RFID 读写设备的指定区域,读写器将会自动地读取智能芯片上的信息,相应的代码也会出现在显示屏上。通过按下"特定"按键,即可使得该智能芯片失效或清空。

### 9.2.6　项目评估

麦德龙集团已经将德国的一个超市转变为未来商店,顾客对其服务反映良好。波士顿咨询集团(Boston Consulting Group,BCG)在 2003 年 7 月和 2004 年 3 月的调查结果包括:顾客流量有了显著提高;80%的顾客已经使用过这些高新技术;大多数顾客表示对该商店调度满意;自助结算机和智能货架尤其受欢迎,包括一些年长的顾客;商店的销售额有了显著增长。

顾客非常喜欢由这些高新技术带来的附加效益,这可以通过波士顿咨询集团 2003 年 7 月所做的调查来证明。关于未来商店提供的"酒类顾问"功能,即提供相关信息,如葡萄种类、酒的产地,被认为相当有价值,被调查的 64%的顾客认为此项功能比较有用。顾客对自助结算机的评价紧随其后,约有 53%的顾客认为自助结算机功能相当可观。更为振奋人心的是,那些使用高新技术的顾客同时消费了较多的货币,他们将 70%的购物选择在未来商店。

2004 年 3 月的调查表明,越来越多的顾客开始使用未来商店的高新设备,79%的顾客(包括许多年长的顾客和一些对高新设备抱有好奇心的顾客)已经使用过这些高新设备。64%的顾客表示使用过智能称重仪称过水果或蔬菜,信息终端也非常受欢迎,约有 51%的顾客通过它来获取产品信息。

按照这种构想,在物流管理中引进 RFID 技术将给麦德龙公司带来的利益见表 9-2。此处没有包括由于超市作业效率的提高而节省的劳动力成本。

**表 9-2　麦德龙引进 RFID 技术后的基本效益**　　单位:欧元

| 粘贴标签的托盘 | | | | 粘贴标签的硬纸箱 | | |
|---|---|---|---|---|---|---|
| | | 每年 | 每托盘 | | 每年 | 每件 |
| 制造商 | 生产厂家卡车装载成本 | 16 000 | 20.0 | 掌握更好的货架信息后增加的利润 | 1 280 000 | 7.0 |
| | 仓库中标签扫描识别 | 500 | 5.0 | | | |
| | 准时订单成本 | 25 000 | 25.0 | | | |

续表

| 粘贴标签的托盘 | | | | | 粘贴标签的硬纸箱 | | |
|---|---|---|---|---|---|---|---|
| 零售商 | 配送中心 | 配送中心的收费成本 | 18 000 | 5.6 | 收费过程中降低的人力成本 | 72 000 | 0.3 |
| | | 配送中心托盘装卸成本 | 18 000 | 5.6 | 装载混合托盘所降低的人力成本 | 430 000 | 1.7 |
| | | 完成门店订单成本 | 9000 | 2.8 | 减少抽样检测成本 | 81 000 | 0.3 |
| | | 像门店送货的卡车装载成本 | 5500 | 1.7 | 减少盘点库存成本 | 3600 | 1.5 |
| | 店铺 | | | | 减少的因拣货失误所造成的成本 | 3600 | 1.5 |
| | | | | | 掌握更好货架信息后增加的利润 | 12 000 | 5.0 |
| 生产厂家的总利润 | | | 50 | | 生产厂家总利润 | 7.0 | |
| 零售商的总利润 | | | 15.7 | | 零售商的总利润 | 8.9 | |

## 9.3 RFID在其他领域的应用

### 9.3.1 畜牧业领域

动物识别,是指利用特定的标签,以某种技术手段与拟识别的动物相对应(注射、耳标等),并能随时对动物的相关属性进行跟踪与管理的一种技术。

动物识别的主要原因:加强对外来动物疾病的控制与监督,保护本土物种的安全,保证畜产品国际贸易的安全性;能加强政府对动物的接种与疾病预防管理,提高对动物疾病的诊断与报告能力,增强对境内外动物疫情的应急反应能力;作为准确的动物血型与组织标准识别;国家和地区畜牧安全性认证等。

传统的动物识别方法:一是数字标牌,即在标牌上印刷或雕刻数字和字母的编号,然后设法放在动物身上;二是直接在动物身上做标记,如在养猪业中,可以有刺青、在猪耳上打缺口等方法。传统做法的主要问题是识别困难,这种识别是通过肉眼完成的,不能实现数字化自动处理,而且这种识别需要离目标动物很近,甚至捉到眼前去读取,是一件比较麻烦的事情。

现在使用的都是在动物身上佩带可被机器设备所方便读取的、坚固耐用的电子标签,这相当于动物的电子身份证,为每头牛建立一个永久性的数码档案,唯一标识每个动物的属性。这样解决了传统动物识别困难的问题;不受恶劣的畜牧业环境影响;电子标签容量比较大,可以记录更充分的信息;电子标签具有可写性,可以在标签内写入动物的必要信息,从而不依赖后台数据库仍然可以实现有效跟踪;电子封装灵活,由于可以穿透动物身体,因此可以做成各种形式安装在动物身上,包括做成药丸让动物吞服留在体内。由此可见,RFID电子作为动物识别技术,具有不可替代的优点和便利。

### 1. 电子标签的分类和安装

动物电子标签系统中的电子标签存储了动物的各种信息，并有一个严格按国际化标准化组织(ISO)编码标准编制的 64 位(8B)识别代码，做到全球唯一。在畜牧业应用中，通常把电子标签设计封装成不同的类型安装于动物身上，以进行跟踪识别处理。目前，主要有以下几种类型的电子标签。

1) 项圈式电子标签

这种电子标签可移动性大，能够非常容易地从一只动物身上换到另一只动物身上，但标签的成本较高。主要用于厩栏中的自动饲料配给和牛奶产量测定。

2) 耳标(钉)式电子标签

耳标(钉)式电子标签不仅存储的信息多，而且抗脏物、雨水和恶劣的环境，其性能优于条码耳牌，因此应用范围较广。

3) 可注射式电子标签

即利用一个特殊工具将电子标签放置到动物皮下，使其与躯体之间建立一个固定的联系，这种联系只有通过手术才能撤销。

4) 药丸式电子标签

即将一个电子标签安放在一个耐酸的圆柱形容器内(多为陶瓷的)，通过动物的食道放置到反刍动物的瘤胃页。一般情况下，药丸式电子标签会终身停留在动物的胃内。这种方式操作简单牢靠，并且可以在不伤害动物的情况下将电子标签放置于动物体内。

### 2. 电子标签在动物生产管理中的应用

电子标签技术在动物管理上的应用最早起源于赛马识别，当初是将小玻璃瓶封装的电子标签置于赛马皮下，以此确认其身份。对动物进行电子标签识别为牧场的现代化管理提供了一套切实可行的方法，电子标签系统可准确而全面地记录动物的饲养、生长和疾病防治等情况，同时还可对肉类品质等信息进行准确标识，从而实现动物和动物产品从饲养到最终销售的可跟踪管理。

1) 电子标签在动物和动物产品追溯中的应用

电子标签放入动物体内后不易损坏和丢失，其内部存储的数据也不易更改和丢失，再加上电子标签标号的全球唯一性，使得电子标签成为动物永不消逝的电子身份证，实现100%的一畜一标，可以用来追溯动物的品种、来源、免疫、治疗和用药情况，以及健康状况等重要信息，为动物防疫和兽药残留监控工作服务。

更重要的是，当屠宰放置有电子标签的动物时，电子标签中的信息与屠宰场的数据一起被存储在出售该动物肉品的超市展卖标签中。该标签可提供食品内容或来源，以及分销数据，可通过各种食品制造阶段进行跟踪，并能够通过餐馆供应网的分销链，或者家庭消费者购买食品的超市等进行精确监控。一旦发现问题，可通过计算机“可追溯软件”查找问题的源头，利于管理分析，及时发现问题，保障肉食品卫生质量。

2）电子标签在牲畜日常管理中的应用

由于非接触性电子标签的出现，一些自动化定量喂养系统在畜牧业中才得以推广使用。美国奥斯本公司设计的全自动母猪思维系统、全自动种猪生产性能测定系统、生长育肥猪自动分阶段饲养系统，以及我国依玛克公司设计的奶牛精确饲养系统和产奶自动计量管理系统、江苏省农业科学研究院等单位设计的猪肉系统等多种牲畜饲养和管理系统都是以电子标签的使用为前提和基础的。

电子标签管理系统除了应用于企业内部饲料的自动配给和产量统计等方面之外，还用于动物标识、疫病监控、质量控制和追踪动物品种等方面，是掌握动物健康状况和控制动物疫情发生的极为有效的方法之一。

3）电子标签在宠物管理中的应用

随着人们物质生活水平的逐步提高和对精神生活的不断追求，再加上城市单亲家庭的增多，致使宠物的饲养量直线上升，而且人与宠物之间的关系也日益密切，这就对宠物的管理和卫生防疫工作提出了更高的要求。

在实际生活中，一方面因丢失、被盗和迷路等原因造成宠物遗失后寻找起来相当困难；另一方面，由于宠物往往会携带或传播重大人畜共患病(如狂犬病、弓形虫病、结核病、布鲁氏杆菌病等)，在其活动及与人亲密接触时极易将疫病传染给其他动物和人。因此，记录和识别宠物及其健康状况就显得十分重要，而电子标签技术可以轻而易举地实现这些功能。

目前，许多国际组织和国家(如欧盟以及美国、加拿大、澳大利亚、新加坡等)都对宠物实行了电子标识管理。我国上海、南京等城市也已开始在宠物管理中应用电子标签。

## 9.3.2 工业生产领域

现代制造业的工作过程是依靠制度和规范保障的一个精确的执行过程，这必然要求对计划和执行进行精确对比，即生产过程的每一个环节都要进行准确记录，这就需要RFID技术进行自动识别，并且针对问题采取措施。由此可见，现代工业生产领域对RFID等自动识别技术具有很强的依赖性。RFID主要的应用领域有汽车生产领域、工业自动化领域和绿色航空运输领域。

### 1. 汽车生产

由于全球性的激烈竞争，汽车工业在新技术的采用方面一直占主导地位，通过新技术的采用，汽车工业已经改进了其流程、产品和管理。其最新的管理方法之一就是用低成本的RFID技术进行识别和管理生产的产品。RFID在汽车产业的应用可以分为零件加工、零件跟踪、资产管理和车辆相关4个方面。

1）零件加工

在传统的汽车零件加工生产线上，多数情况是操作员对照书面操作说明书逐步操作，很容易产生人为错误。即使使用条码标签等进行管理，在遇到有障碍物时，也有可能发生错误操作。使用RFID后将操作指示信息存储在目标载体中，实现无纸化生产。同时大幅度缩减了步骤更替时间，提高了生产效率。

2）零件跟踪

零件跟踪能够提高供应链信息的透明度。原先的大批量生产已经无法满足客户的需要，因此现在的汽车整车制造过程中必须做到小批量、多品种，而且在质量管理上的要求也正被越来越多的企业所重视。对影响汽车安全性的重要零件（如发动机、变速箱等），也越来越强化对其历史数据的管理。

3）资产管理

RFID 技术能够改进公司内部的资产管理，流动资产由大量应用于物流的集装箱、生产工具和维修工具组成。RFID 应用标准不是必需的，但是如果标准是适当的，将会减少实施费用，从而提高服务提供者的固定资产管理和外部采购效率。

4）车辆相关

RFID 技术能为汽车本身增加功能，包括汽车标识、信道控制、轮胎压力检测，以便更好地按照客户需求提供服务。RFID 技术将会对汽车供应链产生重大影响。

### 2. 工业自动化

目前，生产制造业的自动化水平逐渐提高，生产线的集中控制程度越来越密集，作为企业的管理层需要在第一时间了解生产线的运行状况，RFID 智能技术的引入将实现对生产线的可视化管理、生产线检测和产品监测的需求。

1）生产线的可视化管理

利用 RFID 智能技术进行可视化管理的系统主要由生产流水线、RFID 数据采集系统、制造产品和工位，以及两个固定的 RFID 读写器等构成。产品在生产流水线上移动，到达工位后，工人取下该产品进行零配件组装，在这个过程中每个产品都加上 RFID 标签，等到工人装配完成后放回流水线进行下一道工序。带有 RFID 电子标签的产品在流水线上运转的过程中，先后通过系统两个固定的 RFID 读写器，机器阅读产品标签上的信息然后将其传输到总控制系统，操作人员可以通过系统显示的数据来判断产品在生产流水线运转的状况和成品的制造情况。

2）生产线监测

运用 RFID 技术还可以通过产品在流水线上的工位进行监测，以此来反映生产线是否超时及有无压货的现象，从而判断流水线的工作状态是否良好。

在监测生产线是否超时时，需要记录产品经过两个读写器的时刻 $T_1$ 和 $T_2$，$T_1-T_2$，得到产品在生产线上的时间，如果 $T_1-T_2<T_{\max}$（最大停留时间），说明产品在工位上停留的时间属于正常范围；如果 $T_1-T_2>T_{\max}$，则说明产品已经出现超时现象。

在监测工位是否压货时，首先需要对产品在工位上的最大堆积量进行设定。在相同的时间间隔内，经过两个读写器的产品数量相同，记为 $N_{\max}$。运用同样的监测原理对产品在工位上的堆积量进行判断，具体的计算公式为 $N_2$（读写器 2）$-N_1$（读写器 1）。如果 $N_2-N_1<N_{\max}$，说明产品在生长流水线上正常运转；如果 $N_2-N_1>N_{\max}$。则说明产品出现过量堆积现象，生产流水线存在异常，此时系统会根据初始设定情况进行报警提示。

3）产品监测

产品监测是通过 RFID 智能技术对产品标签进行识别，获取相应的数据信息，并进一步判断该产品在生产流水线的位置和相应的工序完成状况。

**3. 绿色航空运输领域**

随着RFID智能技术应用的发展,在航空领域也得到广泛应用。较为成熟的应用包括自助登机、场区电子化监控和航空物流信息化管理等方面,尤其是在民航运输体系中的应用。

2009年,中国航空无线电电子研究所开始探究利用电子标签在航空运输领域中的应用,解决精确的旅客、行李和货物信息的动态定位,由此实现飞机商载质量的高精度控制,实现舱位的合理化配置,保障重心计算的可靠性,提升优化管理的实用价值,从而为航空运输绿色化做出独特且实质性的贡献。

2009年,中国航空无线电电子研究所启动RFID技术工程化探究的驱动力来自于2008年9月。在广泛征集意见的基础上,2008年9月22日,美国联邦航空局就RFID技术的航空应用方面公布了一份咨讯通报AC 20162,为机载系统的RFID应用打开了准许通行的绿灯。AC 20162适用于无源和低耗电子标签系统,有些无源系统在芯片驱动上采用了电池,这类半无源式系统要求按有源系统进行适航验证。

在适航方面的探究涉及RFID系统安全性和识别数据相关的完好性、精确度和真实性验证。这些问题包括火灾和电气安全性、损毁性安全和环境条件相关的安全性验证。在电磁兼容性方面,重点考虑RFID不能生成有害的干扰,也不能被其他系统所干扰等要素。据公开报道,欧洲空中客车公司也开始进行装载和运输系统的RFID应用研究,主要工作是在集装箱或集装箱架上安装RFID装置,测试RFID在实际运行中的功能和性能。

一些航空公司开始为常客配置具有RFID芯片的会员卡,采用电子标签对行李和货物进行管理。

## 9.3.3 休闲娱乐领域

在信息化高速发展的今天,我国绝大部分休闲娱乐场所(如旅游景点、公园等)仍采用传统的纸质门票管理模式,这种管理模式在实际应用过程中逐渐暴露出种种缺点,如经常会听到游客抱怨:进入场区时需要排很长的队,进入场区之后,还需要排队以游玩自己喜爱的娱乐项目,但如果一不小心把门票丢失,就无法游玩这些娱乐项目。针对这些问题,RFID智能技术都能够很好地解决。下面将介绍RFID智能技术在休闲娱乐领域的应用。

**1. 利用射频卡对游客身份的识别和支付消费**

当游客从入口处进入休闲娱乐场区时,如果入口处安装的识读器正确读取到游客所携带的门票(内含电子标签),闸门会自动打开,与此同时后台管理系统将向此游客手机中发送一条欢迎信息,否则闸门关闭,禁止游客进入场区。由于使用电子标签的门票不易损坏,因此可以设置不同类别的卡(如学生卡、双人卡、成人卡、儿童卡、月卡、年卡等),进入场区内的所有游客需要使用电子门票,方便系统的服务。

由于电子标签具有读写属性,因此可以向门票内自由充值,其不仅可以支付门票,而且可以在场区内进行消费,因此避免了游客时刻都要携带钱包的不便,此系统的投入使用将减少休闲娱乐场所内商户为了找零而准备的现金数量，同时也给游客带来很多方便。

### 2. 解决身高或年龄不足儿童或其他身体不适游客预警系统

在休闲娱乐场所中，游客为了游玩得更开心愉快经常会尝试一些高危或过于激烈的项目，而这些项目通常会对游客的身体素质有特殊要求，否则会发生意外事故。因此，游客在参与这些娱乐项目之前，安装在娱乐项目入口处的识读器通过发射的射频信号读取游客所携带的门票信息，然后把读取到的游客信息通过网络传送到后台服务器系统，通过后台服务器系统判断该游客是否适宜参与游玩此娱乐项目。如果该游客不满足参与此项目的条件，将给出相应的警告信息。

### 3. 防盗功能

安全问题是我们无时无刻关注的一个问题。对于休闲娱乐场所门票的丢失问题也不例外。由于各种各样的原因，游客预先订购的游览门票有可能中途丢失或被他人冒名盗用，这是经常发生的事情。传统的纸质门票绝大部分采用的是无记名门票，一旦丢失，其损失或将无法找回。而采用内嵌的电子标签门票，将有效避免此类情况的发生。

由于游客购买门票时，后台系统将记录该游客购买的门票编号和手机号码，并将二者绑定。一旦游客丢失自己的门票，则可以通过两种方式向系统挂失：一种方式是游客通过短信方式向后台管理系统发送挂失信息；另一种方式是如果游客不幸将自己的手机也丢失了，则他可以向门票系统管理员报失。门票系统管理员可以替游客补票或退票，从而挽回游客的经济损失。

### 4. 利用射频卡排队预约或向游客推荐最受欢迎的娱乐项目

由于在休闲娱乐场所内娱乐项目是可以任意参加的，因此就难免出现一些娱乐项目比较拥挤，参与的人数较多。如果想体验参加这些娱乐项目，通常需要排很长的队，这无形中浪费了游客大量宝贵的游览时间。利用无线射频识别技术可以有效地解决这些问题，使游客更合理地安排自己的游览行程，节省大量的时间，使游客充分享受旅游带来的愉悦，而不是把大部分时间浪费在排队上。

### 5. 租赁设备

通常情况下，休闲娱乐场所为了方便游客游览需要提供游览车等游览设备。传统方式是使用押金的方式租赁这些旅游设备，而使用无线射频识别技术可以为广大游客提供一卡通式的服务。如果游客需要使用游览设备时，只需携带自己的门票到设备供应处领取相应的设备即可，而不必使用押金。当游客领取所需要的游览设备之后，系统记录游览设备，以及租用此相应设备的游客所携带的电子门票 ID 号，以方便管理人员对游览设备进行有效的跟踪，并保证设备及时归还。

### 6. 寻找同伴

每一位游客都非常担心在拥挤的公共场所与同伴走散，尤其是老人和孩子。利用

RFID智能技术可以追踪每一位游客的方位,快速寻找到走散的同伴。其使用方法是,在休闲娱乐场所的各个区域安装电子门票识读器和视频检测仪。每当有游客需要查询相关人员的具体位置时,系统管理员启动射频识读器读取其覆盖范围内的门票,无论游客处于何种位置,只要不离开其所在的休闲娱乐场所,游客都可以通过服务台随时了解所查询人员的具体位置信息。

### 9.3.4 信息管理领域

由于RFID标签具有非接触识别、可识别高速运动物体、数据的记忆容量大、快速自动扫描、抗恶劣环境、安全保密性强、经久耐用、可同时识别多个识别对象等特点,因而被广泛应用于信息管理领域。

#### 1. 身份识别

随着科技的发展和社会的进步,信息安全越来越成为人们关心的话题,信息的分级管理越来越普遍,这就需要对用户进行身份识别。现在主要RFID身份识别有基于生物特征的(人脸识别、指纹识别、虹膜识别等)和基于电子标签的(身份证、工作证等),现在比较普遍的是基于电子标签的身份识别,其中基于身份证的还是比较多。

我国的第二代身份证就是一个典型非接触IC卡电子标签,与一代身份证相比,二代身份证的防伪性能大幅度提高,机读功能显著增强,重号现象得到有效避免,大大提高了身份识别的效率。二代身份证存储数据都是通过密码限制的,写入的信息可划分安全等级,分区存储,卡片中的每个数据存储扇区都有相应的读密码和写密码。此外,证件信息的存储和证件查询采用了数据库技术和网络技术,既可实现全国范围的联网快速查询和身份识别,也可以进行公安机关与各行政管理部门的网络互查。印在新身份证上的公民身份号码是每个公民唯一的、终身不变的身份代码,将伴随每个人的一生。

#### 2. 门禁管理

未来的门禁管理系统均可应用RFID射频卡,一卡可以多用,如工作证、出入证、停车卡、饭店主卡,甚至旅游护照等,其目的都是识别人员身份、安全管理和收费等。

门禁系统中使用基于RFID的射频卡,可以大大减少验证人员身份的工作量,简化出入手续、提高工作效率、加强安全保护。只要在出入口装一台读写器,就可以实现门禁管理功能,进出人员只有佩戴有读写器能够识别的卡才能通过通道。

#### 3. 产品防伪

长期以来,假冒伪劣产品不仅严重影响国家的经济发展,还威胁着企业和消费者的切身利益,国家和政府也在这方面做了很多工作。然而,国内市场上的防伪产品采用的防伪技术绝大部分是基于纸质材料的,这种技术不具备唯一性和独占性,容易复制,不能够很好地起到防伪作用。

RFID技术应用于防伪,其电子标签内植芯片并且内含全球唯一的代码或商品编码信息,该编码只能被授权的读写器所识别,同时标签内信息与读写器唯一编码一起通过通信网络发送到防伪数据库服务器进行认证。另外，当标签损坏后信息将无法读取，这将保护标签内的内容不被窃取，从而达到防伪的目的。

利用RFID实现防伪的主要做法就是把唯一的RFID标签嵌入产品中，或者将标签放在产品包装盒内。成品出厂前，在防伪标签内写入该产品的订单号、生产日期、产品型号等有价值的信息，与RFID标签的旧号码结合，产生产品的唯一信息，同时可以进行加密处理，防止其他读写设备更改标签内的信息。布置在仓库门口的RFID系统自动采集数据，记录该批产品何时发往何地，这样产品实现正常销售，通过销售商或分销商，最终到达顾客手中。

因为标签内的信息在出厂写入过程中进行了加密处理，只有用厂家授权的读写设备才能读取标签内的加密信息。如果出现了假冒伪劣产品在市场上进行销售的活动，销售人员使用手持式销售稽查读取产品RFID标签内的信息，即可确定该产品是否是该公司生产的产品，及时制止假冒伪劣产品流入销售网络。

**4. 汽车防盗**

RFID应用于防盗中还是比较新的，由于现在电子标签已经可以足够小了，所以含有特定码字的电子标签能够封装在汽车钥匙当中。在汽车上面安装读写器，当钥匙插入点火机中时，读写器能够识别钥匙的身份。如果读写器接收不到电子标签发送来的特定信号，则汽车的引擎不发动。利用这个原理，就能实现汽车的防盗功能。

另外，RFID技术也能用于寻找丢失的汽车，在城市的各个主要街道处部署RFID的天线，只要车辆有电子标签，则车辆在路过天线和读写器的时候就能被记录下来，并发送到城市交通管理中心的计算机中。一旦车辆被盗，则可以方便地跟踪和找回。

### 9.3.5 医疗领域

医疗领域是一个不允许出错的行业，关乎生命安全。所以，使用RFID智能技术实现对医疗设备、病患身份等进行管理。具体体现在以下几方面。

**1. 病患管理**

1）患者登记和信息处理

使用RFID技术对病患进行登记和信息管理，将病患的基本信息存储在RFID标签中，就诊时就不用麻烦地登记个人基本信息了，节省了时间，提高了效率。尤其是在大型医疗急救中心，每当发生事故，有大批伤员进入医院时，每分每秒都显得尤为珍贵，而且也容不得半点差错。

为了能对所有病患进行快速身份确认，完成入院登记并进行急救，医务部门迫切需要确定伤者的详细资料，包括姓名、年龄、血型、亲属姓名、紧急联系电话、既往病史等。以往的人工登记既慢且出错率高，对于危重病人根本无法正常登记。

2）患者标识、跟踪

在日常的医疗活动中，医院工作人员每时每刻都在应用患者标识，包括使用记载了患者情况的床头标识卡、让患者穿上住院服等，经常采用类似"10号床的患者，吃药了"这样的言语引导患者接受各种治疗。不幸的是,这些方法往往造成了错误的识别结果,甚至造成医疗事故。事实上,人们还没有真正正确有效地利用患者标识来降低医疗事故,完善医疗管理。

通过使用特殊设计的患者标识腕带(Patient Identification Wristband),将标有患者重要资料的标识带系在患者手腕上进行24h贴身标识,能够有效保证随时对患者进行快速、准确的识别。同时,特殊设计的患者标识带能够防止被调换或摘下,确保标识对象的唯一性及正确性。

患者佩戴RFID腕带,医护人员佩戴RFID工作卡,在各类药剂上均贴有对应的RFID标签。当患者或医护人员来取药时,使用PDA移动终端扫描腕带或工作卡核对身份之后,配药人员遵照医嘱,检查扫描每位患者的药剂及其上的RFID标签,可以保证在正确的时间将正确剂量的药物给正确的病患使用。

尤其对于新生儿来说,标识和辨别非常困难。刚刚出生的幼儿,特征相似,理解和表达能力欠缺,如果不加以有效的标识往往会造成识别错误。因此,对新生儿的标识尤为重要。最好是对新生婴儿及其母亲进行双方关联标识,用同一编码等手段将亲生母婴联系起来。在医院工作人员和母亲之间进行婴儿看护权临时转换时,双方应该同时进行检查工作,确保正确的母婴配对。当身份标识适用于某个新生儿后,该标识就代表了一个确定的对象,医院可根据此标识建立标识对象的病历档案。

在医院内部关键位置安装RFID读写器和外部天线,当戴有标签的婴儿通过时自动可以读取标签,监控医院内的婴儿移动状况,一方面,可以协助医生辨识婴儿;另一方面,避免婴儿被抱走、丢失的现象。

### 2. 医疗器械和医疗过程管理

1) 医药器械管理

先进的医疗设备是医院、科研、教学等各项业务活动的物质基础,高效的设备维护管理是医院追求效率、降低成本的关键手段,是提高医院经济效益的前提。在新的市场经济模式下,先进的医疗设备的引进和应用已经成为医院参与市场竞争的一个重要方面,新仪器设备的日益增多对设备动态管理提出更高的要求。通过应用医疗设备射频跟踪自动识别综合管理系统不但满足以上要求而且使设备的巡检、维护变得简单易行。

通过应用医疗设备射频跟踪自动识别管理系统,每台设备上都附有射频芯片,可以存储大量的设备信息,同时还有每次维护、维修、巡检的相应记录。这样可以预防由于不确定原因造成原设备建档档案损坏,以及遗失造成的设备信息资料丢失的损失。而且可以容易做到每次巡检和维护时对每一台机器的情况进行了解、维护,并做相应的信息存储操作,这样可以避免对设备巡检和维护工作的疏漏。

由于每次巡检和维护的结果都记录存储于芯片和中央处理器中,而且这些信息不能随意更改,这样就避免了出现和医疗设备相关的医疗责任事故时,不能明确是人为责任,还是设备责任的问题。

2) 外科手术管理

外科手术是一种重要的医疗手段,其复杂程度很高。对于患有严重疾病的病人来说,手术的各个过程都非常重要,因此利用 RFID 技术对手术过程进行管理也是非常有必要的。

3）医药产品管理

RFID 可广泛应用于医药、生物制剂、消毒包和血液等方面的管理。它可以对用药过程进行监测管理,准确记录。

4）医药供应链

利用 RFID 技术可以实现医药供应链的监测和管理。在药品管理方面,RFID 技术也成为现代医药物流配送中心的工具,有了它,医疗配送实现自动化拣选,提高了操作效率和准确率,货物拣选差错几乎为零;同时,高速垂直输送和水平输送装置相结合,大大降低了员工的劳动强度,缩短了配送时间,极大地提高了库房使用率。将药品的基本信息存储在 RFID 标签中,药品的生产、加工、运输、存储、销售等信息都可以跟踪、查询。药品一旦出现问题,就可以查找 RFID 标签追溯问题根源。

5）药品防伪

误用假药,轻者延误治疗时机,重者有可能危及生命。据世界卫生组织报告,每年世界各地因假冒伪劣药品而引起的死亡病例超过 10 万例。利用 RFID 技术实现药品防伪标签,不仅稳妥可行,而且大幅度提高了工作效率。

6）血液制品管理

目前,在我国大多数血站都利用身份证来识别献血者和输血者的身份,采用条码来表示血液成分和相关信息。在管理信息系统中,很多血站已采用计算机联网、数据共享的方式,用数据库技术来管理血液信息。但是现有系统暴露出了一些技术缺陷,如过分依赖数据库的问题;条码存储容量小的问题等。

采用 RFID 技术进行血液管理,每一袋血液上的 RFID 标签,无论是在本地血库,还是被其他血库调出、调入,或是被医院使用,都是唯一的标识,且采用 RFID 技术进行血液管理,可以实现非接触式识别,减少对血液的污染;可利用 RFID 标签存储信息量大的特点存储比较全面的信息;可以实现多目标识别,提高数据采集效率。

#### 3. 医疗环境监测

RFID 在医疗环境监控的主要用途有监看各病房、药房、手术室,以及急救车等环境参数情况,为病患提供更好的治疗环境,完善医院治疗服务缺口。

在病房管理方面,医护人员可以利用各类传感器管理病房温度、湿度、气压,监测病房的空气质量和污染情况,以便更好地为病人提供健康的恢复环境。而且,传感器还可以监控重大手术环境参数,包括手术器材的灭菌程度、手术室灯光、通风量,以及不同区域的压差等,以保障手术在最佳环境状态下进行。

此外,很多药品和特殊医疗用品等的存储环境要求很高,通过传感器对其环境参数进行采集和监测,不仅能够节省人力,而且还能够避免人为失误造成的损失,以便于及时发现异常。

### 9.3.6　通信领域

随着 RFID 智能技术受到全球的普遍关注,如何将 RFID 与现有的通信系统乃至未来的通信系统相结合以产生新的业务和应用,引起了包括运营商和设备商在内的通信业者的广泛关注。从本质上看,RFID技术的独特作用是能够在网络的虚拟世界中标记现实世界的任何物或人,具有标记、地址号码和传感功能三大功能。

标记是指RFID智能技术能够识别真实世界中的物体和人;地址号码,是指RFID标签可以区别网络中独特的实体位置,实现网络中两个或两个以上的实体能够利用ID号互相通信。ID使物体在网络的世界中拥有自己的虚拟地址;传感功能的实现主要是通过在RFID标签中植入传感器,通过传感器,RFID标签能够对周围特定环境信息有所反应。

**1. RFID与通信系统结合的契机**

从通信产业发展的角度来看,对RFID应用需求的产生直接源于通信技术的发展,属于设备与设备之间的通信市场的开拓。通信技术发展的直接结果是一个结构更加复杂和功能更加强大的通信系统,因此从根本上看,RFID与通信系统的结合存在三大契机:下一代网络(Next Generation Network,NGN)、IPv6和个域网。

**2. RFID与NGN**

目前,已经有设备商在NGN中考虑RFID的位置,例如西门子公司正在研究的电信和互联网融合业务、高级网络协议(Telecoms & Internet converged Services & Protocols for Advanced Networks,TISPAN)和NGN解决方案。该项目的主要合作者还包括法国电信、英国电信、德国电信、法国阿尔卡特公司、加拿大北电网络、美国英特尔公司、日本电信电话公司(NTT)等。在下一代网络的物理层所涉及的问题包括Root Server、DNS、IP、E.164地址、MAC和RFID。在韩国的NGN计划中所强调的宽带汇聚网络(Broadband convergence Network,BcN)也有RFID的位置,在其实现中涵盖了一系列技术,包括光纤到户(Fibre To The Home,FTTH)、主机接口总线(Host Port Interface, HPI)、数字多媒体广播 (Digital Multimedia Broadcasting, DMB)、高清晰度电视(High Definition Television, HDTV)、RFID和泛在接入(Ubiquitous Access)。ITU-T组也已在未来的考虑中涵盖了RFID标签和传感器以产生新的业务。

**3. RFID与IPv6**

IPv6论坛指出:RFID是一种对移动网络非常重要的补充型技术,IPv6的发展需要与一些技术的混合来推动,包括游戏、全球资源信息数据库(Global Resource Information Database,GRID)、无线局域网络(Wireless Local Area Networks,WLAN)、主机通信接口(Host Port Interface,HPI)、各种类型数字用户线路(Digital Subscriber Line,DSL)和RFID。从本质上看,IPv6提供了巨大的地址资源,如果与RFID的编码对应使每一件被标记物品都具有一个IP地址,从而通过虚拟的网络就能够实现对现实中具体物品的监控和管理,并能够大幅度激发IPv6应用的发展,带来一个庞大的市场,从而促进IPv6的商业化进程。

#### 4. RFID与个域网

随着个域网应用的兴起，一些个域网技术开始获得人们的重视，其中近距离无线通信(Near Field Communication，NFC)是最近最受关注的一个。事实上，这是由RFID衍生出的一个个域网短距离通信的技术，其目标是将近距离通信技术用于手机、手表、PDA、数码相机、计算机等电子消费品上，通过ID的认证使双方产品能够以收费方式进行信息和服务的交换。在此领域目前处于领先位置的是飞利浦公司，其Mifare技术是世界上几个大型交通系统的核心，此外还为银行业提供VISA等各种服务。NFC的特征如下。

(1) 频率为13.56MHz，有效距离为20cm。

(2) 信息传输速率可选择106kb/s、212kb/s或者424kb/s。

(3) 已通过成为ISO/IEC IS 18092国际标准、EMCA-340标准和ETSI TS 102 190标准。

(4) 有主动模式和被动模式。

#### 5. RFID与通信结合范例

1) NTT DoCoMo与FELICA业务

NTT DoCoMo于2004年中期开始在日本推出的FELICA业务就属于将RFID技术与其PDC和FOMA相融合而产生的业务，FELICA是索尼公司推出的非接触式智能卡。支持FELICA业务的手机(含2代手机和3代FOMA手机)采用内置RFID芯片，将手机变成了移动钱包。除支付功能外，商家还能通过使用可读取存储卡和手机内FELICA芯片上的信息，以及根据需要更换信息的读写器，向FELICA用户提供电子货币和顾客积分点发行等FELICA特别服务。

2) 日本电信演示追踪电话

2004年8月，在日本会议中心开幕的NetWorld＋Interop 2004 Tokyo(N＋I)上，日本电信披露了使用RFID、通过IPv6安装的用一个电话号码即可在任何地方拨打电话的服务。在该服务中，首先要拥有一部安装有IC标签读取装置的笔记本计算机。在机主使用的每部电话机上都要预备有IC标签。当机主携带笔记本计算机出行时，要让读取装置能够识别出行地点电话机的IC标签。这样就能让机主的电话与这部电话机结合到一起。

使用过程：在读取IC标签后，向定位服务器发出信息，通知机主的电话转移到哪部电话机上。以这一信息为基础，变更ENUM服务器上的电话机登录地址。当有电话拨打机主的专用号码时，参照ENUM服务器转移到机主当前的电话机上。通过这一地址与会话初始协议(Session Initiation Protocol，SIP)服务器连接后就可以通话了。

该服务的好处是即使没有加入SIP服务器，通过追加定位服务器、ENUM服务器也可以实现电话追踪。与此次使用的方式不同，曾考虑让用户携带个人认证IC标签、在出行地点读取IC标签的方式。但如果利用这种方式，在哪里设置读取设备来检测个人出行地点就不确定了。因此，通过在电话机上预备IC标签避免了这种麻烦。

3) 芬兰诺基亚公司开发RFID手机

2004年10月，芬兰诺基亚公司(简称诺基亚公司)宣布正在开发一款使用RFID芯片的手机。诺基亚公司表示,向使用RFID芯片的手机传输产品信息能够扩展该技术的使用范围。使之进入供应链、客户服务、营销、品牌管理之外的其他领域。诺基亚公司考虑例如零售商可以在货架上设置内置有RFID芯片的“使手机接近这里”标签,向手机上发送赠券,或者在收银台边贴上相同的标签,迅速地交换存储在手机上的个人资料,完成质保手续。在“CTIA(美国无线通信和互联网协会)无线IT和娱乐”展会上,诺基亚公司展示了VeriSign公司联合开发的早期原型产品。该原型产品基于诺基亚公司的5140手机,RFID阅读装置安装在手机壳体中。在被问到RFID手机何时会实现商业化时,诺基亚公司方面表示,它还只是处于早期开发阶段。

4) RFID-SIM卡

RFID客户识别模块(Subscriber Identity Module,RFID-SIM)卡是双界面智能卡(RFID卡和SIM卡)技术向手机领域渗透的产品,是一种新的手机SIM卡。RFID-SIM卡既具有普通SIM卡的移动通信功能,又能够通过附于其上的天线与读卡器进行近距离无线通信,从而能够扩展至非典型领域,尤其是手机现场支付和身份认证功能。RFID-SIM卡的非接触式移动支付在技术上的实现方案包括NFC、eNFC、SIMPass和RFID-SIM,分别被不同的手机厂商、芯片厂商所支持。

RFID-SIM卡支持接触与非接触两个工作接口,接触接口负责实现SIM卡的应用,完成手机卡的如电话、短信等正常功能。与此同时,非接触界面可以实现非接触式消费、门禁、考勤等应用。由于支持空中下载相关规范(OTA和WIB规范),RFID-SIM卡的用户能够通过空中下载的方式实时更新手机中的应用程序或者给账户充值,从而使手机真正成为随用随充的智能化电子钱包。

目前,RFID-SIM移动支付(又称为手机支付)方案已被业内广泛认可,国际相关机构或组织也已经开始关注此项掌握在中国的近场通信技术。中国移动、中国联通、中国电信三家运营商也在全国进行大面积的试点,其中校园一卡通、企业一卡通等应用颇为广泛,广东、湖北、湖南等个别地区的公交和地铁也已经开始试点。

据相关机构统计,2010年RFID-SIM卡的发卡量将达到400万~500万张,2012年达到2000万~3000万张。所以,相关产业链上的企业都在努力地争取自己的市场,东信和平科技股份有限公司、北京华虹集成电路设计有限责任公司、江苏恒宝股份有限公司等企业早就在全国布局,希望得到更多的市场份额。而RFID-SIM卡生产厂商国民技术股份有限公司、深圳中科讯联科技股份有限公司等也都将迎来不错的前景,都在积极配合三大运营商开展手机支付业务。

RFID-SIM卡在我国也得到了应用。中国移动曾经在广州和厦门对13.56MHz频率的NFC和SIMPass解决方案给予试点,应用于公交车与轨道交通。目前,在手机和POS机之间的通信解决方案上,中国移动基本确定以2.4GHz频率的RFID-SIM卡全卡方案作为现阶段的技术实现手段,这就意味着中国移动有可能会放弃基于13.56MHz频率的NFC和SIMPass解决方案。中国移动对于手机支付的定位是“增加用户黏性”和“带动产业链发展”,基于2.4GHz的RFID-SIM解决方案秉承“不换手机”这一原则,该技术方案是将非接触通信模块、应用和安全数据完全集成在SIM卡上,天线与SIM卡直接相连,SIM卡在实现普通应用功能的同时,也能通过射频模块完成各种移动支付,用户不用为此更换手机。运营商要介入移动支付领域，势必会选择自己能控制的、能掌握的核心技术，从这个角度看，基于 2.4GHz 的 RFID-SIM 技术具有明显优势，相对于之前的其他技术更适合运营商推广。

## 思考与练习

9-1　简述 EPC 系统的组成，给出 EPC 应用系统工作流程。

9-2　简述 EPC 系统各个组成部分的功能，以及它们相互之间的关系。

9-3　如何理解对象名解析服务？简述对象名解析服务的工作过程。

9-4　简述麦德龙未来商店的实施背景，并分析该项目业务工作流程。

9-5　总结麦德龙未来商店项目的成功经验和不足，并给出改进建议方案。

9-6　简述 RFID 技术在哪些应用领域（本书已介绍的除外）开展了应用，并分析应用的情况。

9-7　请分析和比较 RFID-SIM 卡与 NFC 在手机移动支付方面的技术实现方案。

9-8　结合自身的生活经历，设计一个全新的基于 RFID 技术的应用系统方案，以解决目前生活中遇到的问题。

# 第10章 RFID应用系统的构建

前面几章从技术的角度详细地分析了 RFID 系统相关技术原理及应用，本章则从应用的角度介绍 RFID 原理的相关应用技术，包括系统设计、系统实施、系统测试和验收等一系列过程涉及的技术要领。

## 10.1 实施 RFID 应用系统的流程

实施 RFID 系统与实施其他 IT 软件项目的过程类似，需要经过项目启动、项目调研与可行性分析、项目试点、试点项目测试与优化、项目推广与全面实施 5 个步骤，逐步实现平稳缓慢的过渡，确保整个项目的成功实施。其流程概况如图 10-1 所示，其中各阶段概述如下。

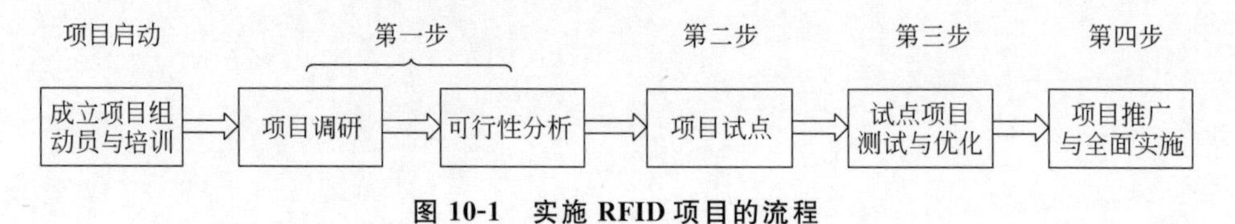


**图 10-1 实施 RFID 项目的流程**

### 1. 阶段 0(项目启动)

成立项目小组、动员与培训：对于 RFID 的实施，因为和管理现场的运营、设备、商业流程和 IT 等各部门相关联，所以各部门的核心人物有必要作为项目组成员参与该项目，出席项目动员会，统一思想和认识，让他们明白和理解项目的目标。这些参加人员，在组成项目小组时，普遍对 RFID 的了解不太详细，组成小组后首先要进行的是与 RFID 技术相关知识的普及和培训。

### 2. 阶段 1

项目调研分为现场调研和实践检验。

现场调研：为了确保 RFID 系统实施的成功，要对项目实施的企业进行现场调研，了解企业实际现场环境以及业务的运营和流程。

业务分析、RFID 系统总体方案规划：通过上述调研和了解来分析取得的现场运营情况，找出能够改善的地方，做出可行的系统总体方案规划。

实践检验：为了检验 RFID 系统实施成功的实际可能性，通过使用实际的电子标签和读写器读取进行试验，并从经济效益和社会效益，以及投资预算等方面进行可行性分析和论证。

### 3. 阶段 2

项目试点：通过引入部分设备，开发试验项目系统后，通过试验项目的实际运营，实践检验反映能够得到的结果，并研究系统的运行和运营情况。

### 4. 阶段 3

从对试验项目反映能够得到的结果进行优化的基础上，在企业的实际业务中全面推广实施 RFID 系统。RFID 应用项目通常从一开始就全面实施的情况很少，而是首先进行一部分的试验实施，通过适当的调整和改进之后，再进行全面实施。

## 10.2　项目调研与总体规划

要想通过 RFID 改善业务流程并运营，首先必须考察现场，进行项目调研。项目调研的主要目的在于了解想要改善的业务，找出 RFID 胜任这项业务的可能性。除此之外，对于被实施的物体的物理结构要有详细的观察和了解。

在现场使用 RFID 设备的情况下从哪里能够获取电源、能否接入网络、读写器的设置场所的情况怎样等，这些都是重点考虑的事项。尤其对存在由电磁干扰而妨碍 RFID 读取的情况更要注意，如工作着的电动机和电焊机，以及凡是有高频电路能够产生电磁干扰的机器。类似地，在附近若有正在使用的其他无线电设备，也会发生 RFID 的读写器发出的电波会和它们相互干扰而妨碍通信的情况。所以，确认现场有无这些无线设备是非常关键的。

为了核对调查的记录，最好根据调查的结果，画出周边设备的分布图。一边在现场考察，一边在图上进行记录。

接下来要进行业务分析。采用 RFID 技术后，相关业务操作将随之改变。在分析和讨论 RFID 实用性时，建议从以下几方面进行分析。

(1) 人工操作能够变成自动的吗？

(2) 自动的批量读取能够提高速度吗？

(3) 能够减少记录的遗漏和错误吗？

(4) 能够实时地采集信息吗？

(5) 能够通过比过去更少的手续进行单品识别吗？

(6) 能够在比过去更多的场所进行读取吗？

在业务分析中，不仅要考虑现场的高效化，还要分析通过此项技术升级后的应用能够实现哪些过去不可能实现的操作也是非常重要的。例如，在数目众多的位置点能够实时地把握物品的流程和生产过程中半成品的数目以及工序的进展。要是在过去只有等到成品从生产线上下来以后才能确定工期，而实施此项技术后，或许只需通过进度显示器就能大致得到此批产品所需的全部工期了。在配货中心也能够对库存的情况进行即时把握,通过掌握某种产品库存的减少状况和预测,应用软件就能够自动地向厂家发送新的订单了。

此外,现场调研是一次与现场工作人员进行沟通并了解以往业务流程的机会。在RFID的实施过程中,会发生业务流程的变更和在现场设置读写器等很多事情。现场的人首先考虑的是,维持现行的流程和操作方法。但是,RFID的实施恰恰与他们的要求不尽相同,往往会给他们带来一时的不便。为此,应尽可能在第一时间建立和现场核心人物的沟通与交往关系。必须把实施造成的现场混乱控制在最小范围内。为了使RFID成功实施,与现场人员的合作是不可或缺的。必须让他们明白,他们对新技术的成功实施具有举足轻重的作用。

在现场调研的基础上,提出可行的项目总体规划方案。

## 10.3 项目实施前的试验

### 10.3.1 试验环境分析

通过业务分析,可以得到RFID是否适用以及实施后的总体效果。然后通过实践来检验实施的可能性。因为RFID通过电波来读取标签,这是人们通过肉眼不能看到的世界。但是,正因为存在着眼睛看不见的读取的实际情况,所以要通过实际使用读写器来试读和调整,争取做到以100%的读取率为目标来构筑RFID系统。

通过前面RFID理论知识的学习,我们了解到影响标签读取率的主要原因如下。

(1) 标签天线的形状。

(2) 读写器天线的种类,如基于圆偏振或直线偏振等原理。

(3) 标签的封装状态,如卡片状态是浅层嵌入状态,还是深层嵌入状态。

(4) 粘贴对象的材质。

(5) 粘贴的位置。

(6) 读取标签的总数。

(7) 读取对象的配置,如有无重叠和遮蔽物。

(8) 读写器天线的配置和标签的距离、方向。

(9) 周围的柱子和机械等反射物的影响。

(10) 地板、天花板和墙壁的材质。

(11) 周围的电波干扰源(电动机、电源装置、高频率电路等)。

上述所有因素都与RFID的特性有关系,也是实践检验的重要内容。在此,只针对特定的业务来介绍实践检验的要点。

### 10.3.2 试验计划

关于项目的操作大体如上所述,同时在实践检验之前制订一个计划很重要。在制订计划时,需要考虑以下几方面。

#### 1. 试验示例

(1) 在试验台上检验要具有类似于现场那样的运行环境。

(2) 根据参数变更，预测结果后，选择不同的试验模型，直至发现最理想的系统构架与配置。

(3) 通过一个试验模型提前决定一个变更参数(例如天线配置相同的情况下仅仅逐渐改变标签粘贴的位置；天线配置、标签粘贴位置相同的情况下仅仅改变通过速率)。

#### 2. 试验环境的准备

(1) 所预定的应用中需要使用的读写器和电子标签。

(2) 所预定要粘贴标签的对象物品。

(3) 出/入口、立柱、集装箱、托盘等实际业务中使用的材料。

(4) 必要的小工具(胶带、尺子、照相机等)。

#### 3. 试验结果的测定、记录方法

如何准确无误地记录试验情况并分析产生其结果的原因是值得深入研究的。在试验分析过程中，需要考虑以下两方面的问题。

(1) 仅仅记录是否能够读取就可以了吗？有定量表示读取灵敏度的方法吗？

(2) 也许仅仅把读取准确记录下来就够了，但是，是否有定量地表述读取的灵敏度的方法？

试验计划不仅是实施者进行试验时的行动指南，也是试验实施者向上级领导总结和汇报的重要文件资料。试验计划和试验结果能够帮助项目实施者分析和处理项目实施过程中可能遇到的新问题，也是上级领导是否批准同意项目进入下一个阶段的判断依据。

### 10.3.3 试验方法

具体的试验内容和方法根据具体业务有所不同。在此，模拟在供应链管理上应用的情况。通过在多个行李上贴上标签来说明假定它们在通过出/入口时标签被批量读取的案例。

试验依照电子标签选型、标签粘贴位置试验、标签批量读取试验的顺序来进行。

#### 1. 电子标签选型

首先选定在试验中使用的标签。在选择环节有两个操作：一个是选择在业务中使用预定的标签种类；另一个就是从被选定的标签中选择在实践检验中使用的标签。关于标签种类的选定，在本章后面将进行详细说明。在上述第二个操作中，因为标签的性能有些参差不齐，所以要经过挑选，把灵敏度较为一致的标签挑选出来用于试验。

标签的选择方法可以采用如图 10-2 所示的装置来进行。在台车上准备好空箱子，在箱子上粘贴标签后，用读写器一边进行读取，一边让台车远离天线。记录下最远不能再读取的位置。灵敏度好的标签在稍微远的距离应该也能够读取。这就是为什么通过读取距

离来测定标签灵敏度的原因。

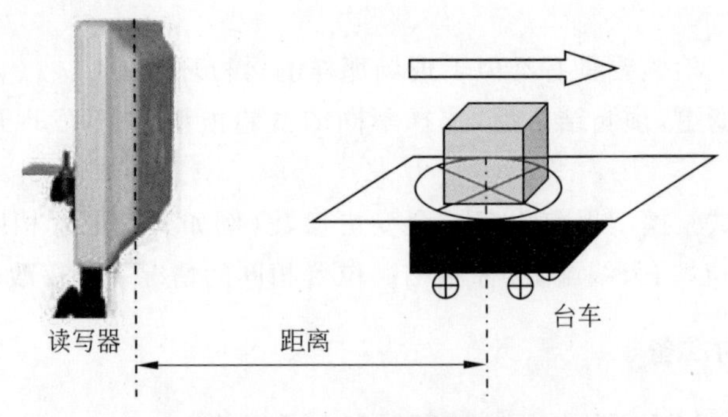


图 10-2 标签灵敏度测试方法

用数十个或者数百个相同种类的标签来做试验,大部分能够在大体相同的距离来读取。但是其中也包含比平均要近的或是比平均要远的距离能够读取的标签。这些有异于平均值的标签必须从标签中剔除开来,不能参与试验。

这种试验的另一个效果是可以了解到参与试验的标签性能有多大的差别。

**2. 标签粘贴位置试验**

通过前面对标签的读取影响因素的分析,我们知道,粘贴对象的材质不同,其产生的电波反射和吸收也是不同的,在产品的包装箱上粘贴电子标签时,根据其中构成产品的材质和箱子表面,以及产品距离的不同,贴在箱子不同位置的标签一定会出现读取灵敏度的不同。

选定标签的粘贴位置时,不能在某一面上从端到端地按顺序一处不漏地贴上标签。因此,在调查和了解产品的材质和形状之后,在箱子上什么位置粘贴标签还需要预先通过试验来决定。在靠近下面这些物品的地方粘贴标签时需要考虑以下因素。

(1) 在箱壁与产品之间存在较大空间的地方所放的填充物。例如,用聚苯乙烯泡沫塑料或海绵等填埋作为缓冲材料,这对电波不发生影响。

(2) 箱内零件密度低的地方。例如,有些零件是交错摆放的,在靠近它们的间隙附近的物品表面是粘贴标签较理想的位置。

(3) 粘贴标签时,要尽可能远离有金属和水的地方。

(4) 对于具有导电性质的物品,务必与之保持一定的距离。

防止静电的袋子、计算机键盘内铺设的导电橡胶板等是为了避免物体对静电的影响。而对于电波来说,具有与金属十分相似的作用,即便说它们不是金属,也要考虑它们的影响。

实际操作中并非总是粘贴标签的面朝着读写器的天线方向。因此,在测量标签灵敏度时,必须考虑从正面以外的方向投射电波的情况。

如果在电波投射角度改变的情况灵敏度的差异很小,而且全体的灵敏度都很好,这种情况就很理想。在试验中,一边改变标签的种类和标签的方向,以及粘贴标签的位置,一边测定灵敏度,寻找能够均衡读取的最佳位置。

角度改变时的灵敏度测定也运用相同的方法。如图 10-2 所示，在箱子的下面铺着一张纸，上面画着十字中心线的圆，这是为了测量角度所做的标识。在实际中每隔 10°或每隔 45°通过圆心的放射线，顺着这些线的角度调整箱子的位置。可以调查粘贴标签的面相对于读写器天线倾斜的角度与灵敏度的关系。

像这样多次反复，并改变标签的种类进行测量，从中找出最实用的标签种类和标签粘贴的最佳位置。

### 3. 标签批量读取试验

在进行标签批量读取试验时，将产品装入箱子并放置在托盘上，模拟仓库或生产车间出/入口的实际情景。假设通过出/入口时能够全部被读取。

在这个试验中作为可变动的参数，可以从下述几方面来考虑。

(1) 读写器的位置。考虑电子标签的粘贴位置和粘贴方向，在出/入口选定天线的安装位置。

(2) 读写器天线的角度。集中放置多个包装物时，每个包装上的标签不能保障都具有不同的角度。在天线上通过设置角度来调整电波的照射方向，探索能够全部读取的方向。当不必读取周围不需要的标签(通过旁边的其他出/入口的标签)时，要认真调整读写器天线的角度。

(3) 天线的数目。在使用多个天线的情况下，不仅仅要考虑配置，还要考虑读取对象的移动方向和天线启动的顺序。

(4) 物品的方向、装载方法。考虑了标签的方向、物品之间的空间之后还要注意货物装载与堆放的方法及方向等因素。

(5) 移动速度。尝试改变物品的行进速度以适应读写器的读取速度。由于位于零点的标签读不出来，停在出/入口下面的标签往往会出乎意料不能读取，有时行进中通过电波投射区域反而能够读取。

(6) 通行方法(停止、旋转、前后往复)。仅仅是单纯的无法读取时，可以在出/入口停下来或者降低速度。在出/入口下面旋转，发生读取错误时，重新通行一次，再次进行读取测试。

在前面的试验中，为了弄清哪个参数的变化对读取有怎样的影响，最好一次不能同时变更几个参数，只能依次单独改变其中一个。为此，需要提前考虑如何选择参数，并对试验状态和结果进行记录。

为了缩短读取时间和提高读取率，可以考虑采用摄像机把试验场景拍摄下来。通过视频能很清楚地记录在哪种场景下进行了哪种试验，做过的试验一目了然，这将对结果的分析有很大帮助。例如，在白板或纸上写上“试验 1：天线 2 个，正对角度 30°，标签 60 个”等试验条件，用于记录试验情况。

## 10.3.4　理想的标签读取试验方法

前面介绍的标签读取灵敏度的测定方法虽然简便易行，但是包含各种各样的问题。读写器的电波因为在地板和墙壁上反射了，在空间就存在电波重叠变强的情况，以及电波抵消后变弱的情况。在上述过程中,当推车移动中通过电场发生强弱变化时,对标签的读取灵敏度会产生影响,很难判断读取不出来的点是表明了对标签的读取灵敏度到了极限,还是表明在该试验场地的环境下表现出的是电波太弱的位置。

为了解决上述问题,在距离保持一定,可以通过改变读写器的电波强弱,记录读写器天线发射功率的最低限度,其步骤如下。

(1) 将测定台放置在与读写器的天线保持一定距离的位置上,在上面放上粘贴着标签的测定物。

(2) 以最大功率进行多次读取(次数提前决定),记录读取的成功率。

(3) 减小提供给读写器天线的功率,像步骤(2)那样进行读取,记录成功率。

(4) 反复进行步骤(3)的操作直到无法读取。

自动进行上述一连串的步骤,利用南京欧帝(ODIN)科技股份有限公司的 Easy TagTM 软件记录结果,并进行测定。Easy TagTM 通过网络摄像头拍摄试验的录像能够自动记录敏感度测定的结果,提高了试验结果的透明度。

另外,实践检验最好在企业实际的业务条件下进行。实际中,现场工作环境又不能中断工作,不具备试验条件,因此可以考虑在现场以外的场所模仿与现场相近的环境来反复试验。当然特意准备一套与实际环境一样的试验设施也是一个比较好的方法。

## 10.4 电子标签选择

在进行标签选择时,需要考虑的标签技术参数有能量要求、容量要求、工作频率、数据传输速率、读写速度、读写方式、识读距离、标签外形、数据安全性要求等。在实际中,待正确选择标签后,在什么地方使用和如何使用标签也将对使用效果产生影响,标签周围的材质将影响识读的性能,其他环节因素如温度、湿度等,也会对标签的使用效果有影响,这些方面也需要考虑。

有些技术参数是相互关联的,例如工作频率一旦确定,则其读写距离的范围也就确定了,当然识读距离还与附着物的材质有关,搭配不当将会降低这一性能。一般,在选择电子标签时,应着眼于电子标签的类型、天线的形状和大小、标签的加工。

下面对于这些着眼点进行说明,除标签类型以外其他都以超高频频段的电子标签为前提来做说明。

### 1. 标签的类型

根据实际要求的作用距离和用途不同,可以选择不同频率的标签;还可根据实际系统的功能要求不同,可考虑是选择主动标签还是被动标签。关于标签的种类和频率的特性前面章节做了归纳,在此不再赘述。

### 2. 标签的形状和尺寸

识读距离被视为标签的一个最重要的指标,不过标签的外形因素也不应被忽视。标签天线的形状大致分为偶极天线和正方形天线。在读取标签时,它们具有不同的灵敏度。

偶极天线，从天线的轴方向射过来的电波几乎不能回应。另一方面，正方形天线不论在360°哪个方向上都具有良好的敏感度。选择标签时，粘贴对象物若是对于读写器的天线没有一定朝向，则优先选择正方形的标签。

关于天线的大小。因标签比较小的时候不受粘贴范围的影响而比较方便，但是它与使用电波的波长有关，为了提高其灵敏度，还是选择大一些的天线为宜。在 RFID 中使用的超高频的波长约为 30cm，为了保证天线的灵敏度，并且最有效地接收信号，其长度约为波长的一半。也就是说，理论上超高频的天线长度为 15cm 时其敏感度最强。但是，由于15cm 显得太长，因此需要把超高频标签的天线做得紧凑点、形状复杂点。一般超高频标签的天线为 7～8cm。通常这就是最小尺寸了，再做小点只有牺牲识别距离了，用户必须在标签的外形尺寸和识别距离之间进行权衡。

从标签粘贴的面积与灵敏度来看，标签与方向无关，灵敏度都很强，但是正方形标签的尺寸有点大，这是它的缺点。

选择标签时，有时粘贴位置面积的大小与所需读取距离的长短相互矛盾，这就必须认真选择标签天线的尺寸了。

**3. 标签的加工**

标签的封装形式主要取决于标签天线的形状，不同的天线可以封装成不同的标签形式，具有不同的识别性能，运用在不同的场合。

标签很少做成镶嵌片的形式，通常根据使用目的被封装成各种各样的形式。在 RFID 打印机上希望将镶嵌片封装在纸质标签中。根据使用环境，有的需要防水加工。

为了做到耐冲击，有的需要用上下各一块弹性片进行保护。为了提高耐冲击力而需要特殊的弹性加工。但是随之会带来另外一个问题，即标签被再封装后，读取敏感度也会发生改变。这是由于对电波最灵敏的镶嵌片受到封装物的影响以致频率发生了微妙的变化，标签的正面和反面的电波受到一定程度的反射。为此，要根据使用目的来选择标签的加工形态，对于加工后的形态是否还拥有所规定的敏感度必须再次进行确认。

**4. 在国外适用**

对于需要粘贴标签的跨国流通的物品，必须考虑各国的适用频率后再选择标签。RFID 超高频在各个国家所使用的电波的频率范围各不相同。例如，日本是 952～954MHz，美国是 902～928MHz，欧盟是 865～868MHz。中国已经颁布的应用许可频率范围有两个频段，分别是 840～845MHz 和 920～925MHz 频段。EPC 全球规定的是 EPC 等级 1 的第 2 代标签，在世界上能够通读所有频率，即对 860～960MHz 的电波进行了规定。

但是，如果一种标签能够在上述全频带上通用，那么它的灵敏度就会受到一定程度的影响。如本国生产的电子标签，在国内的频率下灵敏度较好。但在其他国家的频率下灵敏度就未必好。粘贴了电子标签的对象物要送到国外去流通，必须选定在本国之外的其他国家都具有良好的频率特性和灵敏度。

若是要在某个国家发射法定以外频率的电波，则必须要经过该国电波主管部门的审批。因此,在实际应用中,通过实践检验来选定国外的标签通常比较困难。当然,发射法定以外频率电波可以在电波暗室中进行试验。这是因为在电波暗室中发射的电波几乎不能穿透暗室的墙壁。

由此可见,直接选择那些适用于各种频率的标签是最简单的。

## 10.5 读写器选择

读写器的技术参数包括工作频率、输出功率、数据传输速率、输入输出端口形式、读写器是否可调等。选择 RFID 读写器设备时,需要根据以上技术参数结合应用对读写器的要求进行合理选择。当然,还需要分析 RFID 的业务需求并确认 RFID 能够带来投资回报以后,再做出具体的购买决策。

每个企业都要根据自己在供应链中所处的位置,以及安装 RFID 读写器的目的和位置来确定读写器的型号。选择正确的读写器对 RFID 系统成功实施是非常关键的。下面是选择读写器需要考虑的问题。

### 1. 使用形态

读写器大致分为固定式和手持式,见表 10-1。固定读写器一般安装在货物流通量较大的地方,如出/入口或是传送带上方等,标签随着物品从读写器旁边经过时就可通过读写器来读取。许多固定读写器都装在金属盒子里,可以安装在墙上,这些读写器要么是内部有天线,要么是内部没有天线但有供外部天线接入的插口。为防止受损,固定天线一般由塑料或金属制品进行封装。

表 10-1 读写器的种类

| 读写器的种类 | 说　明 | 外 形 图 |
|---|---|---|
| 手持式 | 小巧轻便、坚固耐用;与条码读写器并用的较多;<br>即便 UHF,功率小的类型可以不需要执照;<br>大功率(10cm～1m) 的需要充电;灵活的数据存储与传输 | |
| 固定式 | UHF 一般这种类型的居多;读取距离长 (UHF 2～6m);<br>接收信号强度检测;多种接口方式;<br>域内 UHF 使用时要在无线电管理局申请开设手续 | |

装在盒子里的读写器和天线可以免受叉车的损害和灰尘的污染,读写器制造商还生产了一种专门用在叉车上的读写器。毫无疑问各种各样的读写器扩大了 RFID 的应用范围。

另外一种就是手持式读写器,可以拿在手上,靠近对象物后发出电波即可进行读取,它可用于单品或批量读取,不能有漏读现象,读取时也不必卸货。

方便性和准确度是衡量其性能好坏的两个关键指标。不管什么形态的读写器,要求能够快速读取货物的标签信息,减少从事标签扫描工作的人员数量。

**2. 输入输出的类型**

固定读写器一般具有输入输出接口,可以与输入输出装置相连接,这些装置的作用要么是控制读写器,要么是被读写器控制。对于分体式固定读写器,一般具有多个 TNC 型天线接口,可扩大了实际应用识别区域。同时还配备 10/100Mb/s 以太网接口、RS-232 接口等通信接口,有的还支持 WiFi。此外,有的固定式读写器还配备多路光电隔离输入与多路继电器控制输出等。例如,电子眼就是一个输入装置,当标签进入读写器的工作区域后电子眼就开启读写器,使其进入工作状态。

在天线的能量供给方面,超高频频段的读写器有高输出型和特定小功率型两种类型。其不同的是施加给天线的功率不同。施加给天线的功率在 10MW 以下的是特定省电型,超出 10MW 的归类为高输出型。在管辖高输出型的超高频频段的读写器的用户必须向管辖地区的综合通信局提交域内无线网的登录申请。

**3. 天线的选择**

对于一体式的固定读写器和手持式读写器,天线一般集成在读写器的内部,其优点是容易安装,信号从读写器到天线的传输过程中衰减也较弱。对于分体式的固定读写器,则需要考虑安装什么型号的天线,以及天线配备的数量。在相同的情况下,使用内部天线读写器的数量要多于使用外部天线读写器的数量。

**4. 读取的性能**

在一个 RFID 应用系统实施过程中,读写器的选择是最重要的。读取距离和批量读取能力是对读取性能的综合评价。

为了评价读写器的优劣,比较法是最有效的评价方法。另外,大多数生产读写器的企业都有自己的评价套件,一方面,可以通过购买这些套件进行读写器实践检验;另一方面,也可以借用这些公司的评价套件进行检验和评价。

读写器的信号调制方式与识别环境要匹配。调制方式,是指在电波上搭载信号时的搭载方式。EPCglobal 在规定的超高频等级 1 第 2 版本的电子标签规格中,规定有两种:FM0(Frequency Modulation)编码(又称双相间隔编码)和米勒编码副载波调制方式,但是读写器未必都要支持它们。不过,支持米勒编码副载波调制方式的读写器在多台读写器较为靠近的地方同时工作时的读取性能显得比较优越。

## 10.6　RFID 中间件的选择

对于任何一个 RFID 应用系统,在完成硬件方案选型和采购之后,就要考虑企业现有的系统与 RFID 系统连接的问题。其实质是指企业应用系统与硬件接口的问题。问题的关键是如何准确、可靠地获取数据,有效地将数据传送到企业后端应用系统中。

RFID 中间件扮演 RFID 标签和应用程序之间的中介角色,从应用程序端使用中间件所提供一组通用的应用程序接口(API),即能连到RFID读写器,读取RFID标签数据。可以通过选择购买成熟的RFID中间件,也可以通过自行编写控制软件作为中间件来使用。但是与购买的专用中间件相比,自行编写的中间件一般适应性不强。除非不准备对系统再做变动,或者系统本身很简单时可以自行编写中间件。而购买的专业RFID中间件不但支持多种硬件,而且还提供了为应用开发所必需的工具,并充分考虑到应对系统结构变更的需求,能够有效地减少应用开发所需的时间并降低成本。

RFID中间件是一种面向消息的中间件(Message Oriented Middleware,MOM),信息(Information)是以消息(Message)的形式,从一个程序传送到另一个或多个程序。信息可以异步(Asynchronous)方式传送,所以传送者不必等待回应。面向消息的中间件包含的功能不仅是传递(Passing)信息,还必须包括解译数据、安全性、数据广播、错误恢复、定位网络资源、找出符合成本的路径、消息与要求的优先次序,以及延伸的除错工具等服务。

RFID中间件可以从架构上分为两种。

**1. 以应用程序为中心(Application Centric)**

其设计概念是通过RFID Reader厂商提供的API,以HotCode方式直接编写特定Reader读取数据的Adapter,并传送至后端系统的应用程序或数据库,从而达成与后端系统或服务串接的目的。

**2. 以架构为中心(Infrastructure Centric)**

随着企业应用系统复杂度的增加,企业无法负荷以HotCode方式为每个应用程式编写Adapter,同时面对对象标准化等问题,企业可以考虑采用厂商所提供的标准规格的RFID中间件。这样,即使发生存储RFID标签情报的数据库软件改由其他软件代替,或读写RFID标签的RFID Reader种类增加等情况时,应用端不做修改也能应付。

## 10.7 实施RFID的价值判断

在RFID的实施过程中,首先需要决定是否在企业实施RFID系统。这个决定要从方案讨论开始考虑,直到RFID系统的正式实施为止。虽然这个决策需要在几个时间点上进行,但是关键还是在于第一步实践检验的结果。

如果实践检验已经成功,再向前进行就要进入试点工程,需要大笔经费的投入,于是正式实施与否的判断就变得很重要。

决定是否实施的重要判断依据在于实施RFID的目的和效益分析。RFID实施的目的大致可以分为下列三种。

**1. 维持与顾客的关系**

客户要求在交付的货物上贴上标签,因此能够提升自身的操作效率,同时也能够得到经济利益。对于企业本身来说没有任何利益,但是,为了维护与这个客户的商务关系,就有必要了。

**2. 改善业务流程**

RFID易于实现读取的自动化，比起使用条码来说，能够在读取上节省很多时间；另一方面，因为RFID能够批量读取，与逐一读取条码相比，读取速度加快很多。

**3. 改善信息收集水平**

与条码相比，RFID省时省力，还可以标识单件商品，不增加手工却可以增加识读点，通过大量识读点对单件商品可以实时掌握工程进度和库存的变化。

在利益分析中，分析实施RFID所增加的成本和因此产生的效益关系。利益有两种：数字能够表示的经济利益和数字不能表示的战略利益。经济利益，是指由于流程的改善，表现在人工费的削减，以及由于在单位时间内提高处理能力所带来的销售额的上升。战略利益，是指那些不可能预先通过计算并用数值来表示的企业能够得到的好处。

1）改善商业流程

通过供应链的透明化，尽早发现畅销商品，有利于销售活动并增加销售量。能够实时地看见库存的增减变化和销售方订货量的准确信息，防止不良库存的发生。

2）提高可信赖度

能够跟踪单件商品，防止假冒伪劣商品的流通。发生召回时，可以尽早确定销售路径。同时能够实时看见流通状况和制造工序的进度，将这些灵活运用到经营判断上，提升企业应对变化的能力。

通过使用RFID系统，不仅可以实现高效率的读取、减少人工费、增加供应链上单位时间内的物流量，而且通过实时把握货物的动向，使企业活动变得透明的同时使经营判断变得更加灵活。

## 10.8 从试点工程到正式实施

### 10.8.1 试点工程的作用

进行业务分析后，确定RFID的应用前景，可以通过实践检验做可行性研究。然后就是涉及实际应用阶段了。但是，在构建实际的RFID应用系统之前，需要首先进行RFID应用系统试点工程。主要基于以下两点考虑。

(1) 在真实的环境中或许会存在着在试验地点中不曾出现的复杂电磁环境。

(2) 在实践检验中实行过的读取率的测定软件并非在真实环境下适用，而在试点工程中，将有机会首次与实际业务环境相结合来使用。

试点工程是把在假想业务下构成的RFID系统正式用在真实环境下工作的最初阶段。在试点工程中把RFID用于实际业务的操作当中，评价读取状态和系统的动作等，把系统设计和现场的设备工程结合起来，调整到良好的状态中。试点工程可以称为正式系统运转前的“彩排”。进行这样的“彩排”，实际上是尝试找出至今为止尚未发现的问题，也是从用户那里得到反馈意见的大好机会,可以有效地把正式实施时的混乱控制在最小范围内。

### 10.8.2 试点工程成功实施

进行RFID试点工程的主要工作与其他项目的这个阶段没有显著差别。为了RFID试点工程能够顺利进行,需要注意各种各样的问题。由于对管理上的一般事项的说明不是本书的重点,因此本书仅就RFID工程中的特别事项加以说明。

(1) 无线电管理局进行登录申请。大功率输出的读写器必须办理相关申请手续。这些申请材料要交到管辖这个地域的无线电管理局(中国名称)来进行审批。公司在申请时必须要有公司的印章,申请审批需要的时间较长,要参照项目的工期预留充分的时间。

(2) 添置RFID设备。由于社会上的需求量并非很大,供应商未必保持充足的库存数量,所以购买设备前有必要确认有无现货库存。

(3) 相关设备的准备。设置在出入口上的读写器要准备好阅读通道,做好叉车和传送带的相应准备等。这与通常的IT工程的准备工作有所不同,有时需要通过咨询专业公司或请教有关人士做必要的调查和准备。

(4) 项目经理。项目能否成功取决于项目经理的能力和经验,这和其他的项目没有差别。也就是说,拥有一名RFID专业技术的经理是非常重要的。

(5) 阶段式过程。阶段式过程,是指在构建系统时,将任务和工程分为几个阶段,使每个阶段都能够逐一得到完成。不仅限于RFID,其他工程都可采用这种方法。例如,某工厂有几个进货口的情况,其中一个率先运行试点系统,进行标签读取的调整。接下来,旁边的那个进口也进行试运行阶段,进行读取标签的调整。这样两个相邻的进口安装的读写器发生电波相互干扰产生误读时就容易排查原因了。如果当初是几个人同时开通读写器,那么就不容易弄清发生误读时到底是来自旁边哪台读写器的影响,问题就变得很复杂。所以说,有顺序地分阶段将读写器投入运行就避免了排查原因的复杂化。这说明在RFID工程中运用阶段式过程的方法十分有效。

(6) 项目组成员的构成。因为RFID的实施对企业的各个部门都会带来影响,各个部门的相关人员必须了解试点系统和最终的正式系统的计划,以及根据计划制订的目标。为此,现场的操作、商业流程、设施、信息技术等相关部门的核心人物必须成为项目组的成员。

(7) 试点结果的测定和比较。为了判断试点工程的成败,必须定义试点系统的性能指标测定方法。它的结果应该和现行的流程进行比较,现行系统的性能指标和RFID试点系统实施后的性能指标的比较基准必须在事前就要考虑到。

### 10.8.3 从试点工程到正式工程

RFID项目从试点转入正式的过渡中,需要慎重考虑规模扩大带来的问题和保证系统的稳定性。例如,正式系统比试点系统规模要大,网络流量需要优化等。这些在规模扩大时都要给予充分重视。而且,为了把系统的故障隐患对业务的阻碍控制到最小限度,必须研究对运行的监视手段和在故障发生时把停止运行的系统在尽量短的时间内切换到代替系统上工作并使之迅速正常的方法，即提高故障转移的应变能力。

## 10.9　RFID 应用系统的发展趋势

随着 RFID 的应用越来越普及，RFID 应用系统的兼容性会越来越受到重视。可以预见，在 RFID 系统的应用上，存在以下技术趋势。

### 1. 系统向高频化发展

超高频远距离自动识别技术具有能一次性读取多个标签、穿透性强、可多次读写、数据的记忆容量大，无源电子标签成本低，体积小，使用方便，可靠性和寿命高，可以在车辆或其他被标识的物体高速运动的情况下工作、耐受户外恶劣环境等特点，得到了世界各国的重视。

近年来，由于受到以美国国防部和欧美大企业的推动，确立了自动识别国际标准，加之超高频电子标签的价格逐年下降，大大降低了 RFID 技术的应用门槛。超高频远距离自动识别技术的应用领域已逐步由涉车应用，扩大到现代物流、电子商务、交通管理、电子政务，以及军事管理等国民经济的各个领域，超高频远距离自动识别已进入高速成长期。

### 2. 系统的网络化

大的应用场合需要将不同系统（或者多个读写器）所采集的数据进行统一处理，然后提供给用户进行决策，需要进行 RFID 系统的网络化处理，并实现系统的远程控制与管理。只有借助网络中的数据系统，才能满足现代企业数据采集实时化、决策实时化的要求。

### 3. 系统对不同厂家的设备提出兼容性要求

每个 RFID 标签中都有一个唯一配对的身份识别码，倘若它的数据格式多样且互不兼容，那么使用不同标准的 RFID 产品将不能互连互通，这对经济全球化下的物品流通将是严重制约。因此，标准的不统一是影响 RFID 全球发展的重要因素。

当前 RFID 市场已形成了日本的“泛在 ID 中心”和美国的 EPCgloble 两大标准组织各自为政、互不兼容的分庭抗礼局面。如今我国也开始制定自己的 RFID 标准，坚持“以应用促标准，以标准带应用”的原则，适时出台适用通用的标准频率，可以给中国企业一个快速发展的空间和时间。目前具体的标准内容还未全面落实，但可以肯定，编码管理、核心技术和数据库是未来 RFID 工作的重点。

时下欧美许多国家也陆续开始制定自己的标准，如何让这些标准相互兼容，让一个 RFID 产品能顺利地在世界范围中流通是当前亟待解决的难题。

### 4. RFID 将更便捷高效，并朝多功能方向发展

随着 4G 移动技术、IT 技术的不断提升和普及，RFID 读写器设计与制造的发展趋势是将向多功能、多接口、多制式，并向模块化、小型化、便携式、嵌入式方向发展；同时，多读

写器协调与组网技术将成为未来发展的方向。

未来RFID读写器变得更精致、更便携、读取率更高。RFID标签不仅能应用于液体、金属等环境,甚至可以集成到温度传感器中,可水洗并能承受极端温度,可以用来监测记录温度。目前,无线射频技术对那些对温度变化异常敏感的食品的低温运输和遥感勘测应用的帮助非常大。如今这类传感器标签在食物链行业中应用广泛且效果突出,在食物链上,RFID可以实现从田间到饭桌的全程化跟踪。江苏恒宝股份有限公司研发出了智能卡与电子标签制造等产品解决方案,称"从一粒种子开始,到最后被谁吃了,都能追踪到。"

**5. RFID个性需求日益明显,行业定制化越发普遍**

众所周知,不同类型的RFID用户群,由于经营性质、行业、经营规模、发展阶段等属性的不同,会导致RFID需求特征差异较大,对RFID应用要求差别也较大。因此,行业化、细分化将是未来RFID的发展趋势,也是制胜的锐器。

将来RFID系统将不仅变得更强大,还将更有效地解决行业需求。一些公司为特定行业定制方案,或联合开发应用方案,这个趋势在将来会进一步加快。今后随着RFID厂商的实施经验不断增长、技术不断提升,将会提供更多针对行业需求的应用方案,从零售到仓储,从制造到政务,从运输到金融,等等,越来越多的RFID行业定制化日益明显,变得更容易。有远见的企业将全面采用RFID,并将它作为一项企业基础设施,提供资产、库存、材料实时位置和状态的稳定数据流,以进一步提高企业竞争力。

**6. RFID系统的大数据处理需求**

随着RFID系统的推广实施,未来RFID设备会产生大量的数据资料,这些大数据隐藏着巨大的信息价值和经济价值,企业的决策将基于数据和分析做出,而非基于经验和直觉。因此,如何组织、存储、处理和分析这些大数据是RFID应用系统面临的一个挑战,也是RFID应用系统的一个发展趋势。

## 思考与练习

10-1 RFID应用系统的实施包含哪几个阶段?简要说明。

10-2 如何进行RFID项目的总体规划?

10-3 在实际RFID项目应用中,试分析影响标签读取率的主要因素,以及如何进行有针对性的测试。

10-4 RFID应用系统标准选择包含哪些内容?

10-5 简述RFID的工作频段及其应用场合。

10-6 如何选择RFID读写器和电子标签?

10-7 选择与配置RFID射频天线需要考虑哪些因素?

10-8 简述RFID应用系统的发展趋势。

# 第四部分　位置识别技术

第11章

# 位置识别技术概述

随着物联网应用研究的不断深入，快速、准确地为用户提供空间位置信息的服务具有重要的实际意义。例如，在大型商场里面借助室内导航快速找到出口、电梯，房屋根据用户的位置自动打开或关闭电灯，商店根据用户的具体位置向用户推送其感兴趣的商品，快速定位矿井下工人的位置以方便救援等。因此，准确提供物体位置识别定位技术已经成为当前物联网应用的研究热点。

由于位置识别(Location Identification)技术的应用越来越普遍，很多人开始担心隐私和安全问题。为此，互联网工程任务组成立了地理位置/隐私工作组来研究增进这项技术时所采取的保护方法。

## 11.1 位置识别技术定义

位置识别技术通过特定的位置标识与测距技术来确定物体位置信息。该位置信息可以分为两类。

**1. 物理意义上的位置信息**

物理意义上的位置信息，是指被定位物体具体的物理或数学层面上的位置数据，用经、纬度坐标和海拔来描述。例如，全球定位系统(Global Positioning System, GPS)可以测得一幢建筑物位于北纬38°29′30″，东经110°12′28″，海拔80m处。

**2. 抽象意义上的位置信息**

抽象的位置信息描述的是一个相对位置，可以表达为：某个物体位于一个具有确定位置对象的附近(对面、旁边或背面等)。例如，光谷体育馆位于华中科技大学校园内，并紧邻珞喻东路。

从应用程序的角度来说，不同的应用程序需要的位置信息抽象层次也不尽相同，有些只需要物理位置信息；有些则需要抽象意义上的位置信息，单纯的物理位置信息对它们来说是透明的，或是没有意义的。当然，物理位置信息可以在附加信息库的帮助下，转换并映射为抽象层次的位置信息。

从不同角度解释，“位置”具有不同的含义。从“位置”的归属角度解释，它既可以表示“用户自身的位置”,也可以表示“用户所感兴趣目标的位置”。当用户发起基于自身位置的查询时,如“我附近有什么美食?”或“哪家医院离我最近?”,此时“位置”指代“用户的位置”;当用户发起基于目标的查询时,如“我前面的商场里有哪些优惠?”,此时“位置”指代“目标的位置”。从另一个角度看,位置既可以表示物理坐标,也可以表示逻辑位置(用于指代位置的语义信息)。获取物理坐标的技术通常称为定位技术,而获取逻辑位置的技术通常称为位置识别技术。

## 11.2 位置识别技术分类

按照位置识别的范围大小来分,可将位置识别技术分为室外定位识别技术和室内定位识别技术。室外定位识别技术主要有基于卫星通信的全球定位系统GPS和蜂窝(移动通信网)定位技术。相比蜂窝定位技术,GPS具有良好的定位精度,解决了很多军事和民用的实际问题,它是一种基于卫星的定位系统,在室外空旷环境下可提供精度在10m之内的导航。但是,当定位目标移动至室内,卫星信号会受到建筑物的影响而大量衰减,定位精度也随之变得很低。

常用的室内定位识别技术有红外线定位技术、超声波定位技术、蓝牙定位技术、WiFi定位技术、ZigBee定位技术、RFID定位技术等。下面先介绍前5种,RFID定位技术及卫星定位技术、蜂窝定位技术将分章节做重点介绍。

### 1. 红外线定位技术

红外线是波长介乎微波与可见光之间的电磁波,波长在760nm～1mm,是波长比红光长的非可见光,可以用作传输媒介。

红外线定位技术的原理:在待测物体上附加一个电子标识ID,该标识通过红外发射机向室内固定放置的红外接收机周期发送该待测物唯一ID,接收机再通过网络将数据传输给数据库,进而实现物体的定位。

红外线定位技术具有相对较高的室内定位精度。但是红外线在传输过程中易于受物体或墙体阻隔且传输距离较短。当电子标识放在口袋里或者有墙壁,以及其他遮挡物时就不能正常工作,需要在每个房间、走廊安装接收天线,造价较高。因此,红外线只适合短距离传播,容易被荧光灯或者房间内的灯光干扰,定位系统复杂度较高,有效性和实用性较其他技术仍有差距。

### 2. 超声波定位技术

超声波是频率高于20 000Hz的声波,它方向性好,穿透能力强,易于获得较集中的声能,在水中传播距离远,可用于测距、测速、清洗、焊接、碎石、杀菌消毒等。在医学、军事、工业、农业上有很多应用。

超声波定位技术主要采用反射式测距法,通过三角定位算法确定物体的位置,即发射超声波并接收由被测物产生的回波,根据回波与发射波的时间差计算出待测距离。有的则采用单向测距法。超声波定位系统由若干个应答器和一个主测距器组成,主测距器放置在被测物体上，在计算机指令信号的作用下向位置固定的应答器发射同频率的无线电信号，应答器在收到无线电信号后同时向主测距器发射超声波信号，得到主测距器与各个应答器之间的距离。当同时有3个或3个以上不在同一直线上的应答器做出回应时，可以根据相关计算确定出被测物体所在的二维坐标系下的位置。

超声波不能穿透墙壁，受多径效应和非视距传播影响很大，同时需要大量的底层硬件设施投资，成本高。定位距离也比较短，通常在3～5m。

实际应用中，将红外线与超声波技术相结合可以方便地实现定位功能。用红外线触发定位信号使参考点的超声波发射器向待测点发射超声波，应用时间到达法(Time of Arrival, TOA)算法，通过计时器测距定位。一方面降低了功耗；另一方面避免了超声波反射式定位技术传输距离短的缺陷。使得红外技术与超声波技术优势互补。

### 3. 蓝牙定位技术

蓝牙是一种支持设备短距离通信(一般10m内)的无线电技术。能在包括移动电话、PDA、无线耳机、笔记本计算机、相关外设等众多设备之间进行无线信息交换。一个蓝牙网络由一个主设备和一个或多个从属设备组成，它们都与该设备的时间和跳频模式同步(以主设备的时钟和蓝牙设备的地址为准)。每个独立的同步蓝牙网络称为一个微微网(Piconet)。

蓝牙定位技术是通过测量无线电信号强度进行定位。这是一种短距离低功耗的无线传输技术，在室内安装适当的蓝牙局域网接入点，把网络配置成基于多用户的基础网络连接模式，并保证蓝牙局域网接入点始终是这个微微网的主设备，就可以获得用户的位置信息。蓝牙定位技术主要应用于小范围定位，例如单层大厅或仓库。

蓝牙定位技术最大的优点是设备体积小、易于集成在PDA、PC和手机中，因此很容易推广普及。理论上，对于持有集成了蓝牙功能移动终端设备的用户，只要设备的蓝牙功能开启，蓝牙定位系统就能够对其进行位置判断。采用该技术做室内短距离定位时容易发现设备且信号传输不受视距的影响。其不足之处在于蓝牙器件和设备的价格比较高，而且对于复杂的空间环境，蓝牙系统的稳定性稍差，受噪声信号干扰大。

### 4. WiFi 定位技术

凡使用802.11b标准协议的无线局域网又称为WiFi(Wireless Fidelity)，它是一种能够将个人计算机、手持设备(如PDA、手机)等终端以无线方式互相连接的技术，是一种全新的信息获取平台，可以在广泛的应用领域内实现复杂的大范围定位、监测和追踪任务，而网络节点自身定位是大多数应用的基础和前提。

在无线局域网中的接入点(Access Point, AP)或是无线网卡都可以方便测得无线信号的强度，利用这一点可以通过匹配信号强度的方法进行定位。位置指纹法是一种常用的无线局域网室内定位技术，典型的是微软研发中心的Radar原型系统。

基于接收的信号强度指示技术(Received Signal Strength Indication, RSSI)的Radar室内定位系统分两个过程运行，分别是先在系统覆盖区域对设置的若干个AP固定点离线采集其位置信息和信号强度，通过有线网络传输给数据中心形成位置指纹数据库，再对实时待测物所测算得到信号强度利用最近邻居法分析匹配出其位置。其定位精度为2～3m。但采集数据工作量大,而且为了达到较高的精度,固定点AP的位置测算设置比较烦琐。

芬兰的Ekahau公司也开发了一套利用WiFi进行室内定位的软件。WiFi绘图的精确度在1～20m,总体而言,它比蜂窝网络三角测量定位方法更精确。但是,如果定位的测算仅仅依赖于哪个WiFi的接入点最近,而不是依赖于合成的信号强度图,那么在楼层定位上很容易出错。目前,它应用于小范围的室内定位,成本较低。但无论是用于室内还是室外定位,WiFi收发器都只能覆盖半径90m以内的区域,而且很容易受到其他信号的干扰,从而影响其精度,定位器的能耗也较高。

#### 5. ZigBee定位技术

ZigBee定位技术是一种近距离、低复杂度、低功耗、低速率、低成本的双向无线通信技术,它介于射频识别和蓝牙之间。主要用于距离短、功耗低且传输速率不高的各种电子设备之间进行数据传输,以及典型的有周期性数据、间歇性数据和低反应时间数据传输的应用,也可以通过接收信号强度RSS或者相位信息进行室内定位,其定位的精度为2m以内,但网络稳定性还有待提高,易受环境干扰。

基于RSS的ZigBee定位技术是通过若干待定位节点和参考节点形成组网来实现的,网络中的待定位节点发出广播信息,并从各相邻的参考节点采集RSSI值,选择信号最强的参考节点坐标;然后,计算与参考节点相关的其他节点的坐标,并考虑距离最近参考节点的偏移值,从而获得待定位节点在大型网络中的实际位置。然而,这种基于RSS的算法通常定位精度有待提升,而基于相位的算法由于需要收集大量的数据进行校准从而产生延迟。

除了以上提及的定位技术外,还有基于计算机视觉、光跟踪定位、磁场与信标定位、基于图像分析的定位技术、信标定位、三角定位等。目前很多技术还处于研究试验阶段,如基于磁场压力感应进行定位的技术。

## 11.3 卫星定位技术

卫星定位系统是利用卫星来测量物体位置的系统,其关键作用是提供时间/空间基准和所有与位置相关的实时动态信息,已成为国家重大的空间和信息化基础设施,也成为体现现代化大国地位和国家综合国力的重要标志。世界各主要大国都竞相发展独立自主的卫星导航系统。

到目前为止,已投入运行的全球卫星导航系统有美国的全球卫星定位系统(GPS)、俄罗斯的格洛纳斯系统(Global Navigation Satellite System,GLONASS)、中国的北斗卫星导航系统(BeiDou Navigation Satellite System,BDS)和欧盟的伽利略定位系统(Galileo Positioning System)。

#### 1. 全球卫星定位系统

美国的全球卫星定位系统是一个中距离圆形轨道卫星导航系统。它可以为地球表面绝大部分地区(98%)提供准确的定位、测速和高精度的时间标准。该系统由美国国防部研制和维护,可满足位于全球任何地方或近地空间的军事用户连续精确地确定三维位置、三维运动和时间的需要。该系统包括太空中的 24 颗 GPS 卫星;地面上的 1 个主控站、3 个数据注入站和 5 个监测站,以及作为用户端的 GPS 接收机。最少只需其中 3 颗 GPS 卫星就能迅速确定用户端在地球上所处的位置及海拔;所能连接到的卫星数越多,解码出来的位置就越精确。

GPS 卫星星座由 24 颗卫星组成,其中 21 颗为工作卫星,3 颗为备用卫星。24 颗卫星均匀分布在 6 个轨道平面上,即每个轨道面上有 4 颗卫星。卫星轨道面相对于地球赤道面的轨道倾角为 55°,各轨道平面的升交点的赤经相差 60°,一个轨道平面上的卫星比西边相邻轨道平面上的相应卫星升交角距超前 30°。这种布局的目的是保证在全球任何地点、任何时刻至少可以观测到 4 颗卫星。

根据美国 1999 年提出的 GPS 现代化计划,将通过对 GPS 卫星平台、卫星载荷和导航信号、地面设施、接收机等各个方面的技术改进,使 GPS 为美军赢得战争胜利提供更强有力的支持,并保持 GPS 在全球民用卫星导航领域中的主导地位。按计划第一阶段,从 2003 年开始发射 12 颗改进型 GPSⅡR-M 型卫星进行星座的更新;第二阶段,从 2005 年年底开始发射新型 GPSⅡF 卫星,提升系统性能;第三阶段,最初计划首颗 GPSⅢA 卫星于 2009 年发射,2016—2017 年完成满星座部署。

### 2. 格洛纳斯系统

俄罗斯的格洛纳斯系统由苏联在 1976 年组建,现在由俄罗斯政府负责运营。1991 年组建成具备覆盖全球的卫星导航系统,从 1982 年 12 月 12 日开始,该系统的导航卫星不断得到补充,至 1995 年,该系统卫星在数目上基本得到完善。2002 年在轨运行卫星增加到 8 颗,此后 2003、2004、2005 年分别增加到 10、11、12 颗。更重要的是,2003 年发射的卫星,是格洛纳斯的重大改进版本,称为格洛纳斯-M 卫星。格洛纳斯-M 卫星质量约 1.4t,太阳能电池功率 1600W。2008 年联盟火箭也开始参与格洛纳斯卫星的发射,同年格洛纳斯星座在轨运行卫星数量终于增加到 18 颗,可以为俄罗斯提供全境卫星导航服务。

随着格洛纳斯-M 的全面应用,格洛纳斯卫星导航系统精度已经接近 GPS 系统,在 2010 年 10 月,俄罗斯政府已经补齐了该系统需要的 24 颗卫星,在 2011 年达到 GPS 的标准。目前,格洛纳斯全球卫星导航系统在轨卫星已达 29 颗,其中 23 颗处于工作状态,2 颗为备用,3 颗暂时处于技术维护状态,1 颗处于飞行试验状态。

### 3. 北斗卫星导航系统

中国的北斗卫星导航系统(BDS)是中国正在实施的自主发展、独立运行的全球卫星导航系统,致力于向全球用户提供高质量的定位、导航、授时服务,并能向有更高要求的授权用户提供进一步服务,军用与民用目的兼具。中国在 2003 年完成了具有区域导航功能的北斗卫星导航试验系统,之后开始构建服务全球的北斗卫星导航系统,于 2012 年 12 月 27 日起向亚太大部分地区正式提供服务,现共有 16 颗有源卫星向亚太地区普通用户提供服务。BDS预计在2020年将完成全球系统构建,届时将拥有35颗卫星,卫星信号将覆盖全球。

北斗卫星导航系统空间段计划由35颗卫星组成,包括5颗静止轨道卫星、27颗中地球轨道卫星、3颗倾斜同步轨道卫星。5颗静止轨道卫星定点位置为东经58.75°、80°、110.5°、140°、160°,中地球轨道卫星运行在3个轨道面上,轨道面之间相隔120°,均匀分布。

至2012年年底北斗亚太区域导航正式开通时,已为正式系统发射了16颗卫星,其中14颗组网并提供服务,分别为5颗静止轨道卫星、5颗倾斜地球同步轨道卫星(均在倾角55°的轨道面上),4颗中地球轨道卫星(均在倾角55°的轨道面上)。

北斗卫星导航定位系统需要发射35颗卫星,比GPS足足多出11颗。按照规划,北斗卫星导航定位系统将由5颗静止轨道卫星和30颗非静止轨道卫星组成,采用"东方红-3号"卫星平台。30颗非静止轨道卫星又细分为27颗中轨道(MEO)卫星和3颗倾斜同步(IGSO)卫星,27颗MEO卫星平均分布在倾角55°的三个平面上,轨道高度21 500km。北斗卫星导航定位系统将提供开放服务和授权服务。开放服务在服务区免费提供定位、测速和授时服务,定位精度为10m,授时精度为50ns,测速精度为0.2m/s。授权服务将向授权用户提供更安全与更高精度的定位、测速、授时服务,外加继承自北斗试验系统的通信服务功能。

北斗卫星导航系统终端与GPS、伽利略系统和格洛纳斯系统相比,其优势在于短信服务和导航结合,增加了通信功能;全天候快速定位,极少的通信盲区,精度与GPS相当。向全世界提供的服务都是免费的,在提供无源定位导航和授时等服务时,用户数量没有限制,且与GPS兼容;特别适合集团用户大范围监控与管理,以及无依托地区数据采集用户数据传输应用;独特的中心节点式定位处理和指挥型用户机设计。

#### 4. 伽利略定位系统

伽利略定位系统的目的之一是为欧盟国家提供一个自主的高精度定位系统,该系统独立于俄罗斯的格洛纳斯系统和美国的全球卫星定位系统,在这些系统被关闭时,欧盟就可以使用伽利略定位系统。该系统的基本服务(低精度)是提供给所有用户免费使用的,高精度定位服务仅提供给付费用户使用。伽利略定位系统的目标是在水平和垂直方向提供精度在1m以内的定位服务,并且在高纬度地区提供比其他系统更好的定位服务。

伽利略定位系统的第一颗试验卫星GIOVE-A于2005年12月28日发射,第一颗正式卫星于2011年8月21日发射。该系统计划发射30颗卫星,截止到2016年5月,已有14颗卫星发射入轨。伽利略定位系统于2016年12月15日在布鲁塞尔举行激活仪式,提供早期服务。于2017—2018年提供初步工作服务,最终于2019年具备完全工作能力。该系统的30颗卫星预计将于2020年前发射完成,其中包含24颗工作卫星和6颗备用卫星。

#### 5. 日本准天顶卫星系统

日本准天顶卫星系统是一个兼具导航定位、移动通信和广播功能的卫星系统,旨在为在日本上空运行的美国 GPS 卫星提供辅助增强功能，提高导航定位信号接收的质量和精度。目前的计划是将民用信号的精度从 10m 级别提升一个数量级，控制在 1m 以内，而这种精度已经非常接近美国军用 GPS 信号的精度了。

日本准天顶卫星系统由 3 颗卫星组成，分别运行在倾角 45°，升交点赤经 140°，与地球自转周期相同的 3 条轨道上。相对于地球而言、每颗卫星每天都沿着相同的轨迹运行。通过调整平均近点角，可以使 3 颗卫星以大约 8h 的间隔在同一轨迹上等间隔运行。卫星轨道的长半径与地球静止轨道相差不多，约为 42 164km。卫星每个恒星日绕地球一圈。

但与地球静止轨道卫星不同的是，这 3 颗卫星各自有不同的轨道，并且这 3 条轨道都与地球赤道所在平面成 45°的夹角。因此从日本本土来看，始终有 1 颗卫星停留在靠近天空顶点的地方，所以日本称为准天顶卫星系统。

准天顶卫星系统项目的第一阶段使用“指路号”进行技术验证，用于提高 GPS 可用性、性能及其应用。结果评估完毕之后，项目进入第二阶段，将使用三颗准天顶卫星验证整个系统的能力。准天顶系统已于 2018 年 3 月完成在轨测试。

#### 6. 印度的印度区域导航卫星系统

印度区域导航卫星系统（IRNSS）是一个由印度太空研究组织（ISRO）发展的自由区域型卫星导航系统，印度政府对这个系统有完全的掌控权。印度区域导航卫星系统将提供两种服务，包括民用的标准定位服务，以及供特定授权使用者（军用）的限制型服务。

此系统包含 7 颗卫星和辅助地面设施。其中 3 颗为同步卫星，分别位于东经 34°、83°和 132°。另外 4 颗卫星位于倾角 29°的轨道上，分别与赤道交于东经 55°和 111°。这样的安排意味着 7 颗卫星都可以持续地与印度控制站保持联络。卫星负载包含原子钟及产生导航信号的电子装备。

IRNSS 系统将向用户提供 24×7 的全天候精确实时定位、导航和授时（PNT）服务，系统提供两类基本服务：向普通民众提供标准定位服务，向特殊授权用户提供限定服务。IRNSS-1 卫星发射后，将在轨进行 3～4 个月的试验，印度计划建成一个拥有 7 颗卫星的 IRNSS 星座。

### 11.3.1　全球卫星导航系统的基本原理

苏联发射第一颗人造卫星后，美国约翰·霍普斯金大学应用物理实验室的研究人员提出，既然可以通过观测站的位置知道卫星位置，那么如果已知卫星位置，应该也能测量出接收者所在的位置。即假定卫星的位置为已知，而又能准确测定所在地点 A 至卫星之间的距离，那么 A 点一定是位于以卫星为中心、所测得距离为半径的圆球上。进一步，又测得点 A 至另一卫星的距离，则 A 点一定处在前后两个圆球相交的圆环上。还可测得与第三个卫星的距离，就可以确定 A 点只能是在三个圆球相交的两个点上。根据一些地理知识，可以很容易排除其中一个不合理的位置。当然也可以再测量 A 点至另一个卫星的距离，也能精确进行定位。这是导航卫星的基本设想。

要达到这一目的，卫星的位置可根据星载时钟所记录的时间在卫星星历中查出。用户到卫星的距离则通过记录卫星信号传播到用户所经历的时间，再将其乘以光速得到。

### 1. 如何准确定位卫星的位置

通过深思熟虑,优化设计卫星运行轨道,而且,要由监测站通过各种手段,连续不断地监测卫星的运行状态,适时发送控制指令,使卫星保持在正确的运行轨道上。将正确的运行轨迹编成星历,注入卫星,且通过卫星发送给GPS接收机。正确接收每个卫星的星历,就可准确定位卫星的位置。

### 2. 如何测定卫星至用户的距离

从物理学角度可知:

$$时间 \times 速度 = 距离 \tag{11-1}$$

电波传播的速率是$3\times10^5$km/s。只要知道卫星信号传到地球的时间,就能利用式(11-1)求得距离。所以,问题就归结为测定信号传播的时间。

要准确测定卫星信号传播的时间,需解决两方面的问题:一是时间基准问题,即要有一个精确的时钟;二是测定卫星信号传输时间的方法。

1) 时间基准问题

GPS系统在每颗卫星上装置有十分精密的原子钟,并由监测站经常进行校准。卫星发送导航信息,同时也发送精确时间信息。GPS接收机接收时间信息,与自身的时钟同步,就可获得准确的时间。所以,GPS接收机除了能准确定位之外,还可产生精确的时间信息。

2) 测定卫星信号传输时间的方法

GPS系统卫星部分的作用就是不断地发射导航电文。然而,由于用户接收机使用的时钟与卫星星载时钟不可能总是同步,除了用户的三维坐标$x$、$y$、$z$外,还要引进一个$\Delta t$(卫星与接收机之间的时间差)作为未知数,用式(11-2)~式(11-5),对这5个未知数求解。如果想知道接收机所处的位置,至少要能接收到4个卫星信号。

事实上,接收机往往可以锁住4颗以上的卫星,这时,接收机可按卫星的星座分布分成若干组,每组4颗,然后通过算法挑选出误差最小的一组用作定位,从而提高精度,如图11-1所示。

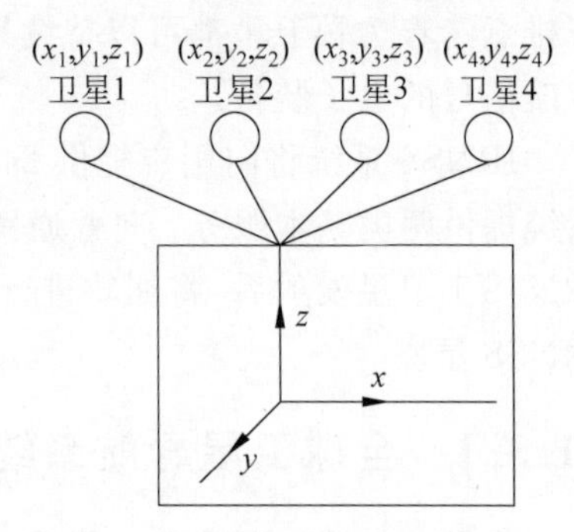


图11-1 GPS定位原理示意图

$$[(x_1-x)^2+(y_1-y)^2+(z_1-z)^2]^{1/2}+c(v_{t1}+v_{t0})=d_1 \tag{11-2}$$

$$[(x_2-x)^2+(y_2-y)^2+(z_2-z)^2]^{1/2}+c(v_{t2}+v_{t0})=d_2 \tag{11-3}$$

$$[(x_3-x)^2+(y_3-y)^2+(z_3-z)^2]^{1/2}+c(v_{t3}+v_{t0})=d_3 \tag{11-4}$$

$$[(x_4-x)^2+(y_4-y)^2+(z_4-z)^2]^{1/2}+c(v_{t4}+v_{t0})=d_4 \tag{11-5}$$

当然,上述是理想情况。实际情况比上述要复杂得多,所以还要采取一些对策。如电波传播的速度并不总是一个常数。在通过电离层中电离子和对流层中的水气时,会产生一定的延迟。一般可以根据监测站收集的气象数据,再利用典型的电离层和对流层模型来进行修正。还有,在电波传送到接收机天线之前,还会产生由于各种障碍物与地面折射和反射产生的多径效应。在设计GPS接收机时,要采取相应的措施。当然,这要以提高GPS接收机的成本为代价。原子钟虽然十分精确,但也不是一点误差也没有。

GPS接收机中的时钟不可能像在卫星上那样,设置成本很高的原子钟,所以就利用测定第四颗卫星来校准GPS接收机的时钟。前面提到,每测量三颗卫星可以定位一个点,利用第四颗卫星和前面三颗卫星的组合可以测得另一些点。理想情况下,所有测得的点都应该重合。但实际上,并不完全重合。因此,可以利用这一点,反过来可以校准GPS接收机的时钟。测定距离时选用卫星的相互几何位置,对测定的误差也不同。为了精确定位,可以多测一些卫星,选取几何位置相距较远的卫星组合,测得的误差要小很多。

### 11.3.2　GPS定位的误差来源分析

在GPS卫星定位测量中,影响观测量精度的主要误差来源一般可分为三类:与GPS卫星有关的误差、与传播途径有关的误差、与GPS接收机有关的误差。

#### 1. 与GPS卫星有关的误差

1) 卫星星历误差

卫星星历误差,是指卫星星历给出的卫星空间位置与卫星实际位置间的偏差,由于卫星空间位置是由地面监控系统根据卫星测轨结果计算求得的,所以又称为卫星轨道误差。它是一种起始数据误差,其大小取决于卫星跟踪站的数量及空间分布、观测值的数量及精度、轨道计算时所用的轨道模型及定轨软件的完善程度等。星历误差是GPS测量的重要误差来源。

2) 卫星钟差

卫星钟差,是指GPS卫星时钟与GPS标准时间的差别。为了保证时钟的精度,GPS卫星均采用高精度的原子钟,但它们与GPS标准时间之间的偏差和漂移及漂移总量仍在0.1～1ms,由此引起的等效误差将达到300～30km。这是一个系统误差,必须加以修正。

3) SA干扰误差

SA(Selective Availability)干扰误差是美国军方为了限制非特许用户利用GPS进行高精度点定位而采用的降低系统精度的政策,简称SA政策。实施SA技术后,SA误差已经成为影响GPS定位误差的最主要因素。虽然美国在2000年5月1日取消了SA,但是必要时,美国可能恢复或采用类似的干扰技术。

4) 相对论效应的影响

这是由于卫星时钟和接收机所处的状态(运动速度和重力位)不同引起的卫星时钟和接收机时钟之间的相对误差。

#### 2. 与传播途径有关的误差

1) 电离层折射

在地球上空距地面50～100km的电离层中,气体分子受到太阳等天体各种射线辐射产生强烈电离,形成大量的自由电子和正离子。当GPS信号通过电离层时,与其他电磁波一样，信号的路径要发生弯曲，传播速度也会发生变化，从而使测量的距离发生偏差，这种影响称为电离层折射。可用3种方法来减弱电离层折射所产生的影响：一是利用双频观测值，利用不同频率的观测值组合来对电离层的延尺进行改正；二是利用电离层模型加以改正；三是利用同步观测值求差，这种方法对于短基线的效果尤为明显。

2）对流层折射

对流层的高度为40km以下的大气底层，其大气密度比电离层更大，大气状态也更复杂。对流层与地面接触并从地面得到辐射热能，其温度随高度的增加而降低。GPS信号通过对流层时，也使传播的路径发生弯曲，从而使测量距离产生偏差，这种现象称为对流层折射。主要有3种措施来减弱对流层折射的影响。

(1) 采用对流层模型加以改正，其气象参数在观测站直接测定。

(2) 引入描述对流层影响的附加待估参数，在数据处理中一并求得。

(3) 利用同步观测量求差。

3）多路径效应

观测站周围的反射物所反射的卫星信号(反射波)进入接收机天线，将和直接来自卫星的信号(直接波)产生干涉，从而使观测值产生偏离，这种偏差称为多路径误差。这种由于多路径的信号传播所引起的干涉时延效应称为多路径效应。减弱多路径误差的方法主要如下。

(1) 选择合适的站址。观测站不宜选择在山坡、山谷和盆地中，应远离高层建筑物。

(2) 选择高质量的接收机天线，在天线中设置径板，抑制极化特性不同的反射信号。

### 3. 与GPS接收机有关的误差

1）接收机钟差

GPS接收机一般采用高精度的石英钟，接收机的钟面时间与GPS标准时间之间的差异称为接收机钟差。把每个观测时刻的接收机钟差当作一个独立的未知数，并认为各观测时刻的接收机钟差间是相关的，在数据处理中与观测站的位置参数一并求解，可减弱接收机钟差的影响。

2）接收机的位置误差

接收机天线相位中心相对测站标石中心位置的误差称为接收机位置误差。其中包括天线置平和对中误差，量取天线高误差。在精密定位时，要谨慎操作，尽量减少这种误差所产生的影响。在变形监测中，应采用有强制对中装置的观测墩。相位中心随着信号输入的强度和方向不同而有所变化，这种差别称为天线相位中心的位置偏差。这种偏差的影响可达数毫米至数厘米。而如何减少相位中心的偏移是天线设计中的一个重要问题。

在实际工作中若使用同一类天线，在相距不远的两个或多个观测站同步观测同一组卫星，可通过观测值求差来减弱相位偏移的影响。但这时各观测站的天线均应按天线附有的方位标进行定向，使之根据罗盘指向磁北极。

3）接收机天线相位中心偏差

在GPS测量时，观测值都是以接收机天线的相位中心位置为准的，而天线的相位中心与其几何中心在理论上应保持一致。但是观测时天线的相位中心随着信号输入的强度和方向不同而有所变化，这种差别称为天线相位中心的位置偏差。这种偏差的影响可达数毫米至数厘米。如何减少相位中心的偏移是天线设计中的一个重要问题。

### 11.3.3　全球卫星导航系统的组成

全球卫星导航系统主要由空间星座部分、地面监控部分和用户设备部分组成。

**1. 空间星座部分**

一般的全球卫星导航系统是由超过 24 颗 GPS 卫星在离地面 1.2 万 km 的高空上，以 12h 的周期环绕地球运行，使得在任意时刻，在地面上的任意一点都可以同时观测到 4 颗以上的卫星。

美国的 GPS 卫星质量为 774kg，使用寿命为 7 年。卫星采用蜂窝结构，主体呈柱形，直径为 1.5m。卫星两侧装有两块双叶对日定向太阳能电池帆板（BLOCK Ⅰ），全长 5.33m，接受日光面积为 $7.2m^2$。对日定向系统控制两翼电池帆板旋转，使帆板面始终对准太阳，为卫星提供不间断电源，并给三组 15Ah 镍镉电池充电，以保证卫星在地球的阴影部分能正常工作。

在星体底部装有 12 个单元的多波束定向天线，能发射张角大约为 30°的两个 L 波段（19cm 和 24cm 波）的信号。在星体的两端面上装有全向遥测遥控天线，用于与地面监控网的通信。此外，卫星还装有姿态控制系统和轨道控制系统，以便使卫星保持在适当的高度和角度，准确对准卫星的可见地面。

由卫星导航系统的工作原理可知，星载时钟的精确度越高，其定位精度也越高。早期试验型卫星采用由霍普金斯大学研制的石英振荡器，相对频率稳定度为 $10^{-11}/s$。误差为 14m。1974 年以后，美国的 GPS 卫星采用铷原子钟，相对频率稳定度达到 $10^{-12}/s$，误差 8m。1977 年，BOKCK Ⅱ型采用了马斯频率和时间系统公司研制的铯原子钟后相对稳定频率达到 $10^{-13}/s$，误差则降为 2.9m。1981 年，休斯公司研制的相对稳定频率为 $10^{-14}/s$ 的氢原子钟使 BLOCK IIR 型卫星误差仅为 1m。

**2. 地面监控部分**

地面监控部分主要由一个主控站（Master Control Station，MCS）、4 个地面天线站（Ground Antenna，注入站）和 6 个监测站（Monitor Station）组成。

主控站位于美国科罗拉多州的谢里佛尔空军基地，是整个地面监控系统的管理中心和技术中心。另外，还有一个位于马里兰州盖茨堡的备用主控站，在发生紧急情况时启用。主控站用于系统运行管理与控制等。主控站从监测站接收数据并进行处理，生成卫星导航电文和差分完好性信息，而后交由注入站执行信息的发送。

目前注入站有 4 个，注入站用于向卫星发送信号，对卫星进行控制管理，在接受主控站的调度后，将卫星导航电文和差分完好性信息向卫星发送。

注入站同时也是监测站，另外还有位于夏威夷和卡纳维拉尔角两处监测站，故目前监测站有 6 个。监测站用于接收卫星的信号，并发送给主控站，可实现对卫星的监测，以确定卫星轨道，并为时间同步提供观测资料。

### 3. 用户设备部分

用户设备主要为接收机,主要作用是从卫星收到信号并利用传来的信息计算用户的三维位置和时间。它能够捕获到按一定卫星截止角所选择的待测卫星,并跟踪这些卫星的运行。

当接收机捕获到跟踪的卫星信号后,就可测量出接收天线至卫星的伪距离和距离的变化率,解调出卫星轨道参数等数据。根据这些数据,接收机中的微处理计算机就可按定位解算方法进行定位计算,计算出用户所在地理位置的经纬度、高度、速度、时间等信息。接收机硬件和机内软件,以及数据的后处理软件包构成完整的用户设备。

接收机的结构分为天线单元和接收单元两部分。接收机一般采用机内和机外两种直流电源。设置机内电源的目的在于更换外电源时不中断连续观测。在用机外电源时机内电池自动充电。关机后机内电池为 RAM 存储器供电,以防止数据丢失。

目前各种类型的接收机体积越来越小,质量越来越小,便于野外观测使用。其次则为用户接收器,现有单频与双频两种,但由于价格因素,一般用户所购买的多为单频接收器。

## 11.4 蜂窝定位技术

随着移动通信技术的迅速发展,手机的功能从单一的语音通话逐渐向多元化、智能化方向发展,手机视频、手机支付、手机定位、手机导航等功能已成为目前智能手机的必备功能。早在 1996 年,美国联邦通信委员会通过了 E-911 法案,该法案要求无线运营商能够提供在 50～100m 定位手机的功能。当手机用户拨打美国全国紧急服务电话时,能够对用户进行快速定位。

手机定位,是指通过特定的定位技术来获取移动手机或终端用户的位置信息(经度和纬度坐标),在电子地图上标出被定位对象的位置的技术或服务。目前,实现蜂窝无线定位主要有三大类解决方案。

### 1. 基于网络的定位技术

基于网络的定位技术也称为远距离定位技术或反向链路定位技术。其定位过程是由多个固定位置接收机同时检测移动台发射的信号,将各接收信号携带的某种与移动台位置有关的特征信息送到网络中的移动定位中心(Mobile Location Center,MLC)进行处理,由集成在 MLC 中的位置计算功能(Position Computing Function, PCF)计算出移动台的估计位置。

如基于 Cell ID 和时间提前量(Timing Advance, TA)的方法、上行链路信号到达时间 TOA 方法、上行链路信号到达时间差 TDOA 方法以及上行链路信号到达角度 AOA 方法,这些解决方案需要对现有网络做部分改进,但却可以兼容现有移动终端。

### 2. 基于移动台的定位方法

基于移动台的定位方法也称为移动台自定位系统或前向链路定位系统。其定位过程是由移动台根据接收到的多个已知位置发射机发射信号携带的某种与移动台位置有关的特征信息(如场强、传播时间、时间差等)确定其与各发射机之间的几何位置关系,再由集成在移动台中的位置计算功能 PCF,根据有关的定位算法计算出移动台的估计位置。

例如,用于 GSM(Global System for Mobile Communications)中的下行链路增强观测时差定位方法(Enhanced Observed Time Difference, E-OTD)、用于 WCDMA(Wideband CDMA)下行链路空闲周期观测到达时间差方法(Observed Time Difference of Arrival - Idle Period Downlink, OTDOA-IPDL)等。

### 3. GPS 辅助定位系统

通过在移动台和网络侧集成卫星定位的辅助设备来完成定位。

从技术角度来看,第二类和第三类方法更容易提供较为精确的用户定位信息,但这些技术需要改进网络的同时,也存在对移动台改动的需求,这将对移动台体积、功率损耗、成本带来影响。

各类定位方法已经在不同蜂窝网络中被标准化。3G PP 对于 GSM 网络选择了基于 Cell ID 和时间提前量、上行 TOA、E-OTD、A-GPS 等方案,而为 WCDMA 网络选择了基于 Cell ID、OTDOA-IPDL、A-GPS 等方法。蜂窝网络定位技术性能对比见表 11-1。

表 11-1　蜂窝网络定位技术性能对比表

| 定位技术 | 精度水平/m | 冷启速率/(m/s) | 适用网络环境 | 备　注 |
|---|---|---|---|---|
| Cell ID | 100～3000 | 1～3 | 不限 | 精度受制于扇区大小,鲁棒性较差 |
| Cell ID+TA | 550 | 1～5 | GSM/GPRS | 精度较 Cell ID 有所改进,但需要添加 LMU(/3BTS),建设成本高 |
| Cell ID+ RTT | 20～60 | | UMTS(WCDMA, TD-SCDMA) | 精度较 Cell ID 有较大改进,但需要添加 LMU(/3BTS),建设成本高 |
| UTDOA | 50～150 | 5～10 | GSM/WCDMA/TD-SCDMA | GSM/TD-SCDMA 需增加 LMU,LMU 与 SMLC 之间接口私有 |
| E-OTD | 50～300 | 5～10 | GSM | 需添加 LMU(/3BTS),建设成本高 |
| AOA | 50～500 | 1～5 | 不限 | MSC 支持 Lg 接口,定向天线支持 AOA 测量,受环境影响较大,用于配合其他方法 |
| 指纹(NMR、模式匹配) | 50～300 | 5～10 | 不限 | 控制平面需支持 Lupc 接口,需要大量离线训练数据,或使用路径模型计算距离 |
| 智能天线 | 逊于 GPS,优于传统三角定位 | 5～10 | 不限 | 网络侧需 MIMO 支持,只需单个基站,T(D)OA/AOA 测量,或统计学习多径信号参数与用户位置间的关系 |

续表

| 定位技术 | 精度水平/m | 冷启速率/(m/s) | 适用网络环境 | 备注 |
| --- | --- | --- | --- | --- |
| 数据融合 | 优于传统测时、测角定位 | 5～10 | 测量数据(TOA/TDOA/AOA)或系统级(GPS+CDMA)融合 | 需结合多种定位技术和设备,以提供T(D)OA/AOA等测量支持 |
| AGPS | 信号好:5～200 | 5～20 | 不限 | 开阔区域定位精度/准确度最高,室内、密集地区定位情况较差 |

## 11.4.1 Cell ID定位技术

Cell ID定位技术是蜂窝网络中最简单的一种定位方法,它根据无线网络中移动终端所处的小区号(即终端服务小区基站的位置)来估计,位置业务平台把小区号翻译成经度、纬度坐标。其定位精度随扇区大小而变化,特点是速度快,应用简单,不用在无线接入网侧增加设备,精度较差,通常与其他定位结合使用,统称为基于Cell ID的定位技术。在移动蜂窝通信网络中,每个蜂窝小区都是唯一的,利用移动终端所在Cell对应的Cell ID就可以粗略地确定移动终端的位置,如图11-2所示。

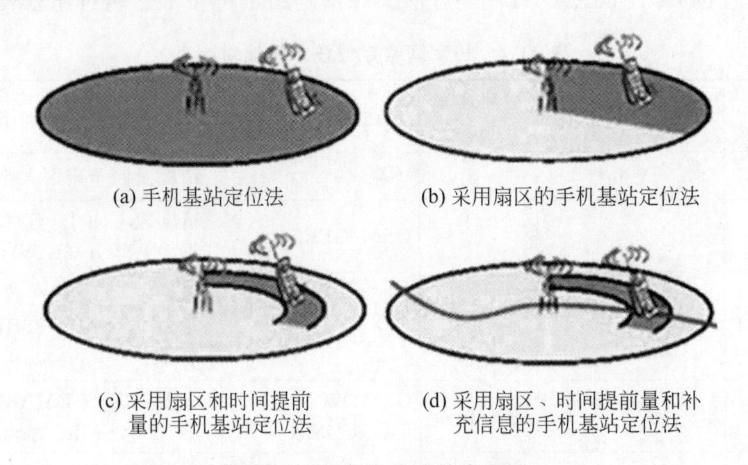


图11-2 Cell ID定位技术原理

GSM/GPRS系统中可以用作定位的另一个参数是时间提前量(Timing Advance,TA),UMTS系统中与之对应的是回路测量时间(Round Trip Time,RTT)。TA和RTT两者都是利用基站传送到手机的时间补偿(Time Offset)来测量基站收发信台(Base Transceiver Station,BTS)与手机之间的距离,分析移动台所在的区域。

TA以bit为单位,1bit相当于550m的距离;RTT以bit为单位,WCDMA 3.84Mb/s码片速率下1bit相当于20m的距离;TD-SCDMA 1.28Mb/s码片速率下1bit相当于60m的距离。把Cell ID和TA/RTT结合在一起是一种简单又经济的方法。所有终端都可使用这种方法定位,这是其一大优点。但这种技术的定位精度取决于小区大小和周围的环境,通常只能用于粗略定位。

NMR（Network Measurement Report）也称为 E-CGI（Enhanced Cell Global Identification），本质上它是一种具有自主和指纹定位两种模式的技术。这种技术是对 Cell ID 以及 Cell ID＋ TA/RTT 的增强。NMR 指纹定位离线学习阶段，终端在确定位置的样本点处对各相邻小区的信号强度进行采集和记录，并将样本点处服务小区 Cell ID、各相邻小区信号强度和对应精确位置归档；进入在线定位阶段，终端实时测量和收集相邻小区的 NMR 数据并上报网络侧数据库，查询与所检测信号强度最为接近的样本点的位置，作为最终定位结果，如图 11-3 所示。

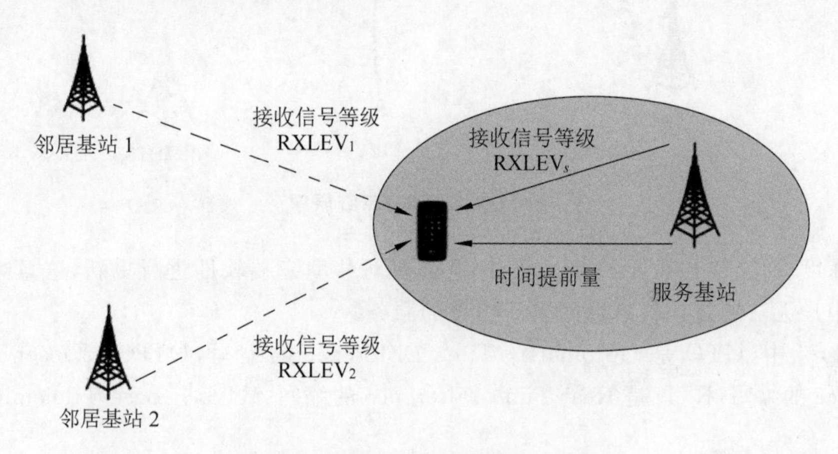


图 11-3　NMR 邻小区测量定位原理

## 11.4.2　UTOA/UTDOA

上行链路到达时间(Uplink Time of Arrival，UTOA)定位方法是由基站测量移动终端信号到达的时间。该方法要求至少有 3 个基站参与测量，每个基站增加一个位置测量单元 LMU，LMU 测量终端发出的接入突发脉冲或常规突发脉冲的到达时刻。LMU 可以和 BTS 结合在一起，也可分开放置。由于每个 BTS 的地理位置是已知的，因此可以利用球面三角算出移动终端的位置。TDOA 测量的是移动终端发射的信号到达不同 BTS 的传输时间差，而不是单纯的传输时间。

UTOA 定位需要终端和参与定位的 LMU 之间精确同步，而 TDOA 通常只需参与定位的 BTS 间同步即可。另外，这两种定位还要求在所有基站上安装 LMU，因此成本较高。

## 11.4.3　E-OTD

增强型观察时间差只能用于通用分组无线服务技术(General Packet Radio Service，GSM/GPRS)网络，使用这种技术需要在网络中的多个基站上放置位置测量单元(Location Measurement Unit，LMU)作为参考点，如图 11-4 所示。每个参考点都有一个精确的定时源。E-OTD 的运作方式是以移动终端测量来自至少 3 个 LMU 的信号，根据各 LMU 到达移动终端的时间差值所产生的交叉双曲线可以计算出移动台的位置。

E-OTD 方案可以提供比 Cell ID 高得多的定位精度——在 50～125m。但是它的定

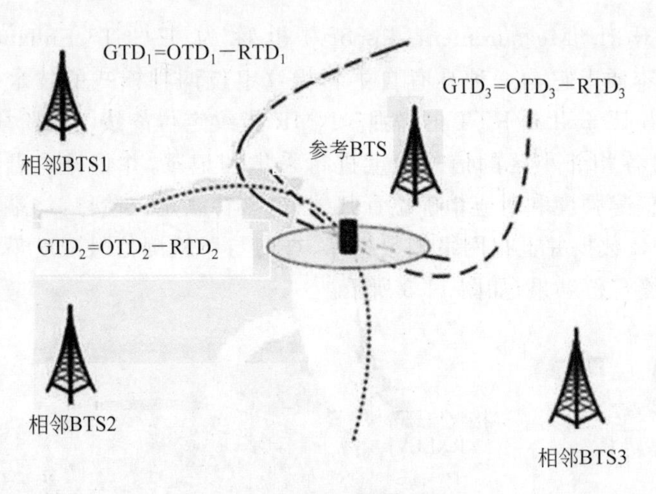


图 11-4 E-OTD 系统原理

位响应速度较慢,往往需要约5s。另外,它需要对移动终端软件进行更新,这意味着现存的移动用户无法通过该技术获得基于位置的服务。

图11-4中,GTD是Geromatric Time Difference的缩写,OTD是Observed Time Difference的缩写,RTD是Real Time Difference的缩写,BTS是Base Transmit Station的缩写。

## 11.4.4 智能天线(AOA)

基站通过阵列天线测出移动台到达无线电波信号的入射角,从而构成基站到移动台的径向连线,两条连线的交点即为待定位移动台的位置。这种方法不会产生歧义,因为两条直线只能相交于一点。这种信号到达角定位方法需要在每个小区基站放置4~12组天线阵列,这些天线同时工作,从而确定移动台发送信号相对于基站的角度。

AOA通常用来确定一个二维位置。移动终端发,BTS1收,测量可得一条BTS1到移动终端的连线;移动终端发,BTS2收,测量得到另一条直线,两条直线相交产生定位角。BTS1和BTS2坐标位置已知,以正北为参考方向,顺时针为0°~360°,逆时针为-0°~-360°,由此可获得以移动终端、BTS1和BTS2为三点的三角关系。

AOA方法在障碍物较少的地区可以获得较高的定位精度,但在障碍物较多的环境中,由于无线传输存在多径效应,误差增大。移动台距离基站较远时,定位角度的微小偏差会导致定位距离的较大误差。另外,AOA技术必须使用智能方向天线。

## 11.4.5 信号衰减

这种定位技术利用移动终端靠近基站或远离基站时引起的信号衰减(Signal Attenuation)变化来估计移动终端的位置,又称为场强定位技术。由于多数移动终端的天线是多向发送的,因此信号功率会向所有方向迅速消散。如果移动终端发出的信号功率已知,那么在另一点测量信号功率时,就可以利用一定的传播模型估计出移动终端与该点之间的距离。

然而，测定传送功率会随着小区基站的扇形特性、天线倾斜，以及无线系统的调整而不断变化。而且，信号同时受到其他因素(如穿越墙壁、植物、金属、玻璃、车辆等)的影响。最后，功率测量电路无法区分多个方向接收到的功率，例如，直接到达的信号功率和反射到达的信号功率。因此，根据信号衰减进行定位被认为是最不可靠的方法。

### 11.4.6　A-GPS

辅助 GPS 技术(Assisted GPS，A-GPS)是一种结合了网络基站信息和 GPS 信息对移动台进行定位的技术，可以在 GSM/GPRS、WCDMA、CDMA 2000 和 TD-SCDMA 网络中使用。该技术需要在手机内增加 GPS 接收机模块，并改造手机天线，同时要在移动网络上增设位置服务器、差分 GPS 基准站等设备。如果要提高该方案在室内等 GPS 信号屏蔽地区的定位有效性，该方案还提出需要增添类似于 EOTD 方案中的位测量单元(LMU)。

这种方法需要网络和移动台都能够接收 GPS 信号。如图 11-5 所示，A-GPS 的基本原理：网络向移动台提供辅助 GPS 信息，包括 GPS 信号捕获、GPS 卫星与接收机间站星伪距测量的辅助数据(如 GPS 捕获辅助数据、GPS 定位辅助信息、GPS 灵敏度辅助信息、GPS 卫星工作状况等)，以及移动台位置解算的辅助信息(如 GPS 卫星星历、GPS 导航电文、GPS 卫星历书等)，利用这些信息，移动台可以快速捕获卫星，并获取观测数据，继而将位置测量估计信息发送至网络侧定位服务器，由它最终计算出移动台所处的位置。由于位置计算于网络侧完成，大幅度降低了移动台实现 GPS 卫星信号捕获接收的复杂度，节省了功率损耗。

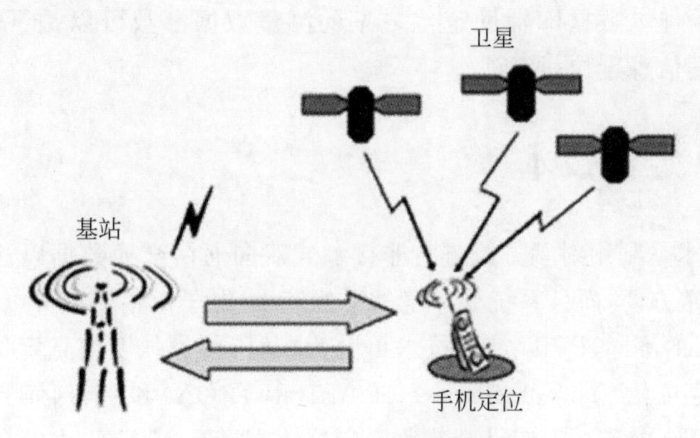


**图 11-5　A-GPS 系统原理**

在开阔环境中，如城郊或乡村，多径和遮挡是可以忽略的，A-GPS 的定位精度能够达到 10m 左右，甚至更高；若移动台处于城区环境，无遮挡并且多径效应影响较小，定位精度将在 30～70m；若接收环境位于室内或其他多径和遮挡严重的区域，移动台难以捕获到足够的卫星信号，A-GPS 无法完成捕获和定位，这是其最大的局限性。

与前 Cell ID 和 E-OTD 等定位技术相比，A-GPS 定位方法的响应时间稍长，在冷启动情况下，A-GPS 定位响应时间为 10～30s；正常工作状态下，响应时间为 3～10s。A-GPS 的优点在于网络侧改动少，网络不需增加其他设备，投资较低，定位精度高(理论上可达5～10m)。缺点是移动台需相应的软件和硬件支持,从而增加移动台的成本和功率损耗。

### 11.4.7 基于数据融合的混合定位

移动通信中复杂的信道环境使得在诸多基于测量信号特征参量的无线定位方法中,仅靠一种基本定位算法很难取得最佳定位精度,而通过利用一种或几种不同定位算法对不同测量参数进行数据融合,可以进一步提高定位精度。具体讲是利用T(D)OA、AOA(可含GPS)等多种特征参量测量值通过不同的定位算法对其进行求解得到位置估值,再根据不同的融合准则,利用各自的冗余信息,通过一定的规则进行筛选与融合,得到最终位置。

实现数据融合技术的关键是确定切实可行的准则和判决门限,在这方面需要结合课题的实际情况,在一定的实测数据基础上建立合理的实验模型,进行大量的计算机仿真。目前,综合或融合各种定位方法的测量数据,利用各种测量数据或冗余测量信息得到比任何单一方法好的定位精度,是目前蜂窝移动定位技术中比较好的折中方案。

### 11.4.8 模式匹配

AOA和TOA/TDOA定位技术在多径传播严重的环境下很难有效。为了解决这个问题,美国Wireless Corp公司最早提出一项称为基于多径信号收集和模式匹配算法的指纹定位方案。它主要通过在基站设置无线照相系统来分析接收信号的多径模式,提取特征信息再和数据库中先验模式进行模式匹配,从而实现移动台定位。

这种利用先验样本数据库辅助定位方案的测量数据参数可以是TOA/TDOA,也可以是基于信号强度信息定位(RSSI)。

## 11.5 RFID定位技术

RFID定位技术是利用射频方式进行非接触式双向通信交换数据以达到识别和定位的目的,实现起来非常方便,而且系统受环境的干扰较小,电子标签信息可以编辑,改写比较灵活。按照定位方式的不同,RFID定位技术可分为“基于信号强度信息定位法(RSSI)、基于信号到达时间差定位法(Time Difference of Arrival,TDOA)和基于信号达到时间定位法(Time of Arrival,TOA)和基于信号到达角度定位法(Angle of Arrival, AOA)。”

### 11.5.1 基于RSSI的RFID定位技术

由于无线信号的传播有以下规律:接收端测得的信号强度越强,说明发送端距接收端越近;接收端测得的信号强度越弱,则说明发送端距接收端越远。因此,可以用基于信号强度衰减的方法来测量收发距离。

**1. RADAR**

RADAR是较早利用无线信号的接收强度(Received Signal Strengths, RSS)开发出

的室内定位系统。这种定位方式主要应用在两方面：一是用户对定位精度的要求不高；二是与其他技术相结合，提高定位精度。该系统由3个基站和多个移动终端组成，基站和移动终端通过各自的无线接口组成无线网络，其中3个基站的位置是固定不变的。RADAR的定位方法有以下两种。

1）经验定位

RADAR系统采用经验定位时物体定位分为两个阶段，即数据收集阶段和数据处理阶段。

(1) 第一阶段是离线状态阶段，即数据收集阶段。

在RADAR系统覆盖的范围内取一些关键的位置作为参考点 $P_N$（$N$ 是参考点的总数），然后把移动终端摆在这些位置确定的参考点上，系统中的3个基站分别接收到移动终端发来的信号强度 $S_1$、$S_2$、$S_3$，将3个基站接收到的信号强度和移动终端当前所在的参考点的位置信息一并发往后台数据库。数据库给这些参考点建立这样的数据记录 $(S_1,S_2,S_3,P_n)$，$1\leqslant n\leqslant N$。很显然，参考点的数目和位置的选取会直接影响物体定位的精度。

(2) 第二阶段是数据处理阶段，即物体实时定位过程。

当移动终端处在某个位置时，系统中的3个基站将测得的RF(Radio Frequency)信道强度 $(s_1,s_2,s_3)$ 和当前时间 $t$ 作为时间戳一起送往数据库，这个时间戳用于对移动物体进行实时追踪。数据库将 $(s_1,s_2,s_3)$ 依次与之前收集的记录 $(S_1,S_2,S_3,P_n)$ 做计算 $R=\sqrt{(S_1-s_1)^2+(S_2-s_2)^2+(S_3-s_3)^2}$，找出 $R$ 值最小的 $K$ 条记录，这 $K$ 个记录的均值就是估算出来的物体位置。

2）信道传播模型定位

信号传播模型定位的目的是减少定位对经验数据的依赖。结合具体的应用环境在Rayleigh衰减模型、Rician分布等模型中选取一个或者设计一个新的信号传播模型，利用合适的信号传播模型作为参考位置计算出理论上的信号强度。实时定位过程与经验定位过程相似，其不同之处是，理论上的距离值是由接收信号强度和按照传播模型计算出来的。

系统最大的好处是系统容易搭建，但是无线信号容易受到多径的影响，因此定位精度很低。

**2. LANDMARC**

LANDMARC(Location Identification based on dynamic Active RFID Calibration)原型系统环境是由传感器网络（可以在一定的粒度和准确性上帮助跟踪移动对象的位置）和无线网络（可以在移动设备和Internet之间进行通信）组成的。传感器网络主要包括读写器和标签。基础构架的其他部分主要是无线网络，它可以在移动设备（如PDA）和Internet之间进行通信，此外，它也是传感器网络和系统中其他部分的桥梁。由于读写器上安装了采用IEEE 802.11b无线网络的通信设备，所有读写器收集的标签信息都被送到本地服务器。

它是基于主动RFID系统的，采用定位参考标签来进行辅助定位，这些参考标签作为系统的定位参考点,运用相对信号强度估算距离的方式来预测未知物件的位置,这是目前室内定位系统中较为常见的一种测量方式。假设现有 $K$ 个 RF 读写器、$M$ 个参考标签和 $U$ 个待定位标签,待定位标签坐标位置求解过程如下。

定义参考标签 $j$ 的信号强度矢量为 $\boldsymbol{S}_R=(S_{R_1},S_{R_2},\cdots,S_{R_K})$,$S_{R_i}$ 表示参考标签 $j$ 在第 $i$ 个读写器上的值,每个参考标签对应一个信号强度矢量,待定位标签的信号强度矢量为 $\boldsymbol{S}_T=(S_{T_1},S_{T_2},\cdots,S_{T_K})$,$S_{T_i}$ 表示待定位标签在第 $i$ 个读写器上的值,每个待定位标签也对应一个信号强度矢量,因此它们之间的欧氏距离可用式(11-6)计算。

$$E_j=\sqrt{\sum_{i=1}^{K}(S_{T_i}-S_{R_i})^2},\quad i\in(i,k),j\in(1,M) \tag{11-6}$$

$E_j$ 越小表示参考标签 $j$ 和待定位标签的距离越近。

通过求得的 $L$ 个跟待定位标签的信号强度最相近的参考标签,可以利用式(11-7)推算出待定位的坐标。

$$(x,y)=\sum_{i=1}^{L}w_i(x_i,y_i) \tag{11-7}$$

$$w_i=\frac{\frac{1}{E_i^2}}{\sum_{i}^{L}\left(\frac{1}{E_i^2}\right)} \tag{11-8}$$

式中,$w_i$——第 $i$ 个邻居的权重,其中 $i=1,2,\cdots,L$,且 $L<M$,$L$ 是 $M$ 个欧几里得距离中最小的 $L$ 个邻居。$w_i$ 可根据式(11-8)得到。

则可通过式(11-9)得到其误差。

$$e=\sqrt{(x-x_0)^2+(y-y_0)^2} \tag{11-9}$$

其中,$x_0$、$y_0$ 为实际值。

此定位技术稳定性较强,精度较高,但是同时需要大量参考的电子标签和读写器,因此系统成本较高,并且 LANDMARC 系统定位的假设之一是所有电子标签发出相同射频信号强度,但是事实上实验表明,同一个读写器在同一个位置测到的两个电子标签的信号强度级别也是不同的。

### 11.5.2 信号时间信息定位技术

该方法是通过测出电波从发射机传播到多个接收机的到达时间或到达时间差来确定目标的位置。

#### 1. 到达时间算法

信号到达时间利用移动目标与测量装置无线信号的传播时间进行测距。由于无线射频信号的传播速度接近光速($c=3\times10^8\text{m/s}$),因此可以用公式 $r_i=(t_i-t_0)\times c$ 计算出移动目标到测量装置(即基站)之间的距离,其中 $t_0$ 是移动目标发送信号的时间,$t_i$ 是基站接收到信号的时间。

若测得目标与3个基站的传播时间,那么就可以得到与3个基站的距离 $r_1$、$r_2$、$r_3$。

若已知 3 个参考点的位置 $A_1(x_1,y_1)$、$A_2(x_2,y_2)$、$A_3(x_3,y_3)$，理想情况如图 11-6(a)所示，即以 $A_1$、$A_2$、$A_3$ 为圆心，以 $r_1$、$r_2$、$r_3$ 为半径的圆相交于一点，然而，在实际情况中，由于 TOA 算法要求参加定位的各个基站在时间上要严格同步，加上电磁波的传播速率很快，因此微小的误差将会在算法中放大，使定位精度大幅度降低，那么有可能 3 个圆不是相交于同一点，而是如图 11-6(b)的情况，通常采用多边估计使用的极大似然法求解待定位位置 $N$ 的坐标$(x,y)$。

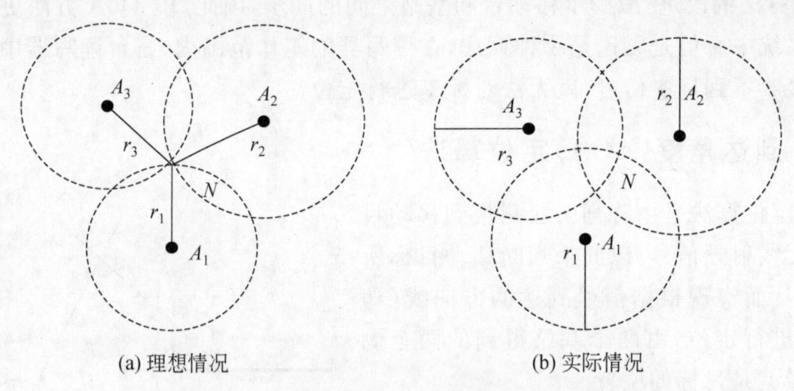


图 11-6　三边定位图

$$\begin{cases}(x-x_1)^2+(y-y_1)^2=r_1^2\\(x-x_2)^2+(y-y_2)^2=r_2^2\\(x-x_3)^2+(y-y_3)^2=r_3^2\end{cases}\tag{11-10}$$

分别用式(11-10)中的前面两个式子减去第 3 个式子可以得到式(11-11)。得

$$\begin{cases}2(x_1-x_3)x+2(y_1-y_3)y=x_1^2-x_3^2+y_1^2-y_3^2-r_1^2+r_3^2\\2(x_2-x_3)x+2(y_2-y_3)y=x_2^2-x_3^2+y_2^2-y_3^2-r_2^2+r_3^2\end{cases}\tag{11-11}$$

根据多边定位的估计值 $\hat{\boldsymbol{X}}=\boldsymbol{A}^{-1}\boldsymbol{b}$，可以用式(11-12)计算待定位点位置$(x,y)$。

$$\begin{bmatrix}x\\y\end{bmatrix}=\begin{bmatrix}2(x_1-x_3) & 2(y_1-y_3)\\2(x_2-x_3) & 2(y_2-y_3)\end{bmatrix}^{-1}\begin{bmatrix}x_1^2-x_3^2+y_1^2-y_3^2-r_1^2+r_3^2\\x_2^2-x_3^2+y_2^2-y_3^2-r_2^2+r_3^2\end{bmatrix}\tag{11-12}$$

TOA 算法的难点：首先，所有收发设备必须精确同步；其次，传输信号中必须携带时间标记，以此在接收端确定传输距离。这时候可以利用 GPS 对基站进行校时并利用其他补偿算法来估计位置，提高算法的精确度，但是同时也增加了系统的开销和算法的复杂度，因此单纯的 TOA 算法在实际中应用得很少。

**2. 到达时间差算法**

信号到达时间差算法是对 TOA 算法的改进。其基本思想是基于测量信号到达多个测量装置的时间差值来判断移动目标位置的坐标，与 TOA 算法相比它不需要加入专门的时间戳，不需要移动台和基站之间的精确同步而只要求接收端之间时间同步，定位精度也有所提高。由信号到达测量装置的时间差可以用式(11-13)测出移动目标位置的坐标。

$$\begin{cases}\sqrt{(x-x_1)^2+(y-y_1)^2}-\sqrt{(x-x_2)^2+(y-y_2)^2}=c(t_1-t_2)\\ \sqrt{(x-x_1)^2+(y-y_1)^2}-\sqrt{(x-x_3)^2+(y-y_3)^2}=c(t_1-t_3)\\ \sqrt{(x-x_3)^2+(y-y_3)^2}-\sqrt{(x-x_3)^2+(y-y_3)^2}=c(t_2-t_3)\end{cases} \tag{11-13}$$

在室内,由于阻挡物较多,基于信号到达时间的 TOA 算法存在一定的缺陷。TDOA 是对 TOA 算法的改进,减少了移动台和基站之间的同步,因此,较 TOA 方法更适用于实际的定位系统中。但是无论是哪种算法,在读写器的工作范围内,三台读写器中只要有一台读写器接收不到标签信号,就无法对标签进行定位。

### 11.5.3 到达角度(AOA)定位算法

AOA 定位算法是由阵列天线测量到移动目标发射的无线射频信号,以此来判断移动目标所在的方向,从而实现根据信号到达的方向线(即侧位线)来进行定位,由两个基站得到的两个侧位线的交点就是目标的位置。

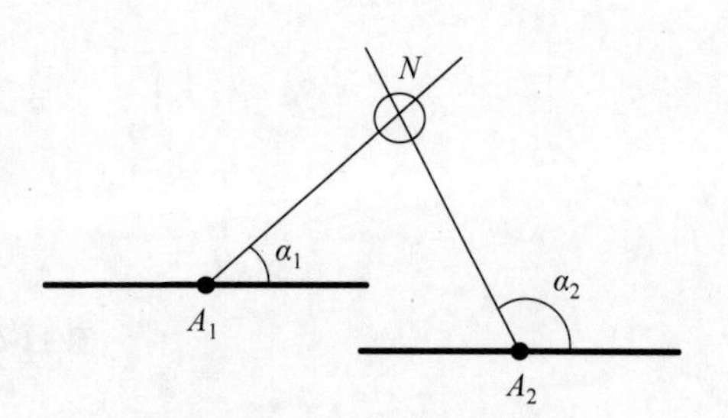


图 11-7 AOA 到达角测量

针对已知两个顶点和夹角的射线确定一点,如图 11-7 所示,参考点 $A_1(x_1, y_1)$、$A_2(x_2, y_2)$ 收到的信号线夹角为 $\alpha_1$、$\alpha_2$。

利用几何知识,通过式(11-14)可计算出 $N(x, y)$ 的值:

$$\begin{cases}\tan\alpha_1=\dfrac{y-y_1}{x-x_1}\\ \tan\alpha_2=\dfrac{y-y_2}{x-x_2}\end{cases} \tag{11-14}$$

解方程组,有

$$\begin{cases}x=\dfrac{(y_2-x_2\tan\alpha_2)-(y_1-x_1\tan\alpha_1)}{\tan\alpha_1-\tan\alpha_2}\\ y=\dfrac{(x_1-y_1\cot\alpha_1)-(x_2-y_2\cot\alpha_2)}{\cot\alpha_2-\cot\alpha_1}\end{cases} \tag{11-15}$$

由式(11-15)即可求得 $x$、$y$ 的值,这是一种参考节点 $A_1(x_1, y_1)$、$A_2(x_2, y_2)$ 自身在坐标系已经校正的情形。如果参考点 $A_1(x_1, y_1)$、$A_2(x_2, y_2)$ 的方向没有校正,需要在计算时补偿方向偏差。

对于 AOA 算法,由于两条直线只有一个交点,不会出现轨迹有多个交点的现象,但是为了测量电磁波的入射角度,接收机的天线需要改进,必须配备方向性的天线阵列。

这种技术作用距离短,一般最长为几十米。但它可以在几毫秒内得到厘米级定位精度的信息,且传输范围很大,成本较低。同时由于其非接触和非视距等优点,可望成为优选的室内定位技术。

目前,射频识别研究的热点和难点在于理论传播模型的建立、用户的安全隐私和国际标准化等问题。优点是标识的体积比较小,造价比较低,但是作用距离近,不具有通信能力,而且不便于整合到其他系统中。

# 11.6　位置识别技术在物联网中的应用

## 11.6.1　基于位置的服务

基于位置的服务(Location-Based Services,LBS)是由移动通信网络和卫星定位系统结合在一起提供的一种增值业务,通过一组定位技术获得移动终端的位置信息(如经度和纬度坐标),提供给移动用户本人或他人,以及通信系统,实现各种与位置相关的业务,为用户提供交通引导、地点查询、位置查询、车辆跟踪、商务网点查询、儿童看护、紧急呼叫等众多个性化服务。

例如,当用户进入商场时,可以向他提供该商场热卖商品;通过对用户在商场所停留的位置区域进行分析,可以预测他所感兴趣的商品种类,进而有针对性地为该用户提供个性化商品信息推荐服务。不仅如此,通过对用户日常活动轨迹的分析和挖掘,还可以分析用户的活动规律、业余爱好、生活习惯等,进一步为用户推荐有相同爱好的好友,以及提供用户经常到访区域的相关信息预报等,更好地为用户提供全方位的信息服务。

关于 LBS 的定义有很多。1994 年,美国学者 Schilit 首先提出了位置服务的三大目标:你在哪里(空间信息)、你和谁在一起(社会信息)、附近有什么资源(信息查询)。这也成为 LBS 最基础的内容。

2004 年,Reichenbacher 将用户使用 LBS 的服务归纳为定位(个人位置定位)、导航(路径导航)、查询(查询某个人或某个对象)、识别(识别某个人或对象)、事件检查(当出现特殊情况下向相关机构发送带求救或查询的个人位置信息)五类。以上这些都是位置识别技术在物联网中的典型应用。

## 11.6.2　物流系统中的应用

根据市场经济发展变化的需求,物流也和能源流、信息流一样,是人类社会的一大动脉,物流管理的进步直接影响交通运输业、商贸,以及公用事业等各个领域的管理、生产技术和经济效益。推动物流管理、物流技术和物流科技的进步已经成为当今知识经济全球一体化的重要内容。我国物流行业应借鉴和引进国际先进的信息和管理技术,有计划、有步骤地发展高科技物流,加速实现物流业的现代化步伐。GPS 不仅能够提供物流配送和动态调度功能,还可以提供货物跟踪、车辆优选、路线优选、紧急救援、军事物流等功能。

**1. 物流配送**

GPS 对车辆的状态信息(包括位置、速度、车厢内的温度等)以及客户的位置信息快速、准确地反映给物流系统,由特定区域的配送中心统一合理地对该区域内所有车辆做出快速调度。这样便大幅度提高了物流车辆的利用率,减少了空载车辆的数量和空载时间,从而减少物流公司的运营成本,提高物流公司的效率和市场竞争能力,同时增强物流配送的适应能力和应变能力。

### 2. 动态调度

运输企业可进行车辆待命计划管理。操作人员通过在途信息的反馈,车辆未返回车队前便做好待命计划,提前下达运输任务,减少等待时间,加快车辆周转,以提高重载率,减少空车时间和空车距离,充分利用运输工具的运能,提前预设车辆信息和精确的抵达时间,用户根据具体情况合理安排回程配货,为运输车辆排解后顾之忧。

### 3. 货物跟踪

通过GPS和电子地图系统,可以实时了解车辆位置和货物状况(车厢内温度、空载或重载),真正实现在线监控,避免以往在货物发出后难以知情的被动局面,提高货物的安全性。货主可以主动、随时了解到货物的运动状态信息,以及货物运达目的地的整个过程,增强物流企业和货主之间的相互信任。

### 4. 车辆优选

查出在锁定范围内可供调用的车辆,根据系统预先设定的条件判断车辆中哪些是可调用的。在系统提供可调用的车辆的同时,将根据最优化原则,在可能被调用的车辆中选择一辆最合适的车辆。

### 5. 路线优选

地理分析功能可以快速地为驾驶人员选择合理的物流路线,以及这条路线的一些信息,所有可供调度的车辆不用区分本地或是异地都可以统一调度。配送货物目的地的位置和配送中心的地理数据结合后,产生的路线将是整体的最优路线。

### 6. 紧急救援

在物流运输过程中有可能发生一些意外情况。当发生故障和一些意外情况时,GPS可以及时地反映发生事故的地点,调度中心会尽可能地采取相应的措施来挽回和降低损失,增加运输的安全和应变能力GPS的投入使用,过去制约运输公司发展的一系列问题将迎刃而解,为物流公司降低运输成本、加强车辆安全管理、推动货物运输有效运转发挥了重要作用。

此外,GPS的网络设备还能容纳上千辆车辆同时使用,跟踪区域遍及全国。物流企业导入GPS,是物流行业以信息化带动产业化发展的重要一环,它不仅为运输企业提供信息支持,并且对整合货物运输资源、加强区域之间的合作具有重要意义。

### 7. 军事物流

GPS首先是因为军事目的而建立的,在军事物流中,如后勤装备的保障等方面应用相当普遍。尤其是在美国,其在世界各地驻扎的大量军队无论是在战时,还是在平时都对后勤补给提出很高的需求,在战争中,如果不依赖GPS,美军的后勤补给就会变得一团糟。目前,我国军事部门也在逐步开始运用GPS。

### 11.6.3　车辆 GPS 定位管理系统

随着我国物流业的发展壮大,货物的运输量日益增多,对车辆作货物的经营管理和合理调度就成为物流业货物运输管理系统中的一个重要问题。过去,用于交通管理系统的设备主要是无线电通信设备,由调度中心向车辆驾驶员发出调度命令,车辆驾驶员只能根据自己的判断说出车辆所在的大概位置,而在生疏地带或在夜间则无法确认自己的方位时甚至会迷路。因此,从调度管理和安全管理方面,其应用受到限制。

GPS 定位技术的出现给车辆、轮船等交通工具的导航定位提供了具体的实时定位能力。通过车载 GPS 接收机,驾驶员能够随时知道自己的具体位置,并在大屏幕电子地图上显示出来。目前,用于公安交通系统的主要有车载 GPS 定位与无线通信系统相结合的指挥管理系统;应用 GPS 差分技术的指挥管理系统。

车辆 GPS 定位管理系统主要是由车载 GPS 自主定位,结合无线通信系统,对车辆进行调度管理和跟踪。已经研制成功的如车辆全球定位报警系统、警用 GPS 指挥系统等,分别用于城市公共汽车调度管理,风景旅游区车船报警与调度,海关、公安、海防等部门对车船的调度与监控。

#### 1. 监控中心部分的主要功能

(1) 跟踪功能。将移动车辆的实时位置以帧列表的方式显示出来,如车号、经度、速度、航向、时间、日期等。

(2) 地图跟踪功能。将移动车辆的定位信息在相应的电子地图背景上复合显示出来。电子地图可以任意放大、缩小、还原、切换。有正常接收与随意点名接收两种接收方式。还可提供是否要车辆运行轨迹的选择功能。

(3) 模拟显示功能。可将已知的目标位置信息输入计算机并显示出来。

(4) 决策指挥功能。决策指挥命令以通信方式与移动车辆进行通信。通信方式有文本、代码或语音等,实现调试指挥。

#### 2. 车载部分的主要功能

(1) 定位信息的发送功能。GPS 接收机实时定位并将定位信息通过电台发向监控中心。

(2) 数据显示功能。将自身车辆的实时位置在显示单元显示出来,如经度、纬度、速度、航向等。

(3) 调度命令的接收功能。接收监控中心发来的调度指挥命令,在显示单元上显示或发出语音。

(4) 报警功能。一旦出现紧急情况,驾驶员可启动报警装置,监控中心立即显示出车辆情况、出事地点、车辆人员等信息。车辆 GPS 定位属于单点动态导航定位,其定位精度约为 100m 量级。为了提高定位精度,可采用差分 GPS 技术。

### 11.6.4　应用差分 GPS 技术的车辆管理系统

若采用一般差分 GPS 技术,每辆车上都应该接收差分改正数,这样会造成系统过于复杂,所以实际应用中多采用集中差分技术。

在车辆管理系统中,每一辆车都装有 GPS 接收机和通信电台,监控中心设在基准位置,坐标精确且已知。基准点位置 GPS 接收机同时安装通信电台、计算机、电子地图、大屏幕显示器等设备。工作时,各车辆上的 GPS 接收机将其位置、时间和车辆编号等信息一同发送到监控中心。监控中心将车辆位置与基准站 GPS 定位结果进行差分,求出差分改正数,对车辆位置进行改正,计算出精确坐标,经过坐标转换后显示在大屏幕上。

这种集中差分技术可以简化车辆上的设备。车载部分只能接收 GPS 信号,不必考虑差分信号的接收。而监控中心集中进行差分处理,显示、记录和存储。可采用原有的车辆通信设备进行数据通信,但是需要增加通信转换接口。

由于差分 GPS 设备能够实时地提供精确的位置、速度、航向等信息,故车载 GPS 差分设备还可以对车辆上的各种传感器(如计程仪、车速仪、磁罗盘等)进行校准。

## 思考与练习

12-1 什么是位置识别技术? 如何理解位置信息?

12-2 常用的室内外位置识别技术有哪些? 分别说明其特点。

12-3 基于 RFID 技术的位置识别方法有哪几种? 各有何特点?

12-4 GPS 系统由哪几部分组成? 各部分主要完成哪些功能?

12-5 以一个实际的 GPS 应用案例为对象,详细分析其工作过程。

12-6 蜂窝定位技术与 GPS 定位技术有哪些异同点?

12-7 常用的蜂窝定位技术有哪些? 简述各自的工作原理。

12-8 可以通过哪几种方式实现手机定位功能?

12-9 结合自身的实际生活经历,设计一个基于位置服务的物联网应用系统技术方案。

# 参考文献


[1] 宁焕生. RFID重大工程与国家物联网[M]. 3版. 北京：机械工业出版社，2010.

[2] Weber R H. Internet of Things：New Security and Privacy Challenges. Computer Law and Security Review，2010，26(1)：23-30.

[3] 桂小林. 物联网技术导论[M]. 北京：清华大学出版社，2012.

[4] 刘云浩. 物联网导论[M]. 北京：科学出版社,2010.

[5] 刘云浩. 从普适计算、CPS到物联网：下一代互联网的视界[J]. 中国计算机学会通信，2009，5(12)：66-69.

[6] 张成海，张铎. 现代自动识别技术与应用[M]. 北京：清华大学出版社，2003.

[7] 游战清，刘克胜，吴翔，等. 无线射频识别(RFID)与条码技术[M]. 北京：机械工业出版社，2007.

[8] 庞明. 物联网条码技术与射频识别技术[M]. 北京：中国物资出版社，2011.

[9] 中国物品编码中心. 条码技术与应用[M]. 北京：清华大学出版社，2003.

[10] 中国物品编码中心. 二维条码技术及应用[M]. 北京：中国计量出版社，2007.

[11] 中国物品编码中心，中国自动识别技术协会. 条码技术基础[M]. 武汉：武汉大学出版社，2008.

[12] 高飞，薛艳明，王爱华. 物联网核心技术：RFID原理与应用[M]. 北京：人民邮电出版社，2010.

[13] 赵军辉. 射频识别技术与应用[M]. 北京：机械工业出版社，2008.

[14] 郎为民.射频识别(RFID)技术原理与应用[M]. 北京：机械工业出版社，2006.

[15] 李莉. 天线与电波传播[M].北京：科学出版社，2009.

[16] 三宅信一郎，周文豪. RFID物联网世界最新应用[M]. 北京：北京理工大学出版社，2012.

[17] 黄玉兰. 物联网射频识别(RFID)技术与应用. 北京：人民邮电出版社，2013.

[18] 高建良，贺建飚. 物联网RFID原理与技术.2版. 北京：电子工业出版社，2017.

[19] 丁明跃. 物联网识别技术[M].北京：中国铁道出版社，2012.

[20] Waldrop J，Engels D W，Sarma S E. Colorwave：an Anticollision Algorithm for the Reader Collision Problem. In：IEEE International Conference on Communications. 11-15 May，2003，Alaska，America，IEEE Press,2003：1206-1210.

[21] Junius H，Engels D，Sarma S E. HiQ：A Hierarchical Q-learning Algorithm to Solve the Reader Collision Problem. In：Proceedings of the International Symposium on Applications and the Internet Workshops. 23-27 Jan，2006，Arizona，America，IEEE Press,2006.

[22] Rezaie H，Golsorkhtabaramiri M. A Fair Reader Collision Avoidance Protocol for RFID Dense Reader Environments. Wireless Networks，2018，24(6)：1953-1964.

[23] Kim Joongheon，Lee Wonjun，Yu Jieun. Effect of localized Optimal Clustering for Reader Anti-Collision in RFID Networks. In：Proceedings of the 14th International Conference on Computer Communications and Networks. 17-19 Oct.，2005，San Diego，America. IEEE Press，2005：497-502.

[24] R Krigslund，P Popovski and G F Pedersen. Orientation Sensing Using Multiple Passive RFID Tags. IEEE Antennas and Wireless Propagation Letters，2012，11：176-179.

[25] J Su，Z Sheng，A X Liu，et al. A Group-based Binary Splitting Algorithm For UHF RFID Anti-collision Systems. IEEE Transactions on Communications. 2015,14(8)：1-14.

[26] Schoute F. Dynamic Frame Length ALOHA. IEEE Transaction on Communications. 1983,31(3): 565-568.
[27] Chun-Fu Lin, Frank Yeong-Sung Lin. Efficient Estimation and Collision-Group-Based Anti-collision Algorithms for Dynamic Frame-Slotted ALOHA in RFID Networks. IEEE Transactions on Automation Science and Engineering, 2010,7(4): 840-848.
[28] Wong C P, Quanyuan Feng. Grouping Based Bit-Slot ALOHA Protocol for Tag Anti-Collision in RFID Systems. IEEE communications letters,2007,11(3): 946-948.
[29] Eong Geun Kim. A Divide-and-Conquer Technique for Throughput Enhancement of RFID Anti-collision Protocol. IEEE Communications Letters, 2008,12(6): 474-476.
[30] Jun DING, Falin LIU. Novel Tag Anti-Collision Algorithm with Adaptive Grouping. Wireless Sensor Network. 2009,1(5): 475-481.
[31] Wang H, Xiao S, Lin F, et al. Group Improved Enhanced Dynamic Frame Slotted ALOHA Anti-collision Algorithm. The Journal of Supercomputing, 2014, 69(3): 1235-1253.
[32] Khandelwal G. Efficient Design of Dense and Time Constrained RFID Systems. Master's thesis, Penn State University, Department of Electrical Engineering, 2005.
[33] Hervert-Escobar L, Smith N R, Rodríguez-Cruz J R, et al. Methods of selection and identification of RFID tags. International Journal of Machine Learning and Cybernetics. 2015, 6(5): 847-857.
[34] Chekin M, Hossienzadeh M, Khademzadeh A. A Rapid Anti-collision Algorithm with Class Parting and Optimal Frames Length in RFID Systems. Telecommunication Systems, 2019,71(1): 141-154.
[35] Seung Sik Choi, Sangkyung Kim. A Dynamic Framed Slotted ALOHA Algorithm Using Collision Factor for RFID Identification. IEICE Transactions on Communications, 2009, E92-B(3): 1023-1026.
[36] Capetanakis J I. Tree Algorithms for Packet Broadcast Channels. IEEE Transactions on Information Theory, 1979, 25(5): 505-515.
[37] Elliott D Kaplan. GPS原理与应用[M]. 邱致和,王万义,译. 北京:电子工业出版社, 2002.
[38] 李明峰,冯宝红,刘三枝. GPS定位技术及其应用[M]. 北京:国防工业出版社,2007.
[39] 阎啸天,于蓉蓉,武威. 无线网络定位技术. 中国移动官网, 2011-03-14.
[40] Rahdar R, Stracener J T, Olinick E V. A Systems Engineering Approach to Improving the Accuracy of Mobile Station Location Estimation. IEEE Systems Journal, 2014,8(1): 14-22.
[41] Elbakly R, Aly H, Youssef, M. TrueStory: Accurate and Robust RF-Based Floor Estimation for Challenging Indoor Environments. IEEE Sensors Journal, 2018,18(24): 10115-10124.
[42] Ficco M, Palmieri F & Castiglione. Hybrid Indoor and Outdoor Location Services for New Generation Mobile Terminals. Personal and Ubiquitous Computing. 2014, 18(2): 271-285.
[43] Halgurd S. Maghdid, Ihsan Alshahib Lami, Kayhan Zrar Ghafoor, et al. Seamless Outdoors-Indoors Localization Solutions on Smartphones: Implementation and Challenges. ACM Computing Surveys, 2016,48(4): 53: 1-53: 34.
[44] Tin-Yu WuEmail, authorGuan-Hsiung, LiawSing-Wei Huang, et al. A GA-based Mobile RFID Localization Scheme for Internet of Things. Personal and Ubiquitous Computing. 2012,16(3): 245-258.
[45] Susini J F, Chabanne H, Urien P. RFID and the Internet of Things[J]. Scientific American, 2015, 4(1): 20-25.

# 图书资源支持

感谢您一直以来对清华版图书的支持和爱护。为了配合本书的使用，本书提供配套的资源，有需求的读者请扫描下方的“书圈”微信公众号二维码，在图书专区下载，也可以拨打电话或发送电子邮件咨询。

如果您在使用本书的过程中遇到了什么问题，或者有相关图书出版计划，也请您发邮件告诉我们，以便我们更好地为您服务。

书圈


**我们的联系方式：**

地　　址：北京市海淀区双清路学研大厦 A 座 701

邮　　编：100084

电　　话：010-83470236　010-83470237

资源下载：http://www.tup.com.cn

客服邮箱：2301891038@qq.com

QQ：2301891038（请写明您的单位和姓名）

扫一扫，获取最新目录

课 程 直 播

**用微信扫一扫右边的二维码，即可关注清华大学出版社公众号“书圈”。**